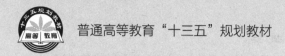

普通高等教育"十三五"规划教材

油气储运安全工程

YOUQI CHUYUN ANQUAN GONGCHENG

寇杰　主编

U0263337

中国石化出版社
HTTP://WWW.SINOPEC-PRESS.COM

内 容 提 要

　　本书在分析和总结油气储运安全工程理论和事故经验教训的基础上，主要介绍了油气集输安全技术、油气长输管道安全技术、油（气）库安全技术及油气储运安全管理，较为系统地展示了油气储运系统的安全分析方法、事故预防与控制方法以及油气储运系统各个环节的安全隐患、防护措施与安全管理方法。

　　本书可作为石油院校油气储运工程专业本科、专科使用教材，也可供油气储运相关工程技术人员参考。

图书在版编目（CIP）数据

油气储运安全工程 / 寇杰主编 . —北京：中国石化
出版社，2021.2
ISBN 978-7-5114-6121-6

Ⅰ. ①油… Ⅱ. ①寇… Ⅲ. ①石油与天然气储运 –
安全工程 Ⅳ. ① TE88

中国版本图书馆 CIP 数据核字（2021）第 021114 号

中国石化出版社出版发行

地址：北京市东城区安定门外大街 58 号
邮编：100011　电话：（010）57512500
发行部电话：（010）57512575
http://www.sinopec-press.com
E-mail：press@sinopec.com
北京柏力行彩印有限公司印刷
全国各地新华书店经销

*

787×1092 毫米 16 开本 15.25 印张 314 千字
2021 年 2 月第 1 版　2021 年 2 月第 1 次印刷
定价：48.00 元

前　言

　　油气储运系统包括矿场油气集输、油气长距离输送、各转运枢纽的储存和装卸等环节，不仅在石油工业内部是连接产、运、销各个环节的纽带，在全国乃至国际范围内都是能源保障系统的重要一环，而油气介质的危险特性决定了安全是油气储运系统的首要前提和重要保障。油气储运安全工程是以石油与天然气在储存与运输过程中发生的各种事故机理为主要研究对象，在总结、分析已发生事故经验教训的基础上，综合运用自然科学、技术科学和管理科学等方面的相关知识，识别和预测生产、生活活动中存在的不安全因素，并采取有效的控制措施防止事故发生的科学技术知识体系。因此，油气储运安全工程的研究至关重要。

　　本书较全面地介绍了油气储运系统的安全分析方法、事故预防与控制方法以及油气储运系统各个环节的安全隐患、防护措施与安全管理方法。全书内容分为六章，第一章为绪论，主要包括安全工程科学的基本观点，油气储运安全工程研究对象及目的，以及油气产品易燃性、易爆性、挥发性、静电荷集聚特性、毒性等危险特性。

　　第二章为油气储运安全理论基础，主要介绍系统安全定义及技术术语，事故致因理论发展过程及典型的事故致因理论，常用的安全分析方法及其优缺点与比较，事故预防与控制原则及相应对策。

　　第三章为油气集输安全技术，主要介绍油气集输系统的相关事故案例与分析，原油集输站与天然气处理厂工艺与安全分析，油气集输过程各系统的安全措施与要求，油气集输过程防火防爆、防雷防静电、安全疏散等安全技术。

　　第四章为油气长输管道安全技术，主要介绍油气长输管道的相关事故案例与分析，腐蚀、泄漏防护措施与检测（监测）技术，雷击、静电防护措施，抢修、动火作业安全方法与措施。

第五章为油（气）库安全技术，主要介绍油库火灾爆炸、雷击、静电导致的相关事故案例与分析和相对应的安全防范措施，地下储气库的事故案例与分析和相关安全技术，LNG 接收站的事故案例与分析和相关安全技术。

第六章为油气储运安全管理，主要介绍 HSE 管理体系的构建与示例，火灾爆炸事故的应急救援，油气集输、油气管道、油库、地下储气库以及 LNG 加气站的安全管理制度与措施。

附录给出了常用油气储运相关法律法规（见附录 1）以及常用油气储运相关安全标准和规范（见附录 2），以方便学习和研究参考。

本书可作为石油院校油气储运工程专业本、专科使用教材，也可供相关工程技术人员参考。

全书内容及附录由寇杰编写和整理，研究生姜兆明、李朝阳、李浩、钟齐斌在本书编写过程中做了大量资料收集、整理、文字录入工作，在此向他们表示感谢。

本书参考了国内外油气储运工程领域的研究成果，谨向原作者和出版社致以崇高的敬意和诚挚的感谢。

由于油气储运安全工程涉及多个领域，且编者水平有限，编著时间仓促，书中难免存在疏漏和不恰当之处，敬请广大读者给予批评赐教，以臻完善。

编　者

目　　录

第一章　绪论

1.1　概述

1.1.1　安全工程研究对象与目的

安全工程是以人类生产、生活活动中发生的各种事故为主要研究对象，在总结、分析已经发生的事故经验的基础上，综合运用自然科学、技术科学和管理科学等方面的有关知识，识别和预测生产、生活活动中存在的不安全因素，并采取有效的控制措施防止事故发生的科学技术知识体系。

安全工程的研究对象最初主要是生产过程中发生的事故。工业生产与其他生产活动一样，是人类改造自然、征服自然、创造物质文明的过程。在这一过程中，人类会遇到而且必须克服许多来自自然界的或人类活动带来的不安全因素。人类一旦忽略了对不安全因素的控制，或者控制不力，则可能发生事故，其结果不仅妨碍工业生产的正常进行，并且可能造成设施、设备的破坏，甚至伤害人类自身。自工业革命以来，几乎工业技术的每一项进步都带来新的事故危险性。防止事故的发生，是顺利进行生产的前提和保证；保护劳动者在生产过程中的生命健康，是工业安全的基本任务。

在我国把实现生产劳动过程中安全这一基本任务的工作称作安全生产；把保护劳动者的生命安全和健康的工作称作劳动保护。

随着新材料、新能源、新技术的应用，工业产品的科技含量越来越高，产品越来越复杂，其中的不安全因素导致事故的危险性也越来越大。如果不能有效地消除和控制产品中的不安全因素，用户在使用产品时就可能存在发生事故而遭受伤害的危险。到20世纪70年代，产品的安全性问题引起了人们的普遍关注，安全工程研究对象又从工业生产过程安全扩展到了工业产品安全。

1.1.2　油气储运安全工程的研究对象与目的

油气储运工程就是将油田各油井生产的原油和油田气进行收集、处理，将符合外输标准的原油储存、计量后分别输送至矿场油库或外输首站的过程。油气储运工程要根据油田开发设计、油气物性、产品方案和自然条件等进行设计和建设，包括油气的储存和输运两个过程。原油、天然气储运系统的组成分别如图1-1、图1-2所示。

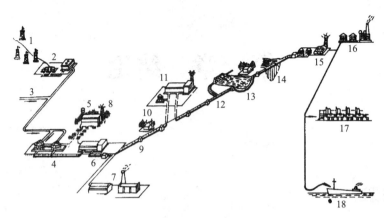

图 1-1　原油储运系统的组成

1—井场；2—输油站；3—来自油田的输油管；4—首站罐区和泵房；5—全线调度中心；6—清管器发放室；

7—首站锅炉房；8—微波通讯塔；9—线路阀室；10—维修人员住所；11—中间输油站；12—穿越铁路；

13—穿越河流；14—跨越工程；15—末站；16—炼厂；17—火车装油栈桥；18—油轮码头

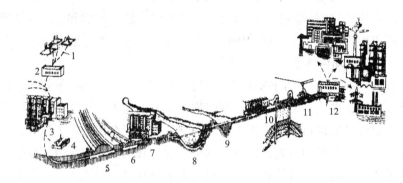

图 1-2　天然气储运系统的组成

1—井场；2—集气站；3—有净化装置的压气首站；4—支线配气站；5，6—铁路和公路穿越；

7—中间压气站；8，9—河流穿越和跨越；10—地下储气库；11—阴极保护站；12—终点配气站

油气储运安全工程是以石油与天然气储存与运输过程中发生的各种事故为主要研究对象，在总结、分析已发生事故经验的基础上，综合运用自然科学、技术科学和管理科学等方面的有关知识，识别和预测生产、生活活动中存在的不安全因素，并采取有效的控制措施防止事故发生的科学技术知识体系。油气储运安全工程研究的目的是认真贯彻执行国家的有关方针、政策、法律、法规和行业技术标准，分析研究石油生产过程中存在的各种不安全因素，采取有效的控制和消除各种潜在不安全因素的技术措施或管理办法，防止事故的发生，保证生产安全。因此，在研究中必须坚持"安全第一、预防为主、综合治理"的基本原则。

所谓"安全第一"，就是要求石油企业在考虑经营决策、设计施工、计划措施安排、生产作业组织，以及科技成果应用、技术改造、新建、改建、扩建项目等生产活动

中，必须把安全作为一个重要的前提条件，落实安全生产的各项措施，保证生产长期、安全地进行，保证生产对环境的不良影响程度降到一个较低水平，保障职工的人身安全与健康。

所谓"预防为主"，就是应当把安全工作的重点放在事故的预测预防上，运用安全科学的基本原理，探究事故发生和发展的规律，对各种事故或潜在的危险性进行科学的预测和评价，以便采取有效的预防措施，防止事故的发生和扩大，最大限度地减少事故造成的损失。

所谓"综合治理"，就是指适应我国安全生产形势的要求，自觉遵循安全生产规律，正视安全生产工作的长期性、艰巨性和复杂性，抓住安全生产工作中的主要矛盾和关键环节，综合运用经济、法律、行政等手段，人管、法治、技防多管齐下，并充分发挥社会、职工、舆论的监督作用，有效解决安全生产领域的问题。

1.2 石油与天然气特性

1.2.1 石油与天然气组成

1. 石油组成

石油是从地层深处开采出来的黄褐色乃至黑色的可燃性黏稠液体矿物，常与天然气共存。石油（Petroleum）一词源于拉丁语，有岩油之意，"石油"这个中文名称是由北宋科学家沈括第一次命名的。从油田开采出来的未经加工或经过初步加工的液态石油称为原油，经炼制后获得各种产品成为石油产品。

（1）石油的化学组成

石油组成元素主要有C、H、O、S、N五种，其主要成分是C，占83%~87%，其次是H，占11%~14%，两者合计96%~98%，O、S、N合计约1%~4%。上述各种元素一般都不是以单质形式存在的，而是相互组合，结合为含碳的各种化合物。

（2）石油的烃类组成

由碳和氢组成的碳氢化合物简称为烃。烃种类繁多，但组成石油的烃大体上只有烷烃、环烷烃和芳香烃三类，少数石油还含有烯烃。

（3）石油的非烃类组成

①含硫化合物

原油随产地不同，都或多或少的含有硫化物，一般来说，含烷烃或环烷烃多的原油硫含量低，含芳香烃多的原油硫含量高。

硫在石油中的存在形态包括单质硫、硫化氢、硫醇、硫醚、二氧化硫等。石油馏分中单质硫和硫化氢多是其他含硫化合物分解产生的，因而含量较低。硫化氢有恶臭和剧毒。

②含氧化合物

石油中含氧的化合物主要有环烷酸和酚（以苯酚为主），此外还含有少量的脂肪

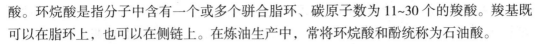

酸。环烷酸是指分子中含有一个或多个骈合脂环、碳原子数为 11~30 个的羧酸。羧基既可以在脂环上，也可以在侧链上。在炼油生产中，常将环烷酸和酚统称为石油酸。

③含氮化合物

在石油中含氮的化合物主要有吡啶、吡咯、喹啉和胺类（RNH₂）等。吡咯在空气中容易被氧化，颜色逐渐变深，这就是汽油久存后颜色变深的原因。

④胶质和沥青质

石油中的胶质和沥青质都是由碳、氢、氧、硫、氮等元素所组成的多环化合物，其化学结构十分复杂。胶质是深黄色至棕色的黏稠物质，相对密度稍大于 1，易氧化而缩合为沥青质。

2. 天然气组成及其性质

天然气是在不同地质条件下生成、运移，并以一定的压力储藏在地下构造的可燃气体。天然气主要成分是气体烃类，还含有少量的非烃类。主要成分是甲烷，其次是乙烷、丙烷、正丁烷、异丁烷、正戊烷、异戊烷等；非烃类气体有硫化氢、二氧化碳等。

1.2.2　石油产品的危险特性

石油产品具有易燃、易爆、蒸发性、易积累静电等特性，从事石油产品生产与运输、储存、经营管理工作具有一定的危险性。在此有必要了解石油产品的理化性质和影响的有关因素。

1. 易燃性

石油产品是碳氢化合物，遇火或受热很容易发生燃烧反应。油品的燃烧危险性大小可以用闪点、燃点和自燃点进行判断。

（1）闪点

闪点是衡量油品危险性的主要标志之一。所谓闪点是油品蒸气与空气形成的混合气，遇火发生闪燃（一闪即灭的燃烧）的最低温度，闪点越低油品火灾危险性就越大。

可燃液体表面都有一定的蒸气存在，蒸气浓度取决于液体的温度，可燃液体蒸气与空气组成的混合物遇到明火会发生闪燃，引起闪燃的最低温度称为闪点。闪燃不能使液体燃烧，原因是在闪点温度下，液体蒸发缓慢，可燃液体与空气的混合物瞬间燃尽，新的可燃蒸气来不及蒸发补充，故闪燃后瞬间熄灭。

油品相对分子质量越大，闪点越高；闪点随着密度的增加而升高，随着蒸气压的降低而升高；油品沸点越低，闪点也越低；油品的馏分越轻，则闪点也越低，危险性就越大。所以，从闪点的角度来说，轻质油品的危险性比重质油品的危险性大。

可燃液体混合物的闪点不具有加和性，高闪点的液体加入少量低闪点的液体会大大降低闪点，增加火灾的危险。

（2）燃点

油品蒸气与空气形成混合物，遇到明火就会着火且能持续燃烧的最低温度称为燃点（或着火点）。油品的燃点高于闪点，易燃油品的燃点比闪点高出 1~5℃，油品的闪点越低，则燃点与闪点越接近。

（3）自燃点

自燃点是指在没有外部火花或火焰的条件下，能够自行引燃和继续燃烧的最低温度。

闪点、燃点、自燃点三者都是有条件的，与油品的化学组成和馏分组成有关。对同一种油品来说，自燃点＞燃点＞闪点。对于不同的油品来说，闪点越高的油品，燃点也越高，但自燃点反而低；反之，闪点越低则燃点也越低，自燃点越高，油品的着火危险性越大。一些油品的闪点、自燃点见表1-1。石油库储存区油品的火灾危险性分类，就是按油品闪点不同分为甲$_A$类、甲$_B$类、乙$_A$类、乙$_B$类、丙$_A$类、丙$_B$类的。

根据 GB 50160—2008《石油化工企业设计防火标准（2018版）》，液化烃、可燃液体是根据闪点进行分类的（见表1-2）。

表1-1 常见油品的闪点、自燃点

油品名称	闪点 /℃	自燃点 /℃
原油	27~45	380~530
喷气燃料	−60~10	390~530
车用汽油	−50~10	426
煤油	28~45	380~425
轻柴油	45~120	350~380
润滑油	180~210	300~350

表1-2 液化烃、可燃液体的火灾危险性分类

名称	类别		特征
液化烃	甲	A	15℃时的蒸气压力 >0.1MPa 的烃类液体及其他类似的液体
		B	甲$_A$类以外，闪点 <28℃
可燃液体	乙	A	28℃≤闪点≤ 45℃
		B	45℃ < 闪点 <60℃
	丙	A	60℃≤闪点≤ 120℃
		B	闪点 >120℃

2. 易爆性

爆炸是物质发生非常迅速的物理和化学变化的一种形式。这种形式在瞬间放出大量能量，使其周围压力突变，同时产生巨大的声响。爆炸也可视为气体或蒸气在瞬间剧烈膨胀的现象。由于爆炸威力巨大，它造成的破坏往往是灾难性的。

3. 挥发性

挥发性是石油特别是石油产品最重要的特性之一，它对燃料的储存、运输和在发动机中的使用都有密切的关系。一般来说，馏分越轻的油品挥发性越强，而且挥发性随温度的升高而增强。挥发性越大的燃料蒸发耗损越大，着火危险性也越大。

液体蒸发有静蒸发和动蒸发两种类型。各种液体燃料在容器中储存时的蒸发现象均属静蒸发，静蒸发的蒸发速度一般比较缓慢。液体燃料在流动的气体中分散为细小颗粒的蒸发称为动蒸发，像液体燃料在发动机汽化器、柴油机或锅炉燃烧时，都有强烈的气流中被喷散或雾状进行蒸发（燃烧）的现象，这类蒸发现象均属动蒸发。另外，石油库油罐等容器在装油时会有大量油蒸气溢出，卸油时有大量的新鲜空气进入，这种大呼吸现象也属于动蒸发。液体动蒸发的蒸发速度远远超过其静蒸发时的速度。

影响蒸发损耗的因素很多，总起来可以分为两方面。一是油品本身性质方面的因素，如沸点、蒸气压、蒸发潜热、黏度和表面张力等；二是外界条件的因素，主要有：油温变化、油罐顶壁与液面间体积大小、油罐罐顶严密性、油罐大小呼吸等。大呼吸是指油罐进发油时的呼吸。油罐在没有收发油作业的情况下，随着外界气温、压力在一天内的升降周期变化，罐内气体空间温度、油品蒸发速度、油气浓度和蒸气压力也随之变化。这种排出石油蒸气和吸入空气的过程，叫小呼吸。收发油呼吸过程见图1-3。

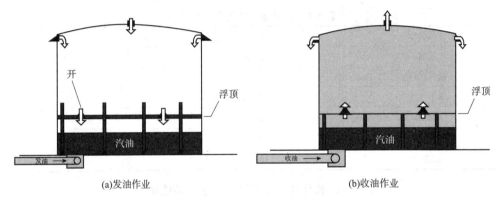

(a)发油作业 (b)收油作业

图1-3　收发油呼吸过程

4.静电荷集聚特性

石油产品的电阻率很高，一般在 $10^{12}\Omega$ 左右。电阻率越高，导电率越小，积聚电荷能力越强。汽油、煤油、柴油的电阻率都很高。因此，石油产品特别是汽油、煤油、柴油在流动、喷射、冲击、过滤、搅拌等过程中都会产生大量静电。静电积聚形成电压差，在一定条件下会放电，如果静电放电发生的电火花能量达到或超过油品蒸气的最小点火能量时，就会引起燃烧或爆炸。石油产品的静电集聚能力强，最小点火能量低（例如汽油仅 0.1~0.2mJ），这是石油产品的另一特点。

塑料的电阻率比较高，很容易产生和积累静电。如提着塑料桶走一段路后，由于塑料桶与化纤衣服摩擦，桶体就会带有很高的静电。向塑料桶灌装汽油时，由于汽油与桶体摩擦、撞击会产生静电，电位一般可达 300V。而且它与桶体原来所带的静电极性相同，所以叠加后电位更高。当金属或人的手指接触桶口时，静电会发生火花放电，引起汽油蒸气燃烧。

5.流动性与膨胀性

油品是流体，具有流动性。当油罐爆炸破损以后，油品会从油罐内向外流出，而且顺着地势高低，沿着地面流淌，使火灾范围扩大，扑救变得十分困难。因此在油罐区需修筑一定高度的防火堤。油品密度比水小，流淌的油品会浮于水面上燃烧，油罐区排水沟会成为火灾的传播途径，应采取阻隔措施。

除甲烷以外其他油蒸气密度均比空气重，对于油库，扩散出的油蒸气会积聚在油罐区周围，如果无风，会久聚不散，特别是在低洼地区及排水沟内，增加了火灾的危险性。

油品像所有物质一样，具有热胀冷缩的特性。温度升高，油品体积膨胀，压力增高；温度降低，体积收缩，压力下降，使油罐内交替出现正负压，引起罐体变形甚至破坏。

为了维持罐内的正常压力，大型油罐需设置"呼吸阀"或"通气孔"。温度升高时，罐内部分油蒸气排出罐体；温度下降时，部分空气吸入罐内，这固然保持了罐内压力平衡，但消耗了油品大量的轻质组分，也增加了火灾的危险性。油品的膨胀系数见表1-3。

表1-3　几种常见油品的受热膨胀系数

油品名称	膨胀系数 β
汽油	0.0012
煤油	0.0010
柴油	0.009

6. 毒性

石油产品及其蒸气具有一定毒性，轻质油品毒性比重质油品毒性小些，但轻质油品挥发性大，往往使空气中的油蒸气浓度比重质油大，由于空气中油气存在使氧气的含量降低，因此危险性较大。油蒸气经口、鼻进入呼吸系统，能使人体器官受害而产生急性或慢性中毒。如空气中油蒸气含量为 0.28% 时，经过 12~14min，人便会感到头晕；如果含量达到 1.13%~2.22% 时便会发生急性中毒，使人难以支持；当油蒸气含量更高时，会使人立即昏倒，失去知觉，甚至有生命危险。油蒸气的慢性中毒会使人产生头晕、疲倦和嗜睡等症状，经常与油品接触的皮肤会产生脱脂、干燥、龟裂、皮炎和局部神经麻木。油品对人体的毒性来自其烃类和非烃类物质，为改善油品性能而加入的某些添加剂也具有一定毒性，因此对油品在储运的各环节进行毒性泄漏风险分析，对采取防毒措施具有重要意义。

7. 腐蚀性

对油品储运设备来说，腐蚀性是导致设备寿命缩短或破坏的主要原因之一，其中以电化学腐蚀最为严重。

油品中含有少量水分和微量腐蚀性物质，如含硫物质（包括有机硫化物和硫化氢）和氯离子，给金属的电化学腐蚀创造了条件。空气中的盐分也会加速罐体的腐蚀；储罐和管线受烃类产品中水分和腐蚀性物质的作用，发生电化学腐蚀，往往会造成不易发觉的罐壁或管壁变薄，最后导致穿孔和油品泄漏。油气管道腐蚀如图1-4所示。

图1-4　油气管道腐蚀

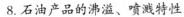

8. 石油产品的沸溢、喷溅特性

原油或重质油在储罐内着火时，若管内有水的存在，则容易发生沸溢或喷溅。在原油火灾中，原油中的水因被加热汽化变成水蒸气并形成气泡，蒸汽泡被油薄膜包围形成大量油泡沫，使体积剧烈膨胀，超出储罐所能容纳极限时，就会溢出罐外，造成沸溢。大量水迅速汽化为水蒸气时，体积膨胀，其蒸气压也迅速增大，当水蒸气以很大的压力急剧冲出液面时，把着火的油品带到上空，形成巨大火柱，这种现象叫喷溅。

燃烧油品的沸溢与喷溅是由热波造成的。原油或重油是多种烃的混合物，油品燃烧时，液体表面的轻馏分首先被烧掉，而余下的重组分逐渐下沉，并把热量带到下层，从而逐渐向深层加热，这种现象称为热波。热油和冷油的分界面称为热波面。当热波面与油中乳状液相遇或者接触到储罐中的底层水时，水被气化，体积膨胀，形成黏稠的泡沫，迅速升腾到油罐表面，甚至把上层油品托起，喷溅到空中。

油品中，只有原油或重质油品存在明显的热波，容易发生沸溢或喷溅。因此，不能因为重质油品闪点高、着火危险性小而放松警惕。

第二章　油气储运安全理论基础

易爆、腐蚀、毒害等危险特性，在一定条件下能发展为事故，不仅影响正常的生产进行，危害人身的安全和健康，甚至给社会带来灾难。因此油气管理人员和工程技术人员应该在事故发生之前充分识别生产过程或装置存在的各种风险，预测可能发生的事故，并对这些危险因素制定安全防范措施，预防和减少事故的发生，降低事故造成的损失。

2.1　安全与系统安全

石油化工生产的特点决定了其发生泄漏、火灾、爆炸等重大事故的可能性及其后果比其他行业一般来说要大。血的教训充分说明了在石油化工生产中如果没有完善的安全防护设施和严格的安全管理，即使拥有先进的生产技术、现代化的生产设备，也难免发生事故。而一旦发生事故，人民的生命和财产将遭到重大损失，生产也无法进行下去。因此，安全工作在石油化工生产中有着非常重要的作用，是石油化工生产的前提和关键。

石油化工生产领域的企业领导、管理干部、工程技术人员和操作工人，承担着实现安全、保障生产的艰巨责任，必须努力掌握安全科学和安全技术知识，深入研究安全管理和预防事故的科学方法，牢固树立"安全第一"的观念，认真探讨和掌握伴随生产过程而可能发生的事故及预防对策，控制和消除各种危险因素，使生产中的事故和损失降到最低限度，实现系统安全。

2.1.1　技术术语

1. 安全（Safety）

安全是指在生产活动过程中，能将人员伤亡或财产损失控制在可接受水平之下的状态。安全具有下述含义：

（1）本书研究的是生产领域的安全问题，既不涉及军事或社会意义的安全与保安，也不涉及与疾病有关的安全；

（2）安全不是瞬间的结果，而是对于某种过程状态的描述；

（3）安全是相对的，绝对安全是不存在的；

（4）构成安全问题的矛盾双方是安全与危险，而不是安全与事故，因此，衡量一个生产系统是否安全，不应仅仅依靠事故指标；

（5）不同时代，不同生产领域，可接受的损失水平不同，因而衡量系统是否安全的标准也不同。

2. 危险（Danger）

危险是指在生产活动过程中，人员或财产遭受损失的可能性超出了可接受范围的一种状态。危险包含了各种隐患，包含尚未为人所认识的以及虽为人们所认识但尚未为人所控制的各种潜在隐患，同时，危险还包含了安全与不安全一对矛盾斗争过程中某些瞬间突变所表现出来的事故结果。

3. 危险源（Hazard）

危险源是指可能导致人员伤害或疾病、物质财产损失、工作环境破坏或这些情况组合的根源或状态因素。在 GB/T 45001《职业健康安全管理体系　要求及使用指南》中的定义为：可能导致伤害和健康损害的来源。

危险源是指一个系统中具有潜在能量和物质释放危险的、可造成人员伤害、在一定的触发因素作用下可转化为事故的部位、区域、场所、空间、岗位、设备及其位置。它的实质是具有潜在危险的源点或部位，是爆发事故的源头，是能量、危险物质集中的核心，是能量传出来或爆发的地方。危险源存在于确定的系统中，不同的系统范围，危险源的区域也不同。一般来说，危险源可能存在事故隐患，也可能不存在事故隐患，对于存在事故隐患的危险源一定要及时加以整改，否则随时都可能导致事故。

通常把危险源分成两种类型。第一类危险源是指系统中存在的、可能发生意外释放的能量（能源或能量载体）或危险物质，也称为根危险源、固有型危险源，决定了事故后果的严重程度；第二类危险源是指可能导致能量或危险物质约束或限制措施破坏或失控的各种因素，也称为状态危险源，决定了事故发生的可能性。

4. 重大危险源

长期或临时生产、加工、使用或储存危险化学品，且危险化学品的数量等于或超过临界量的单元属于重大危险源。

5. 危险化学品

具有毒害、腐蚀、爆炸、燃烧、助燃等性质，对人体、设施、环境具有危害的剧毒化学品及其他化学品。

6. 危险化学品数量

长期或临时生产、加工、使用或储存危险化学品的数量。

7. 有害因素

可对人造成伤亡、影响人的身体健康甚至导致疾病的因素。

8. 风险（Risk）或危险性（Danger property）

风险是描述系统危险程度的客观量，又称危险性。通常人们用风险可能导致的事故

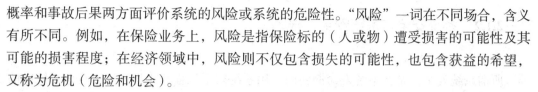

概率和事故后果两方面评价系统的风险或系统的危险性。"风险"一词在不同场合，含义有所不同。例如，在保险业务上，风险是指保险标的（人或物）遭受损害的可能性及其可能的损害程度；在经济领域中，风险则不仅包含损失的可能性，也包含获益的希望，又称为危机（危险和机会）。

9. 作业场所

可能使从业人员接触危险化学品的任何作业活动场所，包括从事危险化学品的生产、操作、处置、储存、搬运、运输危险化学品的处置或者处理等场所。

10. 安全设施

安全设施是指在油气管道系统中用于安全防护、防火防爆、检测报警、应急处置所采取的设施。

11. 安全性（Safety property）

安全性是判断、评价系统性能的一个重要指标，是衡量系统安全程度的客观量。与安全性对立的概念是风险（危险性）。假定系统的安全性为 S，危险性为 R，则有 $S=1-R$。显然，R 越小，S 越大；反之亦然。若在一定程度上消减了危险因素，就等于增加了安全性。

12. 事故（Accident）

事故指在生产活动过程中，由于人们受到科学知识和技术力量的限制，或者由于认识上的局限，当前还不能防止，或能防止但未有效控制而发生的违背人们意愿的事件序列。

事故后果（Consequence）是因事故造成的迫使系统暂时或较长期中断运行，人员伤亡或者财产损失的总和。

人们应从防止事故发生和控制事故严重后果两方面来认识和预防事故。在日常生产、生活中，人们往往对事故的后果，特别是引起重大人员伤害或财物损失的事故后果印象深刻，关注具有重大后果的事故；相反地，对后果非常轻微的事故麻木、忽略，甚至不认为是事故。这不但不利于对事故的预防，也不利于对事故后果的控制，对安全工作极其有害。

13. 隐患（Accident potential）

隐患是潜藏的祸患。在生产活动过程中，隐患是指由于人们受到科学知识和技术力量的限制，或者由于认识上的局限，未能有效控制的有可能引起事故的行为或状态。从系统安全的角度看，隐患包括一切可能对人－机－环境系统带来损害的不安全因素。

14. 安全科学（Safety science）

安全科学是研究人与机器和环境之间的相互作用，保障人类生产和生活安全的科学，或者说是研究事故发生、发展规律及其预防的理论体系。安全科学的研究对象是人类生产和生活中的不安全因素，或者说是各种技术危害。如工业事故、交通事故、职业危害等。

2.1.2　系统安全与系统安全工程

1. 系统安全（System safety）

所谓系统安全，是在系统寿命期间内应用系统安全工程和管理方法，辨识系统中的危险源，评价系统的危险性，并采取控制措施使其危险性最小，从而使系统在规定的性能、时间和成本范围内达到最佳的安全程度。系统安全是为解决复杂系统的安全性问题而开发、研究出来的安全理论、方法体系，是系统工程与安全工程结合的完美体现。系统安全的基本原则就是在一个新系统的构思阶段就必须考虑其安全性的问题，制定并执行安全工作规划（系统安全活动），属于事前分析和预先的防护，与传统的事后分析并积累事故经验的思路截然不同。系统安全活动贯穿于整个系统生命周期，直到系统报废为止。系统安全的主要观点包括：

（1）没有绝对的安全

任何事物中都包含不安全的因素，具有一定的危险性。"安全的"工厂，生产过程并不意味着已经杜绝了事故和事故损失，只不过事故发生率相对较低，事故损失较少而已。系统安全所追求的目标也不是"事故为零"那样极端理想的情况，而是达到"最佳的安全程度"，达到一种实际可能的、相对安全的目标。

（2）安全工作贯穿于系统的整个寿命期间

该项原则充分体现了系统安全的重要特征：安全工作不仅仅是在系统运行阶段进行，而是贯穿于整个系统寿命期间。即在新系统的构思、可行性论证、设计、建造、试运转、运转、维修直到废弃的各个阶段都要辨识、评价、控制系统中的危险源。

（3）系统危险源是事故发生的根本原因

系统安全认为，系统中存在的危险源是事故发生的根本原因。按定义，危险源是可能导致事故发生的潜在不安全因素。系统安全的基本内容就是辨识系统中的危险源，采取措施消除和控制系统中的危险源，使系统安全。

2. 系统安全工程（System safety engineering）

系统安全工程是运用科学和工程技术手段辨识、消除或控制系统中的危险源，实现系统安全。系统安全工程包括系统危险源辨识、危险性评价、危险源控制等基本内容。

（1）危险源辨识（Hazard identification）

危险源辨识是发现、识别系统中危险源的工作，是危险源控制的基础。系统安全分析方法是危险源辨识的主要方法，可以用于辨识已有事故记录的危险源，也可用于辨识没有事故经验的系统危险源。系统越复杂，越需要利用系统安全分析方法来辨识危险源。

（2）危险性评价（Risk assessment）

危险性评价是评价危险源导致事故、人员伤害或财产损失的危险程度的工作。系统中往往有许多危险源，危险性评价应全面分析系统中存在的各种危险源，对其进行综合评价。同时，由于任何系统都存在一定的危险源控制措施，危险性评价还要分析这些控制措施的效果。当危险性评价结果认为系统危险性低于"允许的限度"时可以被忽略，否则要采取控制措施。

（3）危险源控制（Hazard control）

危险源控制是利用工程技术和管理手段消除、控制危险源，防止危险源导致事故、人员伤害和财物损失的工作。

按一般意义上的理解，应该在危险源辨识的基础上进行危险源评价，根据危险源危险性评价的结果采取危险源控制措施。实际工作中，这三项工作并非严格地按这样的程序分阶段独立进行，而是相互交叉、相互重叠进行的（见图 2-1）。

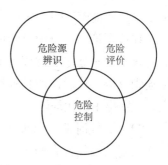

图 2-1　系统安全工程的基本内容

2.2　事故致因理论

事故是违背人的意志而发生的意外事件，而且事故具有明显的因果性和规律性。阐明事故为什么会发生、怎样发生，以及如何防止事故发生的理论，被称为事故致因理论。事故致因理论是从大量典型事故本质原因的分析中所提炼出的事故机理和事故模型。这些机理和模型反映了事故发生的规律性，能够为事故的定性定量分析、事故的预测预防、改进安全管理工作，从理论上提供科学、完整的依据。

事故致因理论是一定生产力发展水平的产物，在生产力发展的不同阶段，生产过程中存在安全问题有所不同，特别是随着生产形式的变化，人在工业生产过程中所处地位的变化，使得人们对于事故的认识不同，也使得事故致因理论不断地发展完善。

2.2.1　事故致因理论的演进历程

事故致因理论的发展始于近代资本主义工业化生产，至今，先后出现了十几种具有代表性的事故致因理论与模型。

（1）20 世纪初，资本主义工业化大生产初具规模，大规模流水线的生产方式得到广泛应用。在这一时期主要的理论有：

①格林伍德（M.Greenwood）和伍兹（H.Woods）从人的固有缺陷出发，于 1919 年提出，后来又由纽伯尔德（Newbold）及法默（Farmer）等补充的"事故频发倾向论"。该理论认为，生产活动中存在事故频发倾向者，他们是事故的主要原因。因此，通过防止事故频发倾向者就可以达到预防事故的目的。

②明兹和布卢姆用事故遭遇倾向论对事故频发倾向论进行了修正，认为事故的发生不仅与个人因素有关，而且与生产条件有关。

③海因里希（W.H.Heinrich）从"事件链"的角度分析事故的形成过程，于 1936 年提出了事故因果连锁论。

海因里希把工业伤害事故的发生、发展过程描述为具有一定因果关系的事件的连锁发生过程，即：人员伤亡的发生是事故的结果；事故的发生是由于人的不安全行为和物的不安全状态；人的不安全行为或物的不安全状态是由于人的缺点造成的；人的缺点是由于不良环境诱发的，或者是由先天的遗传因素造成的。

在该理论中，海因里希借助于多米诺骨牌形象地描述了事故的因果连锁关系，即事故的发生是一连串事件按一定顺序互为因果依次发生的结果。如一块骨牌倒下，则将发生连锁反应，使后面的骨牌依次倒下。这些理论共同的特点是把事故原因简单地归咎于人，表现出了时代局限性。

（2）二战时期，出现了许多新式的、复杂的武器装备，如高速飞机、雷达等，其操作的复杂性使得人们难以适应，经常发生动作失误。于是，产生了专门研究人类工作能力及其限制的人机工程学，标志着工人地位的重大改变：由"以机器为中心"转变为"以人为中心"，根据人的特性设计机械，使之适合人的操作。这种观念促使人们对事故原因进行重新认识，许多学者逐渐认识到生产条件和技术设备的潜在危险在事故中的作用，而不应把事故简单地归因于操作者的性格等自身固有缺陷。这一时期主要理论有：

①葛登（Gorden）基于流行病传染机理，于1949年提出了"用于事故的流行病学方法"理论。该理论认为，流行病病因与事故致因之间具有相似性，可以参照流行病因的分析方法分析事故原因。与流行病的病因（患者特征、环境特征、致病媒介）相似，事故的发生也要考虑人的因素、工作环境及引起事故的媒介。

②吉布森（Gibson）从事故发生物理本质的能量角度出发，于1961年提出，并由哈登（Hadden）于1966年引申为"能量意外释放论"。这些理论比只考虑人失误的早期事故致因理论有了较大进步，明确提出了事故因素间的关系特征，促进了事故因素的调查、研究，揭示了事故发生的物理本质。

（3）20世纪60年代末以后，科学技术迅猛发展，技术系统越来越不透明，生产设备、工艺及产品越来越复杂，以往的理论已经不能很好地解释复杂系统的事故原因。人们结合信息论、系统论、控制论的观点和方法，提出了许多新的事故致因理论和模型。其中主要有瑟利（J.Surry）以人对信息的处理过程为基础，于20世纪60年代末提出的描述事故发生因果关系的瑟利模型。该模型认为，事故是由于人在信息处理过程中出现失误进而导致人的行为失误而引发的。与此类似的还有1970年的海尔模型（Hale's model）、1972年威格里沃斯（Wiggles Worth）的"人失误的一般模型"、1974年劳伦斯（Lawrence）提出的"金矿人因失误模型"以及1978年安德森（Anderson）等人对瑟利模型的修正等。这些理论把人、机、环境作为一个整体系统看待，研究人、机、环境之间的相互作用并从中发现事故原因，揭示出事故预防的途径，也称为系统理论。

1972年本纳（Benner）基于动态和变化的观点，提出了动态的生产系统由于"扰动"而引发事故的理论，即扰动起源论，又称P理论。与此类似的理论还有约翰逊（Johnson）于1975年提出的"变化－失误"模型、佐藤吉信于1981年提出的"作用－变化与作用连锁"模型（Action change and action chain model）等。另外比较流行的是"轨迹交叉论"及与其类似的"危险场"理论。

（4）借鉴国外企业生产事故致因理论的成果，国内研究人员对事故致因理论进行了广泛的拓展研究。1995年，钱新明、陈宝智分别提出了事故致因的突变模型和两类危险源理论；2000年，何学秋提出安全流变与突变理论，用以解释系统连续变化过程中系统状态出现的突然变化；2006年，田水承提出了3类危险源理论。另外，我国许多安全专家认为，事故的发生不是单一因素造成的，也并非个人偶然失误或单纯设备故障所形成的，而是各种因素综合作用的结果，提出了综合论事故模型。这些研究成果虽然还有许多不完善的地方，但较之国外事故致因理论水平已经有了很大提高。

事实表明，生产事故既是偶然现象，也有必然的规律性，运用事故致因理论可以揭示导致生产事故发生的多种因素及相互间的联系和影响，透过现象看本质，从表面原因可以追踪到深层次的原因，直至本质原因。

2.2.2　几种代表性的事故致因理论

1. 事故倾向论

1919年，英国的格林伍德（M.Greenwood）和伍兹（H.Woods）对许多工厂里的伤亡事故发生的次数和有关数据，按不同的统计分布（泊松分布、偏倚分布和非均等分布）进行统计检验，发现工人中的某些人较其他工人更容易发生事故。后经1926年纽伯尔德（Newbold）以及1939年法默（Farmer）等人研究，逐渐演化成事故倾向性理论（Accident proneness theory）。所谓事故频发倾向，是指个别容易发生事故的稳定个人的内在倾向。根据这一理论，少数工人具有事故频发倾向，是事故频发的主要原因。因此，减少事故的手段主要体现在两个方面，一方面通过严格的生理、心理检验等，从众多的求职人员中选择身体、智力、性格特征及动作特征等方面优秀的人才就业；另一方面，一旦发现事故频发倾向者则将其解雇。事故倾向性理论是早期的事故致因理论，只确认了事故原因的一个侧面，并且只提出单一的补救措施。19世纪末20世纪初，差别心理学盛行，事故倾向性理论正是在这一背景下形成的，曾在安全管理界产生重大影响长达半个世纪之久，被许多西方工业界作为招聘、安排职业、进行安全管理的理论依据。这一理论最大的弱点是过分强调了人的个性特征在事故中的影响，把工业事故的原因归因于少数事故倾向者。

2. 事故因果连锁理论

事故因果连锁理论的基本观点是事故由一连串因素以因果关系依次发生，就如链式反应的结果。其代表性理论主要有：海因里希事故因果连锁理论、博德事故因果连锁理论和亚当斯事故因果连锁理论。

（1）海因里希事故因果连锁理论

1936年海因里希（H.W.Heinrich）对当时美国工业安全实际经验作了总结、概括，上升为理论，出版了流传全世界的《工业事故预防》一书，该书阐述了工业事故发生的因果连锁论。该理论的核心思想是：伤亡事故的发生不是一个孤立的事件，而是一系列原因事件相继发生的结果。提出了"事件链"（Chains of events）这一重要概念，即伤害与各原因相互之间具有连锁关系，海因里希认为事故连锁过程受以下 5 种因素的影响。

①遗传及社会环境（A_1）：遗传及社会环境是造成人缺点的原因。遗传因素可能使人具有鲁莽、固执、粗心等不良性格；社会环境可能妨碍人的安全素质培养，助长不良性格的发展。这种因素是因果链上最基本的因素。

②人的缺点（A_2）：包括鲁莽、固执、过激、神经质、轻率等性格上的先天缺点，以及缺乏安全生产知识和技术等后天缺点。

③人的不安全行为或物的不安全状态（A_3）：是指那些曾经引起过事故，可能再次引起事故的人的行为或机械、物质的状态，它们是造成事故的直接原因。

④事故（A_4）：即由于人、物或环境的作用或反作用，使人员受到伤害或可能受到伤害、出乎意料的、失去控制的事件。

⑤伤害（A_5）：即直接由事故产生的财产损失或人身伤害。

海因里希用五块骨牌形象地描述这种因果关系，因此，该理论又被称为多米诺骨牌理论（Domino theory）如图 2-2 所示。在骨牌系列中，第一颗骨牌被碰倒了，会发生连锁反应，其余的几颗骨牌相继被碰倒。如果移去中间的一颗骨牌，则连锁被破坏，事故过程被中止。海因里希认为，企业安全工作的中心是防止人的不安全行为，消除机械的或物质的不安全状态，中断事故的进程以避免事故的发生。

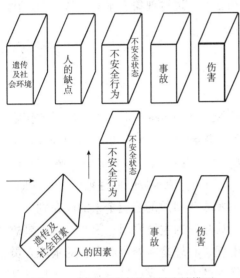

图 2-2　海因里希事故因果连锁模型

（2）博德事故因果连锁理论

弗兰克·博德（Frank Bird）在海因里希事故因果连锁理论的基础上，提出了现代事故因果连锁理论。博德认为，尽管人的不安全行为和物的不安全状态是导致事故的重要原因，但认真追究，却不过是其背后原因的征兆，是一种表面现象。他认为事故的根本原因是管理失误。博德的事故因果连续过程同样为五个因素，但每个因素的含义与海因里希的都有所不同，如图 2-3 所示。

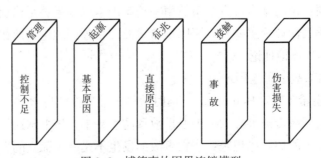

图 2-3　博德事故因果连锁模型

①控制不足：安全管理方面控制不足是事故导致伤害的最根本原因。安全管理应懂得管理的基本理论和原则。控制损失包括对不安全行为和不安全状态的控制，这是安全管理工作的核心。

②基本原因：基本原因包括个人原因和工作方面的原因。其中个人原因有身体、精神方面的问题，缺乏知识、技能方面的问题和动机不正确等；工作方面的原因有操作规程不合适，设备、材料不合适，正常的磨损以及异常的使用方法等。

③直接原因：事故的直接原因是人的不安全行为和物的不安全状态。直接原因是基本原因和管理缺陷的表象。

④事故：认为事故是人的身体或建（构）筑物、设备与超过其阈值的能量接触或人体与妨碍正常生理活动的物质接触产生的。防止事故就是防止这种接触，如采取隔离、屏蔽、防护、吸收、稀释等措施，显然这一定义无形中应用了能量转移的观点。

⑤伤害损失：是指事故造成的结果，包括人员伤亡和财务损失。

（3）亚当斯事故因果连锁理论

英国的约翰·亚当斯（John Adams）提出了一种与博德事故因果连锁理论相类似的因果连锁模型，该模型以表格的形式给出，见表2-1。在该理论中，事故和损失因素与博德理论相似。亚当斯将人的不安全行为和物的不安全状态称作现场失误，其目的在于提醒人们注意不安全行为和不安全状态的性质。

亚当斯理论的核心在于对造成现场失误的管理原因进行了深入研究，认为操作者的现场失误是由于企业领导者及安全工作人员的管理失误造成的。管理人员在管理工作中的差错或疏忽、企业领导人决策错误或没有做出决策等失误对企业经营管理及安全工作具有决定性的影响。管理失误反映企业管理系统中的问题，另外，管理失误涉及管理体制方面的问题。

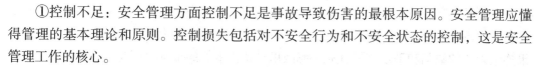

表2-1 亚当斯事故因果连锁模型

管理体系	管理失误		现场失误	事故	伤害或损坏
	领导者在下述方面决策失误或没做决策：	安技人员在下述方面管理失误或疏忽：			
目标 组织 机能	方针政策 目标 规范 责任 职级 考核 权限授予	行为 责任 权限范围 规则 指导 主动性 积极性 业务活动	不安全行为 不安全状态	伤亡事故 损害事故 无伤害事故	对人 对物

海因里希事故因果连锁理论不仅确立了事故致因的事件链概念，开创性地用骨牌形象直观地描述了事故发生的因果关系，而且提出了抽除一张牌，即可破除事故链而达到防止事故发生的诱人思路。尽管这一理论依然没有摆脱将事故原因归因于人的遗传因素的历史局限，但其指出的分析事故应从事故现象入手，逐步深入到各层次中去的简明道

理，十分具有吸引力，使这一理论成为事故研究科学化的先导，具有重要的历史地位并在实践中得到广泛应用。随后的几种事故致因理论，在不同程度上对海因里希的事故因果连锁理论的缺陷和不足作了补充。海因里希认为事故的根本原因是人的遗传因素，博德认为事故的根本原因是管理失误，即管理方面控制不足。亚当斯则进一步研究了管理失误的个人因素和组织因素。从而使事故的归因研究从追究个人原因和责任转向对组织管理缺陷的探索，使这一因果链模型得到进一步发展。

3. 流行病学理论

流行病学理论是一门研究流行病的传染源、传播途径及预防的科学。它的研究内容与范围包括：研究传染病在人群中的分布；阐明传染病在特定时间、地点、条件下的流行规律；探讨病因与性质并估计患病的危险性；探索影响疾病的流行因素，拟定防疫措施等。

1949 年葛登（Gorden）提出事故致因的流行病学理论（Epidemiological theory）。该理论认为，工伤事故与流行病的发生相似，与人员、设施及环境条件相关，有一定分布规律，往往集中在一定时间和一定地点发生。葛登主张用流行病学方法研究事故原因，即研究当事人的特征（包括年龄、性别、生理、心理状况）、环境特征（如工作的地理环境、社会状况、气候季节等）和媒介特征。并把"媒介"定义为促成事故的能量，即构成事故伤害的来源，如机械能、热能、电能和辐射能等。能量与流行病中媒介（病毒、细菌、毒物）一样都是事故或疾病的瞬间原因。其区别在于，疾病的媒介总是有害的，而能量在大多数情况下是有益的，是输出效能的动力。仅当能量逆流于人体的偶然情况下，才是事故发生的源点和媒介。

采用流行病学的研究方法，事故的研究对象，不只是个体，更重视由个体组成的群体，特别是"敏感"人群，研究目的是探索危险因素与环境及当事人（人群）之间相互作用，从复杂的多重因素关系中，揭示事故发生及分布的规律，进而研究防范事故的措施。

流行病学理论具有一定的先进性。它突破了对事故原因的单一因素的认识，以及简单的因果认识，明确地承认原因因素间的关系特征，认为事故是由当事人群、环境及媒介等三类变量中某些因素相互作用的结果，由此推动这三类因素的调查、统计与研究，从而也使事故致因理论向多因素方面发展。该理论不足之处在于上述三类因素必须占有大量的内容，必须拥有足量的样本进行统计与评价，而在这些方面，该理论缺乏明确的指导。

4. 能量转移论

1961 年吉布森（Gibson）提出了"事故是一种不正常的或不希望的能量转移"的观点；1966 年哈登（Haddon）引申了这一观点，提出了"能量转移论"（The energy transfer theory），指出"人受伤害的原因只能是某种能量的转移"，并提出了能量逆流于人体造成伤害的分类方法。哈登将伤害分为两类：第一类伤害是由于施加了局部或全身性损害阈值的能量引起的（见表 2-2）；第二类伤害是由影响了局部或全身性能量交换引起的，主要指中毒窒息和冻伤（见表 2-3）。哈登认为，在一定条件下某种形式的能量能否产生伤害造成人员伤亡事故，取决于能量大小、接触能量的时间长短、频率以及力的集中程度。根据能量转移理论，可以利用各种屏蔽来防止意外的能量转移，从而防止事故的发生。

表 2-2 第一类伤害

能量类型	产生的原发性损伤	原因分析
机械能	移位、撕裂，破裂和压榨、主要损及组织	运动的物体和下落物体冲撞造成的损伤；运动的身体冲撞正在运动的、相对静止的物体造成的损伤，以及卷入、夹入、摩擦、滑倒等造成的损伤
热能	炎症、凝固、烧焦和焚化、伤及身体任何层次	火灾、灼烫造成第一度、第二度、第三度烧伤
电能	干扰神经、肌肉功能以及凝固、烧焦和焚化、伤及身体任何层次	触电造成电击、电伤；电磁场伤害、雷击
辐射能	细胞和亚细胞成分与功能的破坏	放射性物质作用造成的伤害
化学能	伤害一般要根据每一种或每一组的具体物质而定	动物性或植物性毒素引起的急性中毒；化学烧伤；某些元素、化合物、有机物在足够剂量时产生的多种类型的伤害

表 2-3 第二类伤害

影响能量交换类型	伤害或障碍的种类	范围分析
氧的作用	生理损害、组织或全身死亡	全身：由机械因素或化学因素引起的窒息（如：溺水、一氧化碳中毒）；局部：血管性以外
热能	生理损害、组织或全身死亡	体温调节障碍产生的损害、冻伤、冻死

5. 瑟利模型及其扩展

1969 年瑟利（J.Surry）提出了以人对信息处理过程为基础描述事故发生因果关系的一种事故模型，这一模型称为瑟利事故模型（Surry's accident model）。与此类似的理论还有 1970 年的海尔模型（Hale's model），1972 年威格里沃斯（Wiggle Worth）的"人失误的一般模型"，1974 年劳伦斯（Lawrence）提出的"金矿人因失误模型"，以及 1978 年安德森（Anderson）等人对瑟利模型的修正等等。其中比较有代表性的是瑟利事故模型、海尔模型以及安德森等人对瑟利事故模型的修正。

（1）瑟利模型

瑟利模型把事故的发生过程分为危险出现和危险释放两个阶段。他考虑了两组问题，每组问题共有 3 个心理学成分：对事件的感知（刺激，Stimuli）、对事件的理解（认知，Organic）和对事件的行为响应（输出，Response），是一个 S-O-R 模型如图 2-4 所示。

第一组关系到危险的构成，以及与此危险相关的感觉的认识和行为的响应。如果人的信息处理的每个环节都正确，危险就能被消除或得到控制；反之，只要任何一个环节出现问题，就会使操作者直接面临危险。第二组关系到危险释放期间的 S-O-R 响应。如果人的信息处理过程的各个环节都是正确的，虽然面临着已经显现出来的危险，但仍然

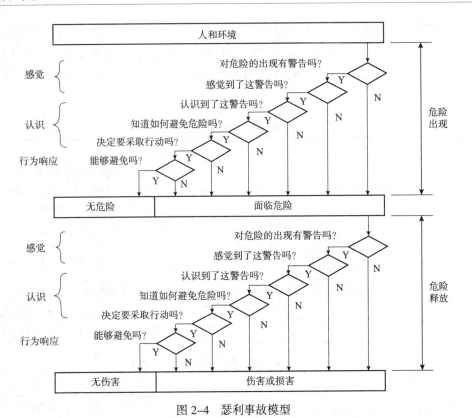

图 2-4　瑟利事故模型

可以避免危险释放出来，不会带来伤害或损害；反之，只要任何一个环节出错，危险就会转化成伤害或损害。

（2）海尔模型

1970 年，海尔研究认为，当人们对事件的真实情况不能做出适当响应时，事故就会发生，但并不一定造成伤害。海尔模型是一个闭环反馈系统，主要分为察觉情况和接受信息、处理信息、操作者用行动改变形势、新的察觉处理与响应等四个部分（见图 2-5）。察觉的信息有两个来源：其一是操作者在运行系统中收到的信息，这种信息可能由于对机械故障的判断不正确，也可能由于视力、听力不佳而察觉不到，使信息不完整；其二是预期的信息，指经常指导对信息收集和选择的预测信息。这类信息可能发生两种类型的失误，一是操作者感觉上的失误；二是对危险征兆没有察觉。负担过重、有压力、疲劳或药物的不良影响，都有可能使操作者对收集信息的注意力削弱，以致不能对危险保持警惕。上述两种信息来源中的错误，都有可能导致行动失误。

行为的决策是根据察觉到的信息，经过处理，决定采取行动。能否采取正确的行动，取决于指导、培训以及固有能力。决策还要考虑经济效益、社会效益，包括生产班组集体的利益，以及原有的经验及由此而产生的对危险的主观评价。其中认识、理解和决策均属于中枢处理，接着便是行动输出（行为响应）。行动输出之后系统会发生变化，使操作者根据新的情况返回到模型的信息阶段，如此循环往复，在系统的反馈环中关键是要发挥监察和检测的功能。

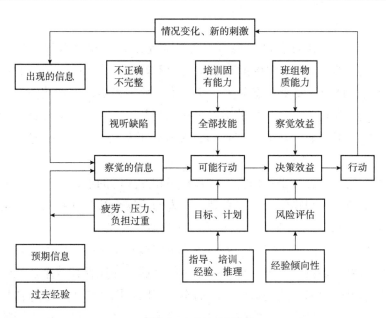

图 2-5 海尔模型

（3）安德森等人对瑟利模型的扩展

1978年安德森等在分析60起工伤事故中应用了瑟利模型，发现其存在一定的缺陷。安德森等人认为，瑟利模型虽然清楚地处理了操作者的问题，但未涉及机械及其周围环境的运行过程。于是，他们对瑟利模型作了扩展，在瑟利模型之上增加一组前提步骤，即有关危险线索的来源及可考察性，运行系统内的波动（变异性），以及控制和减少这些波动使与人的操作行为波动相一致。这一扩展使瑟利模型变得更为有用和协调（见图2-6）。

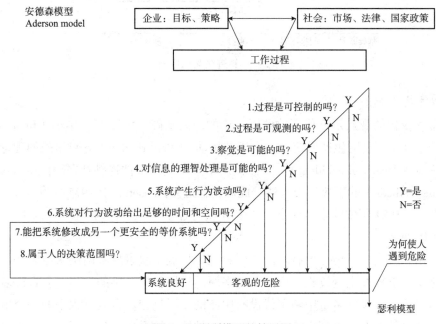

图 2-6 瑟利模型的扩展图

6. 轨迹交叉理论

20 世纪 60 年代末 70 年代初，日本劳动省调查分析了 50 万起事故的形成过程，总结出从人的系列分析，只有约 4% 的事故与人的不安全行为无关；从物的系列分析，只有约 9% 的事故与物的不安全状态无关。这些统计数字表明，大多数伤害事故的发生，既与人的不安全行为相关，也与物的不安全状态相关。在此基础上，日本劳动省提出了"轨迹交叉理论"（Orbit intersecting theory），并构建了系列模型来描述这一理论，形式如图 2-7 所示。

轨迹交叉理论基本思想是：伤害事故是许多相互关联的事件顺序发展的结果。这些事件概括起来不外乎人和物两个发展系列，当人的不安全行为和物的不安全状态在各自发展过程中（轨迹），在一定时间、空间发生了接触（交叉），能量"逆流"于人体时，伤害事故就会发生。而人的不安全行为和物的不安全状态之所以产生和发展，又是受多种因素作用的结果。多数情况下，在直接原因的背后，往往存在着企业经营者、监督管理者在安全管理上的缺陷，这是造成事故的本质原因。图 2-7 中，起因物与施害物可能是不同的物体，也可能是同一个物体，同样，肇事者与受害者可能是不同的人，也可能是同一个人。根据轨迹论预防事故可以从防止人、物运动轨迹的交叉，控制人的不安全行为和控制物的不安全状态 3 个方面来考虑。

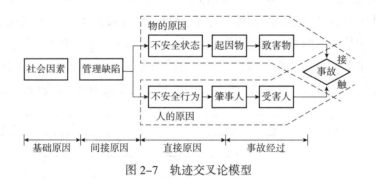

图 2-7　轨迹交叉论模型

7. 动态变化理论

动态和变化的观点是近代事故致因理论的一大基础。1972 年，本纳（Benner）等人提出在处于动态平衡的生产系统中，由于"扰动"（Perturbation）导致事故的理论，即事故 P 理论（P-Theory of accident）。进而提出了"多线性事件连锁法"（Multilateral events sequencing methods）的事故调查方法。此后约翰逊（Johnson）于 1975 年发表了"变化 – 失误"模型，1981 年佐藤吉信提出了"作用 – 变化与作用连锁"模型。

（1）P 理论

本尼尔和劳伦斯指出，用有限的几颗骨牌，只能反映事故不同层次原因间的连锁关系，不能反映事故发生全过程。事故由众多原因经历相当复杂的过程，包含许多串联或并联的因果关系，包含多重中断了或没有中断的发展过程。事故过程中的一个事件可能导致下一个事件发生，直到事故过程结束。这种把事故看作由扰动开始，相互关联的事件相继发生，直到伤害或损害结束的过程，就是 P 理论的观点。P 理论，是"扰动理论"的简称。扰动，这里指外界影响的变化，包括社会环境变化、自然环境变化、宏微观经济变化、时间变化、劳动组织变化、人员变化、操作规程变化等等。人和机械有适应外界影响变化的能力，有响应外界影响变化做出调节的能力，使过程在动态平稳状态中稳定地进行。但这种能力是有限度的，当外界影响的变化超过了行为者（人、机）的这种适应调节能力限度，就会破坏动态平衡过程，从而开始事故过程。不过，由于"扰动"因素太多，P 理论只提出了一个思路，并未具体提出干扰"扰动"的办法。其模型如图 2-8 所示。

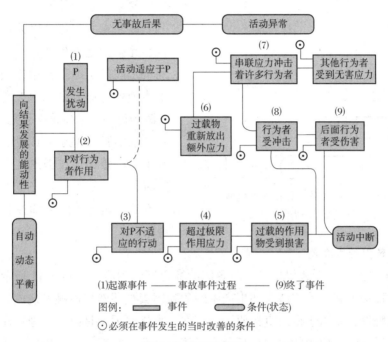

图 2-8　P 理论模型

（2）变化–失误理论

约翰逊（Johnson W.C）认为事故是由意外的能量释放引起的，这种能量释放的发生是由于管理者或操作者没有适应生产过程中物或人的因素变化，产生了计划错误或人为失误，从而导致不安全行为或不安全状态，破坏了对能量的屏蔽或控制，从而发生了事故，由事故造成过程中人员伤亡或财产损失。图 2-9 为约翰逊的变化–失误理论（Change-error theory）示意图。

按照变化的观点，变化可引起人失误或物的故障，因此，变化被看作是一种潜在的

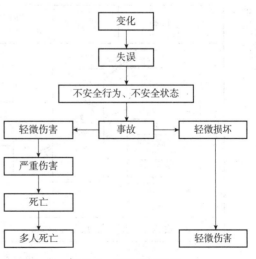

图 2-9　变化失误理论

事故致因，应该被尽早地发现并采取相应的措施。作为安全管理人员，应对变化给予足够的重视。

（3）作用－变化与作用连锁

日本的佐藤吉信从系统安全的观点出发，提出了一种称为"作用－变化与作用连锁模型"（Action-change and action chain model）的事故致因理论。

该理论认为，系统元素在其他元素或环境因素的作用下发生变化，这种变化主要表现为元素的功能发生变化－性能降低。作为系统元素的人或物的变化可能是人失误或物的故障。

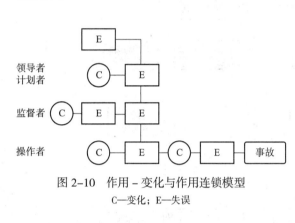

图 2-10　作用－变化与作用连锁模型

C—变化；E—失误

该元素的变化又以某种形态作用于相邻元素使之发生变化。于是，在系统元素之间产生一种作用连锁。系统中作用连锁可能造成系统中人的失误和物的故障的传播，最终导致系统故障或事故。

该模型简称为 A-C 模型，如图 2-10 所示。佐藤吉信在提出变化连锁模型的同时，还开发了一套完整表达事故过程的方法，阐述了解释和控制事故连锁的规则。

8. 事故致因的综合论

进入 21 世纪，有学者提出了事故致因的综合原因理论，如图 2-11 所示。该理论认为，事故是社会因素、管理因素和生产中的危险因素被偶然事件触发造成的结果。偶然事件之所以触发，是由于事故直接原因的存在，直接原因又是由于管理责任等间接原因所导致，而形成间接原因的因素包括社会经济、文化、教育、社会历史、法律等基础原

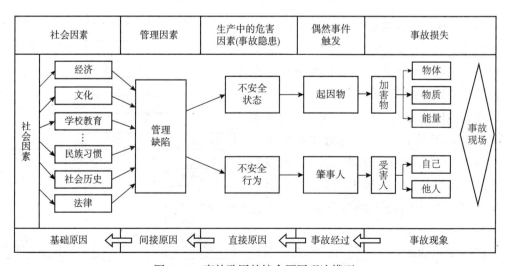

图 2-11　事故致因的综合原因理论模型

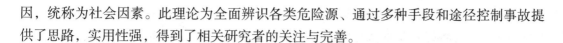

因，统称为社会因素。此理论为全面辨识各类危险源、通过多种手段和途径控制事故提供了思路，实用性强，得到了相关研究者的关注与完善。

2.3　系统安全分析方法

系统安全分析方法（Analysis methods of system safety）在安全系统工程中占有重要的地位，从某种意义上而言，它是安全系统工程的核心。

目前人们已开发研究了数十种系统安全分析方法，适用于不同的系统安全分析过程。对这些方法可按实行分析过程的相对时间分类，也可按分析的对象、内容分类。从分析的数理方法角度，系统安全分析方法可分为定性分析和定量分析；从分析的逻辑方法角度，可分为归纳法和演绎法。

简单来说，归纳法是从原因推论结果的方法；演绎法是从结果推论原因的方法，这两种方法在系统安全分析中都有应用。从危险源辨识的角度，演绎法是从事故或系统故障出发查找与该事故或系统故障有关的危险源，与归纳法相比较，可以把注意力集中在有限的范围内，提高工作效率；而归纳法是从故障或失误出发探讨可能导致的事故或系统故障，再来确定危险源，与演绎法相比较，可以无遗漏地考察、辨识系统中的所有危险源。实际工作中可以把两类方法结合起来，以充分发挥各类方法的优点。

2.3.1　常用的系统安全分析方法

1. 安全检查表方法（Safety checklist analysis，SCA）

安全检查表是依据相关的标准、规范，对工程、系统中已知的危险类别、设计缺陷以及与一般工艺设备、操作、管理有关的潜在危险性和有害性进行判别检查；同时，为了避免检查项目遗漏，事先把检查对象分割成若干子系统，以提问或打分的形式将检查项目列表，这种表称为安全检查表。视具体情况可采用不同类型、格式的安全检查表，以便进行有效的分析。该方法可用于工程、系统各个阶段，常用于对熟知的工艺设计进行分析，有经验的人员还要将设计文件与相应的安全检查表进行比较，但也可用于新工艺过程的早期开发阶段。

（1）SCA 步骤

一旦确定了分析区域或范围，安全检查表分析一般包括 3 个步骤，即选择或拟定合适的安全检查表，完成分析及编制分析结果文件。

①选择或拟定合适的安全检查表。为了编制一张标准的检查表，评价人员应确定安全检查表的标准设计或操作规范，然后依据缺陷的不同编制一系列带问题的安全检查表。编制安全检查表所需资料包括有关标准、规范及规定，国内外事故案例，系统安全分析事例，研究成果等，检查表按设备类型和操作情况提供一系列的安全检查项目。

SCA 是基于经验的分析方法，安全检查表必须由熟悉装置操作并掌握了相关标准、政策和规程的有经验和具备专业知识的人员协同编制。对所拟定的安全检查表，应当是通过回答表中所列问题就能够发现系统设计和操作各个方面与有关标准不符的地方。安全检查表一旦准备好，即使缺乏经验的工程师也能独立使用，或者是作为其他危险分析的一部分。当建立某一特定工艺过程的详细安全检查表时，应与通用安全检查表对照，以保证其完整性。

②完成分析。对已运行的系统，分析组应当视察所分析的工艺区域。在视察过程中，分析人员应将工艺设备和操作与安全检查表进行比较，依据对现场的视察、阅读系统的文件、与操作人员座谈以及个人的理解回答安全检查表项目。当所观察的系统特性或操作特性与安全检查表上表达的特性不同时，分析人员应当记下差异。新工艺过程的安全检查表分析在施工之前常常是由分析组在分析会议上完成，主要对工艺图纸进行审查，完成安全检查表，讨论差异。

③编制分析结果文件。危险分析组完成分析后应当总结视察或会议过程中所记录的差异。分析报告包含用于分析的安全检查表复印件。任何有关提高过程安全性的建议与恰当的解释都应写入分析报告中。

（2）SCA 的优点

安全检查表之所以能得到广泛的使用，是因为安全检查表具有以下优点。

①安全检查表通过组织有关专家、学者、专业技术人员，经过详细的调查和讨论，能够事先编制，具有全面性，可以做到系统化、完整化，不漏掉任何能够导致危险的关键因素，及时发现和查明各种危险和隐患。

②安全检查人员能根据安全检查表预定的目标、要求和检查要点进行检查，克服了盲目性，做到突出重点，避免疏忽、遗漏、走过场，提高了检查质量。

③对安全检查表，可以根据已有的规章制度和标准规程等，针对不同的对象和要求编制相应的安全检查表，实现安全检查的标准化、规范化。

④安全检查表具有广泛性和灵活性。对于各种行业、各种岗位操作、设备、设计、各种工种及各类系统，安全检查表都能广泛地适用。安全检查表不仅可以作为安全检查时的依据，同时可以为设计新系统、新工艺、新装备提供安全设计的相关资料。安全检查表使用广泛，灵活多变，可以用于日常的检查，也可以用于定期的检查、事故分析和事故预测等，对安全检查表还可以随时进行修改、补充，使之适用于各种场合。

⑤依据安全检查表进行检查，是监督各项安全规章制度的实施和纠正违章指挥、违章作业的有效方式。安全检查表能够克服因人而异的检查结果，提高了检查水平，同时也是进行安全教育的一种有效手段，能提高人员的安全意识和安全水平。

⑥安全检查表具有直观性。它是一种定性的检查方法，采用表格的形式及问答的方式，并对提问项目进行了系统的归类，简明易懂。不同层次的人员都可以掌握和使用安全检查表。

⑦安全检查表可以作为安全检查人员或现场作业人员履行职责的凭据，有利于分清责任，落实安全生产责任制。

⑧使用安全检查表有利于安全管理工作的连续改进，实现对安全工作的连续记录。

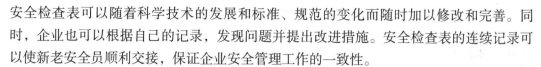

安全检查表可以随着科学技术的发展和标准、规范的变化而随时加以修改和完善。同时，企业也可以根据自己的记录，发现问题并提出改进措施。安全检查表的连续记录可以使新老安全员顺利交接，保证企业安全管理工作的一致性。

（3）SCA 的分类

安全检查表的分类方法可以有许多种，如可按基本类型分类，按检查内容分类，也可按使用场合分类。

目前，安全检查表大体有 3 种类型：定性安全检查表、半定量安全检查表和否决型安全检查表。定性安全检查表是通过列出检查要点逐项检查的方式，检查结果以"对""否"表示，检查结果不能量化。半定量安全检查表针对每个检查要点赋以分值，检查结果以总分表示，有了量的概念。这样不同的检查对象也可以相互比较，但缺点是检查要点的准确赋值比较困难，而且个别十分突出的危险不能充分地表现出来，中国石化、中国石油安全评价使用的检查表即为此种类型。否决型检查表是指给一些特别重要的检查要点做出标记，这些检查要点如不满足要求，则将检查结果视为不合格，即具有一票否决的作用，这样就可以做到重点突出。

由于安全检查的目的、对象不同，检查的内容也有所区别，因而应根据需要制定不同的安全检查表。如日本消防厅的安全检查表侧重于事故发生后的消防活动，对安全措施进行检查；而日本劳动省的安全检查表则侧重于劳动灾害，对工艺过程的安全管理进行检查。我国化工部 1990~1992 年发布的 3 个安全检查表侧重于安全管理；而中国石化、中国石油安全评价方法中的检查表除包括安全管理的内容外，更多地涉及各类生产设备的选型、材质、结构及安全附件等的检查。

安全检查表按其使用场合大致可分为以下几种。

①设计用安全检查表，主要供设计人员进行安全设计时使用，也以此作为审查设计的依据。其主要内容包括厂址选择、平面布置、工艺流程的安全性，建筑物、安全装置、操作的安全性，危险物品的性质、储存与运输，消防设施等。

②厂级用安全检查表，供全厂安全检查时使用，也可供安全技改、防火部门进行日常巡回检查时使用。其主要内容包括厂区内各种产品的工艺和装置的危险部位，主要安全装置与设施，危险物品的储存与使用，消防通道与设施，操作管理以及遵章守纪情况等。

③车间用安全检查表，供车间进行定期安全检查。其主要内容包括工人安全、设备布置、通道、通风、照明、噪声、振动、安全标志、消防设施及操作管理等。

④工段及岗位用安全检查表，主要用于自查、互查及安全教育。其主要内容应根据岗位的工艺与设备的防灾控制要点确定，要求内容具体。

⑤专业性安全检查表，由专业机构或职能部门编制和使用。主要用于定期的专业检查或季节性检查，如对电气、压力容器、特殊装置与设备等的专业检查表。

（4）实例

对汽车加油站建立了火灾爆炸安全检查表，具体见表 2-4。

表 2-4　汽车加油站火灾爆炸安全检查表

检查单位：　　　　　　　　　　　　　　　　　　　检查日期：　　年　月　日

序号	检查项目	检查要点	备注
1	卸油作业	（1）是否喷溅卸油； （2）是否准确计量空罐容量； （3）司机和加油员是否在场监护； （4）现场跑、冒的油品是否用毛巾、棉纱等回收； （5）罐车来油是否在规定的静置时间后才接卸	
2	加油作业	（1）加油枪自封件是否损坏； （2）加油箱容量是否估计准确； （3）油箱是否破损； （4）胶管是否有渗漏； （5）加油枪进油口下法兰与吸入管口法兰连接处是否渗漏； （6）油泵、油气分离器排出口是否渗漏； （7）操作是否符合加油规程	根据检查要点，对不符合要求的项： （1）立即整改； （2）按规定严格执行
3	清罐作业	是否按要求进行	
4	罐与管道	（1）外表面是否做了加强级的防腐处理； （2）是否定期核对进油量和出油量，以此判断罐体有无渗漏； （3）罐区周围是否存在腐蚀性废渣以及石块等硬物； （4）观察罐区覆土隆起情况，以此判断油罐上浮情况； （5）油罐是否定期检修，防止外力损坏； （6）管道焊接及法兰连接处是否完好	
5	吸烟	（1）加强教育，禁止职工将烟火带入站内； （2）严禁外来人员点火吸烟； （3）注意加油场地、站房内外是否有烟头	
6	不正常动火作业	（1）是否有动火管理制度； （2）在禁区动火前是否按规定办理动火证； （3）动火前是否按规定做好各项安全准备工作（如检测油蒸气浓度）； （4）动火作业人员是否经过严格考核； （5）严禁外来车辆在站内修理	根据检查要点，对不符合要求的项： （1）立即整改； （2）按规定严格执行； （3）建立有关制度，完善管理
7	静电火花	（1）是否喷溅卸油、卸油管口距罐底是否小于0.2m； （2）卸油管是否进行了有效接地； （3）卸油速度是否在规定范围内，发现流速过快是否及时纠正； （4）卸油场地是否有静电接地装置，油罐车是否接地，接地电阻是否在允许范围内； （5）加油枪是否接地； （6）是否向塑料容器直接灌注汽油； （7）加油速率是否在规定范围内； （8）是否在卸油作业过程中进行量油； （9）卸油后是否静置15min后才进行人工检尺量油； （10）操作人员是否穿易产生静电的服装进入油气区工作	

续表

序号	检查项目	检查要点	备注
8	雷击火花	（1）是否按规定进行防雷接地和保护； （2）是否定期进行防雷接地电阻值的测量，发现超过规定值是否立即采取措施； （3）是否采用不会产生火花的防静电地面	
9	电气火花	（1）是否在爆炸危险区域使用非防爆设备； （2）防爆电气设备的质量是否符合要求； （3）在防爆电气设备运行期间是否定期检修； （4）发现有失爆可能，是否及时维护修理； （5）电气线路是否老化短路； （6）电缆沟内是否充沙填实； （7）是否在营业室、休息间、值班室使用电炉、电饭煲、热得快等； （8）加油站停电或夜间作业时是否采用非防爆灯具进行照明作业	根据检查要点，对不符合要求的项： （1）立即整改； （2）按规定严格执行； （3）建立有关制度，完善管理
10	火星	（1）机动车是否熄火加油，拖拉机、摩托车是否推离危险区域后发动； （2）是否在爆炸危险区域接打手机产生电磁火星	
11	撞击摩擦火灾	（1）是否穿带铁钉鞋进入油气区域接近易燃易爆装置； （2）是否在油气区用黑色金属或工具敲打、撞击和作业	

2. 预先危险分析方法（Preliminary hazard analysis，PHA）

预先危险分析（PHA）主要用于新系统设计、已有系统改造之前的方案设计和选址阶段，在没有掌握详细资料的时候，用来分析、辨识可能出现或已经存在的危险源，并尽可能在付诸实施之前找出预防、改正、补救措施，以消除或控制危险源。

预先危险分析的优点在于允许人们在系统开发的早期识别、控制危险因素，可以用最小的代价消除或减少系统中的危险源，它能为制定整个系统寿命期间的安全操作规程提供依据。

（1）PHA 程序

在进行预先危险分析时，首先利用安全检查表、经验和技术判断的方法查明第一类危险源存在部位，然后识别出使第一类危险源演变为事故的第二类危险源（触发因素和必要条件），研究可能的事故后果及应该采取的措施。

预先危害分析包括准备、审查和结果汇总三个阶段的工作。

①准备工作

在进行分析之前，要收集对象系统的资料和其他类似系统或使用类似设备、工艺物质系统的资料。关于对象系统，要弄清其功能、构造，为实现其功能选用的工艺过程、使用的设备、物质、材料等。由于预先危险分析是在系统开发的初期阶段进行的，所以可以获得的有关对象系统的资料有限，在实际工作中需要借鉴类似系统的经验来弥补对象系统资料的不足，应该尽可能获得类似系统、类似设备的安全检查表。

②审查工作

通过对方案设计、主要工艺和设备的安全审查，辨识其中的主要第一类危险源及其相关的第二类危险源，也包括审查设计规范和采取的消除、控制危险源的措施。

一般应按照预先编好的安全检查表进行审查，其主要审查内容包括以下几个方面。

a）危险设备、场所、物质（第一类危险源）；

b）有关安全的设备、物质间的交接面，如物质的相互反应，火灾爆炸的发生及传播，控制系统等；

c）可能影响设备、物质的环境因素，如地震、洪水、高（低）温、潮湿、振动等；

d）运行、试验、维修、应急程序，如人为失误造成后果的严重性，操作者的任务，设备布置及通道情况，人员防护等；

e）辅助设施，如物质、产品储存，试验设备，人员训练，动力供应等；

f）有关安全的设备，如安全防护设施、冗余设备、灭火系统、安全监控系统、个人防护用品等。

根据审查结果，确定系统中的主要危险源，研究其产生的原因以及可能导致的事故。根据导致事故原因的重要性和事故后果的严重程度，对危险源进行粗略的分类，一般可以把危险源划分为 4 级。

Ⅰ级——安全的，可以忽略；

Ⅱ级——临界的，有导致事故的可能性，事故后果轻微，应该注意控制；

Ⅲ级——危险的，可能导致事故、造成人员伤亡或财产损失，必须采取措施加以控制；

Ⅳ级——灾难的，可能导致事故、造成人员严重伤亡或产巨大损失，必须设法消除。

针对辨识出的主要危险源，可以通过修改设计、增加安全措施来消除或控制它们，从而达到系统安全的目的。

③结果汇总工作

为方便起见，PHA 的分析结果以表格的形式予以记录。其内容包括识别出的危险、原因、主要后果、危险等级以及改正或预防措施。表 2-5 是 PHA 分析结果记录的表格式样。有些公司还添加其他栏目以记录重要项目的实施时间和负责人以及实际采用的改正措施等。PHA 分析结果表常作为 PHA 的最终产品提交给装置设计人员。

表 2-5　PHA 记录表格

区域：　　　　　　　　　　　　　　　会议日期：
图号：　　　　　　　　　　　　　　　分析人员：

危险	原因	主要后果	危险等级	建议改正 / 预防措施

（2）PHA 优点、缺点及适用范围

PHA 是进一步进行危险分析的先导，是一种宏观的概略定性分析方法。在项目发展初期使用 PHA 有如下优点：

①它能识别可能的危险，用较少的费用或时间就能进行改正；

②它能帮助项目开发组分析和设计操作指南；

③该方法简单易行且经济、有效。

因此，对固有系统中采取新的操作方法，接触新的危险物质、工具和设备时，采取 PHA 方法比较合适，从一开始就能消除、减少或控制主要的危险。当只希望进行粗略的危险和潜在事故情况分析时，也可利用 PHA 对已建成的装置进行分析。

（3）PHA 方法应用实例

大型油罐罐体巨大，储存油量多，一旦发生事故，将会造成巨大经济损失，还可能带来火灾爆炸等严重危害。油罐事故主要有浮顶沉船、基础不均匀下沉、罐体裂纹与砂眼以及腐蚀穿孔等。油罐在运营中，因管理不善、操作失误、报警系统失灵等还可能发生冒罐跑油。另外，在对储罐清理时，安全措施失误也可能导致事故发生。储油罐的预先危险性分析结果见表 2-6。

表 2-6　储油罐的预先危险性分析结果

事故	原因	主要后果	危险等级	预防措施
浮顶沉船	浮顶安全系数设计过小，未设紧急排水口，或刮蜡机设计不合理；浮盘变形，转动扶梯与轨道卡死，中央升降管升降不灵活，浮盘密封圈损坏撕裂翻转，导向柱安装超差；刮蜡不净，暴雨时中央排水管不畅，浮盘腐蚀进油，进油速度过快损坏浮盘，收付油超过安全限度	导致巨大设备经济损失和油品溢出，罐体不稳，底板及罐壁撕裂，原油外泄	2~3	按规范设计，精心制造，加强监督；进油、付油按规程操作；防止浮盘锈蚀；保持油罐高位，低位报警器装置及开、停泵联锁装置完好；加强管理，发现浮盘倾斜，应及时采取防倾覆措施
基础不均匀下沉	库址地质条件差；地基处理不好；罐底板强度设计有误；地震、滑坡等造成罐体偏移	罐体不稳，底板及罐壁撕裂，导致原油外泄	2~3	取得准确地质资料，据此进行可靠的基础设计；对基础施工质量进行监察；安装抗震装置
罐体裂纹与砂眼	钢板存在脆性，存在焊接应力、缺陷，基础下沉，内部超压；严寒气候下钢板存在冷脆性；钢板存在质量缺陷，施工质量差	油气泄漏，原油渗漏或跑油、着火	2~3	加强对钢板质量的管理；做好罐体保温；加强焊接施工管理
腐蚀穿孔	油中存在水分、杂质，发生电化学腐蚀；罐清洗后残液未处理干净；空气腐蚀	油气泄漏，原油渗漏或跑油、着火	2~3	做好防腐蚀（采取阴极保护，涂防腐层）；定期进行罐体检查和维护；规范操作

3. 危险与可操作性分析（Hazard and operability studies，HAZOP）

危险性与可操作性分析（HAZOP）是运用系统审查方法全面地审查工艺过程，对各个部分进行系统的提问，发现可能偏离设计意图的情况，分析其产生原因及后果，并针对其产生原因采取恰当的控制措施。由于通常用系统温度、压力、流量等过程参数的偏差来判断偏离设计意图的情况，因此 HAZOP 特别适用于石化工业的系统安全分析。

实施 HAZOP 需要由一组而不是一人实行，这一点有别于其他系统安全分析方法。通常，分析小组成员应该包括相关各领域的专家，采用头脑风暴法（Brain storming）来进行创造性的工作。

（1）基本概念和术语

危险性和可操作性研究中要用到许多专门术语，常用的术语有：

①意图（Intention），希望工艺的某一部分完成的功能，可以用多种方式表达，在很多情况下用流程图描述。

②偏离（Deviation），背离设计意图的情况，在分析中常运用引导词系统地审查工艺参数来发现偏离。

③原因（Cause），引起偏离的原因，可能是物的故障、人的失误、意外的工艺状态（如成分的变化）或外界破坏等。

④后果（Result），偏离设计意图所造成的后果（如有毒物质泄漏等）。

⑤引导词（Guide words），在辨识危险源的过程中引导、启发人的思维，对设计意图定性或定量描述的简单词语。表 2-7 给出了危险性和可操作性研究常用的引导词。

表 2-7　危险性和可操作性研究常用的引导词

引导词	意义	注释
没有或不	对意图的完全否定	意图均没有达到，也没有其他事情发生
较多	量的增加	原有量正增值，或原有活动的增加
较少	量的减少	原有量负增值，或原有活动的减少
也，又	量的增加	与某些附加活动一起，达到全部设计或操作意图
部分	量的减少	只达到一些意图，没达到另一些意图
反向	与意图相反	与意图相反的活动或物质
不同于	完全替代	没有一部分达到意图
非	—	发生完全另外的事情

⑥工艺参数，有关工艺的物理或化学特性，它包括一般项目，如混合、浓度、pH 值等，以及特殊项目，如温度、压力、相态、流量等。

当工艺的某个部分或某个操作步骤的工艺参数偏离了设计意图时，系统的运行状态将发生变化，甚至造成系统故障或事故。

在进行危险性和可操作性研究时，依次利用引导词，如"不（没有）""较多""较少"等，分析生产工艺部分或操作过程出现了由引导词与工艺参数相结合而构成的与意图的偏离，如"没流量""流量过大"等，就可以详细地分析出现偏离的可能原因、偏离可能造成的后果，进而研究为防止出现偏离所应该采取的措施。

表2-8列出了对一般生产工艺进行危险性和可操作性研究时常用的工艺参数。表2-9列出了引导词与工艺参数相结合设想偏离的例子。

表 2-8　HAZOP 中常用的工艺参数

序号	工艺参数	序号	工艺参数	序号	工艺参数	序号	工艺参数
1	流量	5	时间	9	频率	13	混合
2	压力	6	成分	10	黏度	14	添加
3	温度	7	pH 值	11	浓度	15	分离
4	液位	8	速度	12	电压	16	反应

表 2-9　应用引导词与工艺参数设想偏离的例子

引导词	+	工艺参数	=	偏离
没 有	+	流 量	=	没流量
较 多	+	压 力	=	压力升高
又	+	一种相态	=	两种相态
非	+	运 行	=	维 修

（2）分析程序

①准备工作

危险性和可操作性研究的准备工作包括以下内容：

a）确定分析的目的、对象和范围

首先，必须明确进行危险性和可操作性研究的目的，确定研究的系统或装置等。分析目的可以是审查一项设计，如选择对公众最安全的厂址；也可以是审查现行的指令、规程是否完善，以及找出工艺过程中的危险源等。在确定研究对象时要明确问题的边界、研究的深入程度等。

b）成立研究小组

开展危险性和可操作性研究要依靠集体的智慧和经验。小组成员以 5~7 人为宜，应该包括有关各领域专家、对象系统的设计者等。

c）获得必要的资料

危险性和可操作性研究资料包括各种设计图纸、流程图、工厂平面图、等比例图和装配图，以及操作指令、设备控制顺序图、逻辑图或计算机程序，有时还需要工厂或设备的操作规程和说明书等。

d）制定研究计划

在收集了足够的资料之后，要制定研究计划。首先要估计研究工作需要的时间，根据经验估计分析每个工艺部分或操作步骤耗费的时间，再估计全部研究需耗费的时间。然后安排会议和每次会议研究的内容。

②开展审查

通过会议的形式对工艺的每个部分或每个操作步骤进行审查。会议组织者以各种形式的提问来启发小组成员，让小组成员对可能出现的偏离、偏离的原因与后果及应采取的措施发表意见。具体工作程序如图2-12所示。

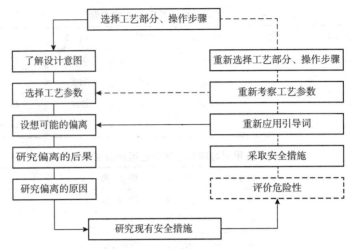

图2-12 危险性和可操作性研究工作程序

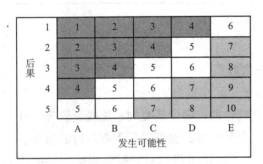

图2-13 风险评价矩阵

注：7~10为无法承受风险（高），5~6为需要关注风险（中），1~4为可接受风险（低）。

（3）HAZOP分析应用实例

油气站场常用风险矩阵为5×5矩阵（见图2-13）。可能性是指未来一年内发生的可能性，按照频率划分为微、低、中、高、特高5个级别，以A、B、C、D、E表示。后果严重性按照严重程度也分为5个级别，以1、2、3、4、5表示，包括4个方面：人员伤亡、财产损失、环境影响和声誉影响，当同时存在多个方面的影响且等级不同时，取其中等级最高者。

运用HAZOP分析对某成品油站场进行了风险分析，根据站场设施和工艺流程，划分了油罐、泵组区、阀组区、流入流程、收油流程、分输流程、倒罐流程、清管流程、排污流程、污油罐、泡沫系统、消防水系统、电力供给断电13个节点单元。油罐节点的部分HAZOP分析记录表如表2-10所示。

表2-10 油罐节点的部分HAZOP分析记录表

偏差	原因	后果	保护措施	风险矩阵			推荐建议	备注
				可能性	后果	风险		
低温	排污管线截断阀内存水，冬季易冻裂	油品泄漏，环境污染，油品损失	定期巡检、阀保温	D	2	5-中	建议对截断阀增加电伴热	截断阀设有球阀和电动阀双阀
高温	夏季环境气温超高	油气微量挥发，无重大安全后果	气温超过45℃时人工启动消防喷淋系统	E	1	6-中	建议校核消防水泵是否能够提供足够水压	汽油罐环境温度不能超过45℃

续表

偏差	原因	后果	保护措施	风险矩阵			推荐建议	备注
				可能性	后果	风险		
高压	罐顶及侧边的通气口被堵塞，来油进罐时气体无法排出	储罐变形	拱顶设有透气阀，有20个透气孔	A	1	1- 低		
低压	罐顶及侧边的通气口被堵塞，罐被抽空							
高液位	液位计故障	密封损坏，油品冒顶、沉船	控制室液位观测，高液位开关将阀门关闭	D	4	7- 高	定期检测液位计、液位开关；校核液位计、液位开关可靠性	
	罐前阀失灵							
	收油期间，操作人员未及时切罐							
	由于罐顶泄漏导致雨水进入		罐体设有排水通道，高液位开关将阀门关闭	B	4	5- 中		
	倒错罐（对满罐继续注油）	若同种油品，则后果同上，若不同油品，则还会造成混油						
低液位	低位计故障	浮盘抽瘪，再进油时，浮盘受力不均，易造成浮盘卡阻倾覆、沉船	控制室液位观测；液位开关低低液位报警	D	4	7- 高	同上	
	倒错流程，对低液位罐继续抽油	泵机械密封损坏	泵入口压力超低报警，压力开关低低报警联锁停泵，泵本体温度振动联锁停泵保护	D	1	4- 低		
	倒罐或外输时未及时切罐或停泵			A	5	5- 低		
	罐泄漏	环境污染，油品损失	可燃气体探测仪、火焰探测器	D	3	6- 中	专项评估罐区可燃气体探测仪、火焰探测仪与ESD联动的可能性	
	罐泄漏	水进入油罐	人工巡检	B	1	2- 低		
	油泥过多	影响储罐正常使用，阻塞管道	定期清罐	C	1	3- 低		

4. 故障类型和影响分析（Failure mode effects analysis，FMEA）

故障类型和影响分析（FMEA）是以可能发生的不同类型的故障为起点对系统的各组成部分、元素进行的系统安全分析。首先要找出系统中各组成部分及元素可能发生的故障及其类型，查明各种类型故障对邻近部分或元素的影响以及最终对系统的影响，然后提出避免或减小这些影响的措施。最初的故障类型和影响分析只能做定性分析，后来在分析中包括了对故障发生难易程度的评价或发生概率的分析，更进一步地把它与危险度分析结合起来，构成故障类型和影响、危险度分析（Failure modes, effects and criticality analysis, FMECA）。这样，如果确定了每个元素故障发生概率，就可以确定设备、系统或装置的故障发生概率，从而定量地描述故障的影响。

（1）故障类型

系统或元素在运行过程中由于性能低下而不能实现预定功能，称为发生故障。产品或设备发生故障的机理十分复杂，故障类型是由不同故障机理显现出来的各种故障现象的表现形式，因而也很复杂。一般来说，一件产品或一台设备往往有多种故障类型。表2-11列出一般机电产品、设备常见的故障类型。

表 2-11　一般机电产品、设备常见的故障类型

序号	故障类型	序号	故障类型	序号	故障类型	序号	故障类型
1	结构破损	9	外漏	17	假运行	25	输出量过大
2	机械性卡住	10	超出允许上限	18	不能开机	26	输出量过小
3	振动	11	超出允许下限	19	不能关机	27	无输入
4	不能保持在指定位置上	12	间断运行	20	不能切换	28	无输出
5	不能开启	13	运行不稳定	21	提前运行	29	电短路
6	不能关闭	14	意外运行	22	滞后运行	30	电开路
7	误关	15	错误指示	23	输入量过大	31	漏电
8	内漏	16	流动不畅	24	输入量过小	32	其他

只有弄清产品、设备、元件的全部故障类型及其影响，才能恰当地采取防止发生故障的措施。有时忽略了一些故障类型，则可能因为没有采取防止这些类型故障的措施而发生事故。例如，美国在研制NASA卫星系统时，仅考虑了旋转天线汇流环开路故障而忽略了短路故障，结果由于天线汇流环短路故障导致发射失败，造成1亿多美元的损失。

要了解产品、设备、元件的故障类型，需要具有大量的实际工作经验，特别是通过故障类型和影响分析来积累这些经验。

（2）故障类型和影响分析程序

①确定对象系统

进行故障类型和影响分析之前，必须确定被分析的对象系统的边界条件和分析的详细程度。确定对象系统的边界条件包括以下内容。

a）明确作为分析对象的系统、装置或设备。

b）确定要分析的系统边界。划清对象系统、装置、设备与邻接系统、装置、设备的界线，固定所属的元素（设备、元件），确定系统分析的边界，包括以下两方面的问题：

——明确分析时不需要考虑的故障类型、运行结果、产生原因或防护装置等。

——明确初始运行条件或元素状态等，例如，作为初始运行条件，必须明确正常情况下阀门是开启还是关闭的。

c）收集元素的最新资料，包括其功能、与其他元素之间的功能关系等。

分析的详细程度取决于被分析系统的规模和层次。例如，选定一座化工厂作为对象系统时，故障类型和影响分析应着眼于组成工厂的各个生产系统，如供料系统、间歇混合系统、氧化系统、产品分离系统和其他辅助系统等，分析这些系统的故障类型及其对工厂的影响。当把某个生产系统作为对象系统时，应该分析构成该系统设备的故障类型及其影响。当以某一台设备为分析对象时，则应分析设备各组成部件的故障类型及其对设备的影响。当然，分析各层次故障类型和影响时，最终都要考虑它们对整个工厂的影响。

②分析系统元素的故障类型及其产生原因

在分析系统元素的故障类型时，要把它视为故障原因产生的结果。首先，找出所有可能的故障类型，同时找出造成每种故障类型的可能原因，最后确定系统元素的故障类型。

确定故障类型可以从以下两方面着手：

a）如果分析对象是已有元素，则可以根据以往运行经验或试验情况确定元素的故障类型。

b）如果分析对象是设计中的新元素，则可以参考其他类似元素的故障类型，或者对元素进行可靠性分析来确定元素的故障类型。

一般地，针对一个元素可能至少存在 4 种可能的故障类型：意外运行；不能按时运行；不能按时停止；运行期间的故障。

③研究故障类型的影响

在假设其他元素都能正常运行或处于可以正常运行状态的前提下，应系统、全面地研究、评价一个元素的每种故障类型对系统的影响。

研究故障类型的影响可以通过考察主要的系统参数及其变化来确定故障类型对系统功能的影响，有时也可以通过建立故障后果的物理模型或根据经验来研究元素故障类型的影响。通常从三个方面来研究元素故障类型的影响：

——该元素故障类型对相邻元素的影响，它们可能是其他元素故障的诱因。

——该元素故障类型对整个系统的影响。作为一种危险源辨识方法，故障类型和影响分析更重视元素故障类型导致重大系统故障或事故的情况。

——该元素故障类型对邻近系统的影响及其对周围环境的影响。

④故障类型和影响分析表

利用预先准备好的表格，可以系统、全面地进行故障类型和影响分析。在分析结束后将分析结果汇总，编制一览表，可以简明地显示全部分析内容。故障类型和影响分析表格形式很多，分析者可以根据分析的目的、要求设立必要的栏目。

（3）FMECA 方法应用实例

燃气天然气加压站的燃气轮机是直接以空气为工质的动力机械，进口空气流量和纯净程度对机组性能和可靠性有很大影响。因此，燃气轮机的进气系统主要完成两大任务：①满足机组安全性和可靠性的要求。过滤掉空气中的杂质，向压气机提供清洁的空气，以保证压气机、燃烧室、透平的安全性和可靠性，并适时提高压气机入口空气温度，防止结冰。②满足机组经济性的要求。过滤、消声等燃烧空气预处理环节，会造成一定的进气损失，降低压气机入口压力，从而降低机组的功率和效率。

以某天然气管道燃气轮机的进气系统为例，进行 FMECA 分析，以便为运行维护阶段的维修策略提供建议。首先根据进气系统需要实现的几个主要功能将整个系统划分为 3 个子系统，即过滤子系统、脉冲反吹子系统和防冰子系统。

以过滤系统为例，得到的进气系统的 FMECA 分析结果如表 2-12 所示。对故障发生概率和严酷类别进行综合评定，作为故障的危害性。其中，故障发生概率分为 A、B、C、D、E 等级，故障发生概率依次降低；严酷类别分为 1、2、3、4 等级，故障造成的损失依次降低。

表 2-12 进气系统的 FMECA

子系统名称	部件名称	故障模式	自身影响	对其他部件影响	故障发生概率	严酷类别
过滤系统	滤芯 240 支	滤芯破损	有大量杂质通过过滤装置	对压气机、燃烧室、透平造成不同程度的损坏，严重降低使用寿命	E	3
		滤芯套管机械泄漏	有少量杂质通过过滤装置	对压气机、燃烧室、透平造成不同程度的损坏，略微降低使用寿命	E	3
		滤芯堵塞	滤芯处压损较大	压气机入口压力降低，压气机耗功与效率增加，系统经济性降低，机组功率降低	D	4

5. 事故树分析法（Fault tree analysis，FTA）

事故树（Fault tree）是一种描述事故因果关系的有方向的"树"，是安全系统工程中重要的分析方法之一，它能对各种系统的危险性进行识别评价，既适用于定性分析，又能进行定量分析。具有简明、形象化的特点，体现了以系统工程方法研究安全问题的系统性、准确性和预测性。FTA 作为安全分析评价和事故预测的一种先进的科学方法，已得到国内外的公认和广泛采用。

FTA 不仅能分析出事故的直接原因，而且能深入发掘事故的潜在原因，因此在工程或设备的设计阶段、在事故查询或编制新的操作方法时，都可以使用 FTA 对它们的安全性进行分析。

（1）事故树的分析步骤

①确定所分析的系统，熟悉系统并对已确定的系统进行深入的调查研究，收集系统的有关资料与数据，包括系统的结构、性能、工艺流程、运行条件、事故类型、维修情况、环境因素等。

②编制事故树。通过全面了解所分析系统的运行机制和事故情况，选定事故树顶上事件，然后作出事故树图。

③事故树的定性分析，主要包括：简化事故树；求事故树最小割集和最小径集；进

行结构重要度分析；定性分析结论。

④事故树的定量分析，主要包括：确定各基本事件的发生概率；计算顶上事件发生的概率；进行概率重要度分析和临界重要度分析。

⑤事故树分析的结果总结与应用。对事故树分析结果进行总结，利用分析的全部资料和数据寻求降低事故概率的最佳方案。

事故树的构建从顶事件开始，用演绎和推理的方法确定导致顶事件的直接的、间接的、必然的、充分的原因。通常这些原因不是基本事件，而是需进一步发展的中间事件，直至基本事件。事故树结构如图 2-14 所示。

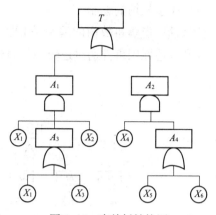

图 2-14 事故树结构图

T—顶事件；A—中间事件；X—基本事件

（2）事故树相关符号及意义

事故树采用的符号包括：事件符号（见表 2-13）、逻辑门符号（见表 2-14）和转移符号三大类。

表 2-13 事故树中的事件符号

符号	名称含义
▭	矩形符号结果事件（顶事件、中间事件）
◯	圆形符号基本原因事件（不能向下再分的原因）
◇	菱形符号省略事件
⌂	房形符号正常事件（指在正常情况下必然发生或不发生的事件）
⬯	椭圆形符号条件事件（限制逻辑门开启的事件）
▽▽	三角形符号表示事件由此转入或转出

表 2-14 事故树中的逻辑门符号

符号名称	因果关系
	与门如果所有事件同时发生，输出事件发生
	或门如果任一输入事件发生，输出事件就发生
	条件与门输入事件都发生且满足条件 A，输出事件就发生
	条件或门任一输入事件发生且满足条件 A，输出事件就发生

（3）事故树应用方法实例

①事故树的编制

油库燃爆事故树的编制是 FTA 中最为关键的一环，根据基础的调研资料，将顶上事件和其他原因事件通过逻辑门符号建立适用的事故树如图 2-15 和表 2-15 所示。

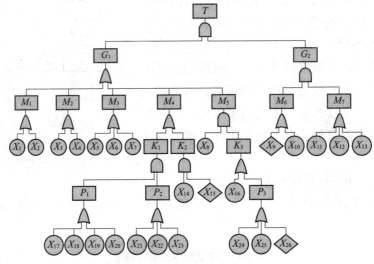

图 2-15　油库燃爆事故树图

表 2-15　事故树事件列表

T	油库燃爆	X_6	铁制工具作业
G_1	火源	X_7	铁钉鞋作业
G_2	油气达到可燃浓度	X_8	雷击
M_1	明火	X_9	油罐密封不良
M_2	电火花	X_{10}	油罐敞开
M_3	撞击火花	X_{11}	无排风设施
M_4	静电火花	X_{12}	未定时排风
M_5	雷击火花	X_{13}	排风设备损坏
M_6	油气泄漏	X_{14}	化纤品与人体摩擦
M_7	通风不良	X_{15}	与导体靠近
K_1	油罐静电放电	X_{16}	未装避雷针设施
K_2	人体静电放电	X_{17}	油气流速高
K_3	避雷针失效	X_{18}	管道内壁粗糙
P_1	静电积累	X_{19}	油液冲击金属容器
P_2	接地不良	X_{20}	飞溅油液与空气摩擦
P_3	避雷针故障	X_{21}	未设防静电接地装置
X_1	吸烟	X_{22}	接地电阻不符合要求
X_2	动火	X_{23}	接地线损坏
X_3	电气设施不防爆	X_{24}	设计缺陷
X_4	防爆电器损坏	X_{25}	防雷接地电阻起标
X_5	油桶撞击	X_{26}	避雷针设施损坏

②事故树的定性分析

a）最小割集分析

事故树顶事件的发生与否由构成事故树的各种基本事件的状态决定。引起顶上事件发生的最低限度的基本原因事件的集合称为最小割集。建立布尔代数表达式，求解过程如下：

$T=G_1G_2$

$=（M_1+M_2+M_3+M_4+M_5）M_6M_7$

$=（X_1+X_2+X_3+X_4+X_5+X_6+X_7+K_1+K_2+X_8K_3）（X_9+X_{10}）（X_{11}+X_{12}+X_{13}）$

$=[X_1+X_2+X_3+X_4+X_5+X_6+X_7+P_1P_2+X_{14}X_{15}+X_8（X_{16}+P_3）]（X_9+X_{10}）（X_{11}+X_{12}+X_{13}）$

$=[X_1+X_2+X_3+X_4+X_5+X_6+X_7+（X_{17}+X_{18}+X_{19}+X_{20}）（X_{21}+X_{22}+X_{23}）+X_{14}X_{15}+X_8$
$（X_{16}+X_{24}+X_{25}+X_{26}）]（X_9+X_{10}）（X_{11}+X_{12}+X_{13}）$

$=（X_1+X_2+X_3+X_4+X_5+X_6+X_7+X_{17}X_{21}+X_{17}X_{22}+X_{17}X_{23}+X_{18}X_{21}+X_{18}X_{22}+X_{18}X_{23}+X_{19}X_{21}+X_{19}X_{22}+X_{19}$
$X_{23}+X_{20}X_{21}+X_{20}X_{22}+X_{20}X_{23}+X_{14}X_{15}+X_8X_{16}+X_8X_{24}+X_8X_{25}+X_8X_{26}）（X_9+X_{10}）（X_{11}+X_{12}+X_{13}）$

$=（X_1+X_2+X_3+X_4+X_5+X_6+X_7+X_{17}X_{21}+X_{17}X_{22}+X_{17}X_{23}+X_{18}X_{21}+X_{18}X_{22}+X_{18}X_{23}+X_{19}X_{21}+X_{19}X_{22}+X_{19}$
$X_{23}+X_{20}X_{21}+X_{20}X_{22}+X_{20}X_{23}+X_{14}X_{15}+X_8X_{16}+X_8X_{24}+X_8X_{25}+X_8X_{26}）（X_9X_{11}+X_9X_{12}+X_9X_{13}+X_{10}X_{11}+X_{10}X_{12}+$
$X_{10}X_{13}）$

计算结果表明，油库燃爆事故树共有 144 个最小割集，其中 42 个三阶最小割集，102 个四阶最小割集。每个最小割集都是顶上事件发生的一种可能途径，所以油库燃爆事故的发生具有很大的可能性，应重点针对提出对策措施。

b）最小径集分析

在同一事故树中，使顶上事件不发生的最小限度的基本原因事件的集合称为最小径集。求最小径集的方法是利用其对偶的成功树进行求解。油库燃爆成功树如图 2-16 所示。

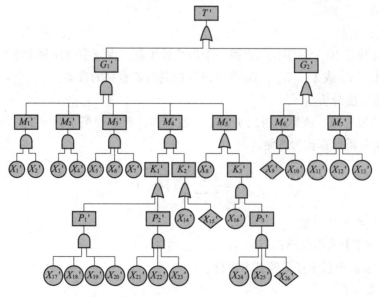

图 2-16　油库燃爆成功树图

求解过程如下：

$T' = G_1' + G_2'$

$= M_1'M_2'M_3'M_4'M_5' + M_6' + M_7'$

$= X_1'X_2'X_3'X_4'X_5'X_6'X_7'(P_1'+P_2')(X_{14}'+X_{15}')(X_8'+X_{16}'P_3') + X_9'X_{10}' + X_{11}'X_{12}'X_{13}'$

$= X_1'X_2'X_3'X_4'X_5'X_6'X_7'(X_{17}'X_{18}'X_{19}'X_{20}' + X_{21}'X_{22}'X_{23}')(X_{14}'+X_{15}')(X_8' + X_{16}'X_{24}'X_{25}'X_{26}') + X_9'X_{10}' + X_{11}'X_{12}'X_{13}'$

$= (X_1'X_2'X_3'X_4'X_5'X_6'X_7'X_{17}'X_{18}'X_{19}'X_{20}' + X_1'X_2'X_3'X_4'X_5'X_6'X_7'X_{21}'X_{22}'X_{23}')(X_{14}'X_8' + X_{14}'X_{16}'X_{24}'X_{25}'X_{26}' + X_{15}'X_8' + X_{15}'X_{16}'X_{24}'X_{25}'X_{26}') + X_9'X_{10}' + X_{11}'X_{12}'X_{13}'$

$= X_1'X_2'X_3'X_4'X_5'X_6'X_7'X_{17}'X_{18}'X_{19}'X_{20}'X_{14}'X_8' + X_1'X_2'X_3'X_4'X_5'X_6'X_7'X_{17}'X_{18}'X_{19}'X_{20}'X_{15}'X_8' + X_1'X_2'X_3'X_4'X_5'X_6'X_7'X_{17}'X_{18}'X_{19}'X_{20}'X_{14}'X_{16}'X_{24}'X_{25}'X_{26}' + X_1'X_2'X_3'X_4'X_5'X_6'X_7'X_{17}'X_{18}'X_{19}'X_{20}'X_{15}'X_{16}'X_{24}'X_{25}'X_{26}' + X_1'X_2'X_3'X_4'X_5'X_6'X_7'X_{21}'X_{22}'X_{23}'X_{14}'X_8' + X_1'X_2'X_3'X_4'X_5'X_6'X_7'X_{21}'X_{22}'X_{23}'X_{14}'X_{16}'X_{24}'X_{25}'X_{26}' + X_1'X_2'X_3'X_4'X_5'X_6'X_7'X_{21}'X_{22}'X_{23}'X_{15}'X_8' + X_1'X_2'X_3'X_4'X_5'X_6'X_7'X_{21}'X_{22}'X_{23}'X_{15}'X_{16}'X_{24}'X_{25}'X_{26}' + X_9'X_{10}' + X_{11}'X_{12}'X_{13}'$

经分析可得最小径集为：

$\{X_1, X_2, X_3, X_4, X_5, X_6, X_7, X_8, X_{14}, X_{17}, X_{18}, X_{19}, X_{20}\}$

$\{X_1, X_2, X_3, X_4, X_5, X_6, X_7, X_8, X_{15}, X_{17}, X_{18}, X_{19}, X_{20}\}$

$\{X_1, X_2, X_3, X_4, X_5, X_6, X_7, X_{14}, X_{16}, X_{17}, X_{18}, X_{19}, X_{20}, X_{24}, X_{25}, X_{26}\}$

$\{X_1, X_2, X_3, X_4, X_5, X_6, X_7, X_{15}, X_{16}, X_{17}, X_{18}, X_{19}, X_{20}, X_{24}, X_{25}, X_{26}\}$

$\{X_1, X_2, X_3, X_4, X_5, X_6, X_7, X_8, X_{14}, X_{21}, X_{22}, X_{23}\}$

$\{X_1, X_2, X_3, X_4, X_5, X_6, X_7, X_8, X_{15}, X_{21}, X_{22}, X_{23}\}$

$\{X_1, X_2, X_3, X_4, X_5, X_6, X_7, X_{14}, X_{16}, X_{21}, X_{22}, X_{23}, X_{24}, X_{25}, X_{26}\}$

$\{X_1, X_2, X_3, X_4, X_5, X_6, X_7, X_{15}, X_{16}, X_{21}, X_{22}, X_{23}, X_{24}, X_{25}, X_{26}\}$

$\{X_{19}, X_{10}\}$

$\{X_{11}, X_{12}, X_{13}\}$

该事故树共有 10 个最小径集，每一个最小径集都是保证事故树顶上事件不发生的一种途径。对 X_9、X_{10} 或 X_{11}、X_{12}、X_{13} 事件进行控制是最容易的方案。

③结构重要度分析

由计算结果可知，该事故树最小割集个数较多，最小径集个数较少，所以利用最小径集进行定量分析计算较为方便。

$$I_{\varphi(i)} = \frac{1}{k}\sum_{j=1}^{k}\frac{1}{n_j}(j \in k_j)$$

式中　k——最小径集总数；

　　　k_j——第 j 个最小径集；

　　　n_j——第 k_j 个最小径集的基本事件数。

由公式可得：

$$I_{\varphi(1)}=I_{\varphi(2)}=I_{\varphi(3)}=I_{\varphi(4)}=I_{\varphi(5)}=I_{\varphi(6)}=I_{\varphi(7)}=\frac{1}{10}\left(\frac{2}{13}+\frac{2}{16}+\frac{2}{12}+\frac{2}{15}\right)=0.0579$$

$$I_{\varphi(8)}=\frac{1}{10}\left(\frac{2}{13}+\frac{2}{12}\right)=0.0321$$

$$I_{\varphi(9)}=I_{\varphi(10)}=0.05$$

$$I_{\varphi(11)}=I_{\varphi(12)}=I_{\varphi(13)}=0.033$$

$$I_{\varphi(14)}=I_{\varphi(15)}=\frac{1}{10}\left(\frac{1}{13}+\frac{1}{16}+\frac{1}{12}+\frac{1}{15}\right)=0.0289$$

$$I_{\varphi(16)}=\frac{1}{10}\left(\frac{1}{16}+\frac{1}{16}+\frac{1}{15}+\frac{1}{15}\right)=0.0258$$

$$I_{\varphi(17)}=I_{\varphi(18)}=I_{\varphi(19)}=I_{\varphi(20)}=\frac{1}{10}\left(\frac{2}{13}+\frac{2}{16}\right)=0.0279$$

$$I_{\varphi(21)}=I_{\varphi(22)}=I_{\varphi(23)}=\frac{1}{10}\left(\frac{2}{12}+\frac{2}{15}\right)=0.03$$

$$I_{\varphi(24)}=I_{\varphi(25)}=I_{\varphi(26)}=\frac{1}{10}\left(\frac{2}{15}+\frac{2}{16}\right)=0.0258$$

由结构重要度大小可知，明火、电火花、撞击火花和油气泄漏为事故发生的主要因素。

④结论

由上述综合定性分析可得，该事故树共有144个最小割集，10个最小径集，所以事故树发生的可能方式有144种，预防事故发生的可行方案有10种。控制任何一个最小径集中的基本原因事件都可预防事故的发生，$\{X_9、X_{10}\}\{X_{11}、X_{12}、X_{13}\}$是最经济有效的两种方案，只要使油管密封良好或者排风正常就可排除事故。

由上述综合定量分析可得，导致明火、电火花、撞击火花产生的基本因素为最主要的原因，其次是油罐本身的原因，即油罐密封不好或敞开，换句话说，也就是在作业过程中避免铁制工具、铁钉鞋作业、油桶撞击、禁止吸烟、动火、配备防爆电气设施、防爆电器，或者采取可行措施使油罐密封良好，就可以预防该重大事故的发生。其他导致事故发生的因素具有基本等同的危险性，但是也必须在平时的运行过程中进行重点观察，进行预防，因为任何微小的错漏都有可能导致大的灾难。

6. 事件树分析法（Event tree analysis，ETA）

事件树分析是用来分析普通设备故障或过程波动（称为初始事件）导致事故发生的可能性的方法。事故是典型设备故障或工艺异常（初始事件）引发的结果。与事故树分析不同，事件树分析使用的是归纳法，它可提供记录事故后果的系统性的方法，并能确定导致后果的事件与初始事件的关系。

（1）事件树分析步骤

①确定初始事件

事件树分析是一种系统地研究作为危险源的初始事件如何与后续事件形成时序逻辑

关系而最终导致事故的方法。正确选择初始事件十分重要。一般选择分析人员最感兴趣的异常事件作为初始事件。

初始事件是事故在未发生时，其发展过程中的危害事件或危险事件，也就是事件树中在一定条件下造成事故后果的最初原因事件。它可以是系统故障、设备损坏或失效、人员误操作、能量外逸或失控，或工艺过程异常等。可以用两种方法确定初始事件：

a）根据系统设计、系统危险性评价、系统运行经验或事故经验等确定；

b）根据系统重大故障或事故树分析，从其中间事件或初始事件中选择。

②判定安全功能

系统中包含许多安全功能，在初始事件发生时消除或减轻其影响以维持系统的安全运行。常见的安全功能列举如下：

a）对初始事件自动采取控制措施的系统；

b）提醒操作者初始事件发生的报警系统；

c）根据报警或工作程序要求操作者采取的措施；

d）缓冲装置，如减振、压力泄放系统或排放系统等；

e）局限或屏蔽措施等。

③绘制事件树

从初始事件开始，按事件发展过程自左向右绘制事件树，把初始事件写在最左边，各个环节事件按顺序写在右面。用树枝代表事件发展途径。首先考察初始事件一旦发生时最先起作用的安全功能，把可以发挥功能的状态画在上面的分支，不能发挥功能的状态画在下面的分支。然后依次考察各种安全功能的两种可能状态，把发挥功能的状态（又称成功状态）画在上面的分支，把不能发挥功能的状态（又称失败状态）画在下面的分支，直到到达系统故障或事故为止。

④简化事故树，并说明分析结果

在绘制事件树的过程中，可能会遇到一些与初始事件或与事故无关的安全功能，或者其功能关系相互矛盾、不协调的情况，需用工程知识和系统设计的知识予以辨别，然后从树枝中去掉，即构成简化的事件树。在事件树最后面还需要写明由初始事件引起的各种事故结果或后果。

事件树分析适合被用来分析那些产生不同后果的初始事件。事件树强调的是事故可能发生的初始原因以及初始事件对事件后果的影响，事件树的每一个分支都表示一个独立的事故序列，对一个初始事件而言，每一独立事故序列都清楚地界定了安全功能之间的关系。图 2-17 所示为一个完整事件树的编制过程。

（2）事件树应用实例

油库输油投用一段时间后，由于应力、腐蚀或材料、结构及焊接工艺等方面的缺陷，在使用过程中会逐渐产生穿孔、裂纹等，并因外界其他客观原因导致渗漏。在改造与建设进程中也会根据需要，动用电焊、气焊等进行动火补焊、碰接及改造。动火作业是一项技术性强、要求高、难度大、颇具危险性的作业，为了避免发生火灾、爆炸、人

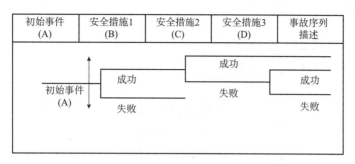

图 2-17 事件树编制

身伤亡以及其他作业事故，动火作业必须采取一系列严格有效的安全防护措施。根据相关的管理规定和防火规范，反思事故教训，总结施工经验和体会，在油库输油管线动火作业中进行风险评估是非常重要的。

油库输油管线动火作业事故教训深刻，轻则造成跑油、冒油、漏油、混油和设施设备损坏，重则造成严重经济损失和人员伤亡。因此，油库输油管线动火作业存在较多风险。基于 ETA 对油库动火作业风险进行评估，有助于明确不同作业环节对作业后果的影响程度，从而能够迅速采取相应的应急响应，有效规避作业风险。

根据作业流程和事故分析，构造油库管线动火作业事件树。假定各事件的发生是相互独立的，通过风险辨识和专家经验分析，计算得出各分支链的后果事件概率如图 2-18 所示。

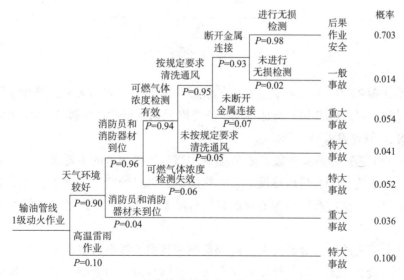

图 2-18 油库输油管线动火作业事件树分析

7. 道化学火灾、爆炸危险指数评价法（DOW）

美国道化学火灾、爆炸危险性指数评价法以已往的事故统计资料及物料的潜在能量和现行安全措施为依据，定量地对工艺装置及所含物料的实际潜在火灾、爆炸和反应危险性进行分析评价。通过此方法可以确定危险场所火灾、爆炸危险性的程度，将其纳入安全管理之中。

（1）DOW法（第七版）评价程序

DOW法的评价程序见图2-19。

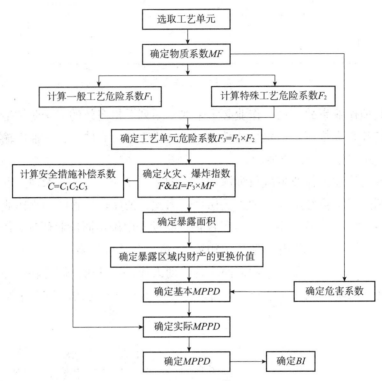

图 2-19　DOW 法的评价程序

①物质系数 MF。MF 是表示物质由于燃烧或化学反应引起的火灾、爆炸过程中潜在能量释放的尺度。可燃性气体及液体的 MF 值可以根据其可燃性等级 N_f 和化学活性（不稳定性）等级 N_r 值查表求出。

②确定一般工艺过程危险系数 F_1。F_1 是确定事故损失程度的主要因素。F_1 的值等于其基本系数（一般为 1.00）与放热反应、吸热反应、物料的储运和输送、封闭结构单元或室内单元、通道、排放和泄漏等 6 项内容的危险系数之和，但此处列出的 6 项不一定全部采用。

③确定特殊工艺过程危险系数 F_2。F_2 是影响事故发生概率的主要因素。F_2 的值等于其基本系数（一般为 1.00）与毒性物质、负压、在燃烧范围内或附近操作、粉尘爆炸、压力等 12 项内容的危险系数之和，但此处列出的 12 项不一定全部采用。

④计算单元危险系数 F_3。F_3 是反映所评价单元潜在危险性的指标，它等于一般工艺过程危险系数 F_1 和特殊工艺过程危险系数 F_2 的乘积：$F_3 = F_1 \times F_2$。

⑤计算火灾爆炸指数 $F\&EI$。$F\&EI$ 是反映火灾、爆炸事故可能造成的破坏情况的指标，用符号 $F\&EI$ 表示：$F\&EI = F_3 \times MF$。

⑥确定单元危害系数 DF。DF 表示单元中危险物质能量释放造成火灾或爆炸事故的综合效应。单元危害系数 DF 是 F_3 和 MF 的非线性函数，可查图得到。

⑦确定暴露半径 R。在所评价的单元内发生火灾、爆炸时往往产生立体的同心圆柱形破坏，因此，在考虑影响区域时，一般计算影响区域半径（即裸露半径）R：$R=0.256 \times F\&EI$（m）。

⑧确定安全措施补偿系数 C。安全措施修正系数 C 是工艺控制补偿系数 C_1、物质隔离补偿系数 C_2、防火措施补偿系数 C_3 三者的乘积，其值范围在 0~1 之间，它反映了安全措施的完善与否对事故可能造成的损失。

⑨计算最大可能财产损失。计算基本最大可能财产损失（基本 $MPPD$）和实际最大可能财产损失（实际 $MPPD$），基本最大可能财产损失表示没有任何一种安全措施而造成的损失，实际可能财产损失表示在采取适当的安全措施后事故造成的财产损失。各单元基本最大可能财产损失为暴露区域财产价值数与该单元危害系数 DF 的乘积：基本 $MPPD=$ 暴露区域内财产价值 $\times DF$。

基本最大可能财产损失与安全措施补偿系数 C 的乘积是实际最大可能财产损失：实际 $MPPD=$ 基本 $MPPD \times C$。

⑩确定最大可能工作日损失 $MPDO$。$MPDO$ 表示事故引起的业务中断天数，其值可以从指南中查出或根据公式求出。

（2）应用实例

油库火灾、爆炸危险分析，是依据油库所储物料的潜在能量和现行安全措施对油库潜在的火灾、爆炸危险性进行评价（以汽油罐为例）。

①确定物质系数 MF。根据道氏火灾、爆炸危险指数评价附录查出汽油的物质系数为 16。

②确定一般工艺危险系数 F_1。一般工艺危险系数 F_1 共考虑 6 项内容，与评价有关的内容如下：a）基本系数：为给定值，等于 1.00。b）物料处理与输送：系数范围为 0.25~1.05。对于 $N_F=3$ 的易燃液体，存放于库房或露天时，系数取 0.85。汽油 $N_F=3$，故系数取 0.85。c）排放和泄漏：罐区为可排放泄漏液的平坦地，一旦失火可引起火灾，所以危险系数为 0.5。

一般工艺危险系数 F_1 为基本系数与各项所选取系数之和，即 2.35。

③确定特殊工艺危险系数 F_2

特殊工艺危险系数 F_2 共考虑 12 项内容，与评价有关的内容 6 项。简要说明如下：a）基本系数：为给定值 1.00。b）毒性物质：毒性物质的危险系数为 $0.2 \times N_H$，汽油的 N_H 值为 2，该项系数为 0.4。c）罐装可燃性液体的危险系数为 0.5。d）储存中的液体及气体的危险系数。其危险系数根据储存的物料总热量查图求得为 1.2。e）腐蚀与磨蚀：系数范围为 0.10~0.75。汽油腐蚀性较小，其管道要进行一定的防腐处理。本工程已经考虑了管道的防腐问题，但因腐蚀所引起的事故仍然有可能发生，系数选取为 0.10。f）泄漏——连接头与填料：系数范围为 0.10~1.50。垫片、接头或法兰的密封处可能成为易燃、可燃物质的泄漏源，当它们承受温度和压力周期性变化时，泄漏更易发生，选取系数0.3。

特殊工艺危险系数 F_2 为基本系数与各项系数之和，即3.5。

④计算单元的工艺危险系数 F_3 和火灾爆炸指数 $F\&EI$

单元工艺危险系数 F_3 是一般工艺危险系数 F_1 和特殊工艺危险系数 F_2 的乘积，即 $F_3=F_1 \times F_2$，F_3 的计算值超过8，则取值为8。

$F\&EI$ 是用来估计工艺单元潜在的火灾、爆炸危险性大小的，$F\&EI=F_3 \times MF=128$

⑤确定安全措施补偿系数

工艺控制补偿系数 C_1。应急电源取0.98，冷却装置取0.97，紧急切断装置取0.97，操作指南或操作规程取0.95，活性化学物质检查取0.91，其他工艺过程危险分析取0.98，则 $C_1=0.78$。

物质隔离补偿系数 C_2。遥控阀取0.98，卸料/排空装置取0.96，排放系统取0.91，联锁装置取0.98，则 $C_2=0.84$。

防火措施补偿系数 C_3。泄漏检测装置取0.98，钢质结构取0.98，消防水供应取0.94，特殊装置取0.91，喷洒系统取0.97，水幕系数取0.98，泡沫装置取0.94，手提式灭火器/水枪取0.93，电缆保护取0.98，则 $C_3=0.67$。

⑥计算最终火灾、爆炸危险指数

评价单元的火灾、爆炸指数 $F\&EI$、潜在火灾爆炸危险程度、安全补偿系数 C、补偿后火灾爆炸危险指数 $F\&EI$ 以及实际火灾、爆炸危险程度的计算结果见表2-16。

表2-16 单元危险性评价汇总表

评价单元	$10000m^3$ 汽油储罐
火灾爆炸系数 $F\&EI$	128
潜在火灾爆炸危险程度	非常严重
安全措施补偿系数	0.44
补偿后危险指数 $F\&EI$	56.32
实际火灾爆炸危险程度	最轻级

补偿后汽油储罐单元火灾、爆炸指数为56.32，其危险等级属"最轻级"，说明储罐区固有的危险程度客观存在，但如果采取有效的安全措施，其危险程度可以下降到可接受的范围。

2.3.2 系统安全分析方法比较

由于安全问题的复杂性，目前尚没有一种简单、实用的安全分析方法能涵盖所有领域，即必须"具体问题采用合适的方法，具体分析"。

在系统安全分析方法中，有的具有宏观分析的特点，而有的则适用于微观子系统；在生产系统运行寿命周期的不同阶段，也有适用的安全分析方法；其次，每种分析方法的原理及背景决定了它们的性质特点，正是性质特点的区别使得分析方法具有了不同的特性；再次，在对系统的危险性分析过程中，思考的角度不同，分析思路也不同，使用的安全分析方法也不同。所以，可以从循环周期、宏观微观、性质特点、思维方法等角度对安全分析方法进行对比，以把握其应用领域、范围和场合。

1. 系统循环周期角度分析

安全分析方法可以具体应用在系统循环周期中的各个阶段。对应生产系统运行寿命周期各阶段，可以先后或交叉应用预先危险性分析、操作危险性分析、故障类型及影响分析等分析方法。一般在一项工程活动之前，对其系统危险性还没有很深的认识，可以运用预先危险性分析对其做一宏观概略性的分析，以避免不安全技术路线、危险物质、危险工艺和设备的潜伏。在系统初步设计进行一段之后，进入技术设计阶段就可以开始运用故障类型及影响分析等技术，对具体系统的设备故障等进行安全性分析。各生产过程适用的安全分析方法见表 2-17 和表 2-18。

表 2-17　安全分析方法适应的生产过程

	研究开发	设计	试生产	工程实施	建造启动	正常运转	扩建	事故调查	拆除退役
SCL	不适用	不适用	适用	适用	适用	适用	适用	不适用	适用
PHA	适用	适用	适用	适用	不适用	适用	适用	适用	不适用
HAZOP	不适用	不适用	适用	适用	适用	适用	适用	适用	不适用
FMEA	不适用	不适用	适用	适用	适用	适用	适用	适用	不适用
FTA	不适用	不适用	适用	适用	适用	适用	适用	适用	不适用
ETA	不适用	不适用	适用	适用	适用	适用	适用	适用	不适用

表 2-18　寿命周期各阶段适用的系统安全分析方法

	FMEA	PHA	FTA	ETA	SCL
指标论证	不适用	不适用	不适用	不适用	不适用
方案论证及确认	适用	适用	适用	适用	不适用
工程研制	适用	适用	适用	适用	适用
生产	适用	适用	适用	适用	适用

2. 宏观和微观角度分析

系统危险性分析技术既有宏观分析，亦有微观剖解。从微观和宏观的角度来看，工业危险性分析技术基本分为两大体系，一种是对工艺过程和生产装置危险度的分析体系，另一种则是对系统的安全性和可靠性的分析体系。前者属于概略性的安全分析方法，它从总体上对工艺过程和生产装置的危险程度进行评定，而不是具体分析会出现什么样的危险以及危险的发生过程。后者是以事故树为代表，包括 FTA、ETA、FMEA、HAZOP 等。以事故树分析为代表的安全性和可靠性的分析则属于详细的分析技术，是具体地分析和查明系统会产生什么故障和事故，受哪些因素的影响以及这些影响因素之间的相互关系。如 FMEA 方法就是对子系统或设备元部件可能会发生的故障类型、状态以及对子系统甚至整个系统的影响进行分析，其中对特别严重的事故还要进行致命度分析

（对可能造成人员伤亡或重大财产损失的故障类型进一步分析致命影响的概率和等级，称致命度分析）。

在实际应用过程中，往往通过宏观分析，找出事故隐患，再通过微观仔细剖解，寻找发生事故隐患的原因和可能性，防止事故的发生。

3. 定性、定量角度分析

定性分析能够找出系统的危险性，估计出危险的程度。主要用于审查、诊断和安全检查，包括设计阶段、施工阶段、安全审查和试运行阶段、正常运行阶段的危险评价等。定量分析可以计算出事故发生概率和损失率，目的在于判定事故危险的程度，用定量的形式表示出来，便于人们将其与相关的标准规范进行比较，从而进行事故预防和控制。

（1）定性安全分析方法

运用这类方法可以找出系统中存在的危险、有害因素，进而根据这些因素从技术上、管理上、教育上提出对策措施，加以控制，达到系统安全的目的。目前应用较多的方法有"安全检查表（SCL）""事故树分析（FTA）""事件树分析（ETA）""危险度评价法""预先危险性分析（PHA）""故障类型和影响分析（FMEA）""危险与可操作性分析（HAZOP）"等安全分析评价方法。

（2）定量安全分析方法

定量危险性分析是根据统计数据、检测数据、同类和类似系统的数据资料，按有关标准，应用科学的方法构造数学模型进行定量化分析的一类方法。以可靠性、安全性为基础，先查明系统中的隐患并求出其损失率、有害因素的种类及其危害程度，然后再与国家规定的有关标准进行比较、量化。常用的方法有"事故树分析（FTA）""事件树分析（ETA）"等。

4. 逻辑思维方法角度分析

归纳和演绎是基本的两种思路：归纳法是从个别情况出发，推出一般结论。考虑一个系统，如果假定一个特定故障或初始条件，并且想要查明这一故障或初始条件对系统运行的影响，那么就可以调查某些特定元件（部件）的失效是如何影响系统正常运行的；演绎法就是从一般到个别的推理。在系统的演绎分析中，假定系统本身已经以一定的方式失效，然后要找出哪些系统行为模式造成了这种失效。

（1）从基本故障类型或各种失误（原因）推测可能导致的灾害事故（结果），如故障模式及影响分析从具体故障开始，分析对象是单个节点或子系统，分析并判明其对系统的影响结果。这种方法的出发点是从子系统的故障或失误着手，预测出导致整个系统的灾害后果。这种分析类型属于归纳法，还有安全检查表、危险性预先分析、可操作性研究等也属于归纳分析。

（2）对既定的灾害事故按系统的构成逐渐展开，以探明原因或结果。如事故树以顶上事件为出发点，将构成其原因的事件按因果关系逐项列出，直至分析到部件故障为止，它实际上是一种演绎推理分析过程，还有事件树分析、原因－后果分析也属于演绎推理分析。

（3）还可以从已知的中间原因（如工艺参数的变动），推测其可能导致的后果，并找出原因，如 HAZOP 就是探讨状态参数（如温度、压力、流量、组分等）变动（偏差）的影响及其发生的原因。

5. 系统安全分析方法的比较

各种安全分析方法由于产生背景及原理不同，使得其都有各自的特点、优缺点及适用范围等，为了能直观地反映这些方面，可以以"系统安全分析方法比较表"的形式表示出来（见表 2-19 和表 2-20）。

表 2-19 安全分析方法比较表（Ⅰ）

分析方法	事故情况	事故概率	事故后果	危险分级	备注
SCL	不能	不能	不能	不能	
PHA	不能	不能	可以	可以	
HAZOP	可以	可以	可以	事故后果分级	可详细辨识事故原因和后果，可提供简单的危险分级信息
FMEA	可以	可以	可以	事故后果分级	
FTA	可以	可以	不能	在结构重要度的基础上提供事故频率分级	定量 FTA 可估算顶上事件发生频率
ETA	可以	可以	可以	提供	定量 ETA 可估算事故发生频率

注："可以"指分析结果可以提供此项内容，"不能"指分析结果不能提供此项内容。

表 2-20 安全分析方法比较表（Ⅱ）

分析方法	目的	类别	方法特点	适用范围	应用条件	优、缺点
SCL	危险有害因素分析，安全等级	定性	按事先编制的有标准要求的检查表逐项检查，按规定标准赋分，评定安全等级	各类系统的设计、验收、运行、管理、事故调查	有事先编制的各类检查表，有赋分、评级标准	简单方便、易于掌握、编制检查表难度及工作量大
PHA	危险有害因素分析，危险等级	定性	讨论分析系统存在的危险、危害因素、触发条件、事故类型，评定危险性等级	各类系统设计、施工、生产、维修前的概略分析和评价	分级评价人员熟悉系统，有丰富的知识和实践经验	简便易行，受分级评价人员主观因素影响
HAZOP	偏离其原因、后果，对系统的影响	定性	通过讨论，分析系统可能出现的偏离、偏离原因、偏离后果及对整个系统的影响	化工系统、热力、水力系统的安全分析	分析评价人员熟悉系统，有丰富的知识和实践经验	简便易行，受分析评价人员主观因素影响
FMEA	故障原因影响程度等级	定性	列表分析系统（单元、元件）故障类型、故障原因、故障影响评定影响程度等级	机械电气系统、局部工艺过程，事故分析	分级评价人员熟悉系统，有丰富的知识和实践经验	较复杂、详尽程度受分级评价人员主观因素影响
FTA	事故原因事故概率	定性定量	演绎法，由事故和基本事件逻辑推断事故原因，由基本事件概率计算事故概率	宇航、核电、工艺、设备等复杂系统事故分析	熟练掌握方法和事故、基本事件间的联系，有基本事件概率数据	复杂、工作量大、精确。故障树编制有误易失真
ETA	事故原因触发条件事故概率	定性定量	归纳法，由初始事件判断系统事故原因及条件内各事件概率计算系统事故概率	各类局部工艺程，生产设备、装置事故分析	熟悉系统、元素间的因果关系，有各事件发生概率	简便易行、受分析评价人员主观因素影响

工业生产系统是一个包含许多子系统、拥有众多不同类型设备、生产方案时有变化的开放的综合型复杂大系统，分析评价对象涉及系统中人员素质、机械装备、管理状况、环境设置、物料质量等各方面。经验表明，很难用单一的分析方法完成分析评价任务。从各种系统安全分析方法的特点也可以看出，本身就是一个定量定性、宏观微观、局部整体的方法综合。因此，在实际应用过程中不仅需要根据自己的分析思路，而且要考虑研究对象的复杂性和分析条件的局限性，从系统生命周期、定性定量、局部整体等多层次考虑，在充分分析相关信息资料的基础上，从方法的科学性、综合性、适用性出发，选择切实可行的分析评价方法应用到实际分析过程中。

2.4 事故预防与控制

2.4.1 事故预防与控制的基本原则

事故预防是指采用技术和管理的手段使事故不发生，事故控制是采用技术和管理手段，使事故发生后不造成严重后果或使损失尽可能地减小。例如：火灾的预防和控制，通过规章制度和采用不可燃或不易燃材料可以避免火灾的发生，而火灾报警、喷淋装置、应急疏散措施和计划等则是在火灾发生后控制火灾和损失的手段。

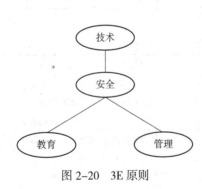

图 2-20　3E 原则

绝大多数的事故是可以预防的。根据这一判断，如果能够预知导致一个特定的事件或结果，就能够采取措施来避免其发生（预防）或者设法保护人和财产免受严重影响（控制）。

事故发生的原因是多方面的，归结起来主要是技术、教育和管理等三方面的原因。针对以上三方面的原因，事故预防与控制应遵循"3E"原则，即工程技术（Engineering）、安全教育（Education）、安全管理（Enforcement）等 3 个方面的措施（见图 2-20）。

（1）工程技术：运用工程技术手段消除不安全因素，实现生产工艺、机械设备等生产条件的安全。

（2）安全教育：利用各种形式的教育和训练，使职工树立"安全第一"的思想，掌握安全生产所必需的知识和技术。

（3）安全管理：借助于规章制度、法规等必要的行政乃至法律的手段约束人们的行为。

换言之，为了防止事故发生，必须在上述 3 个方面实施事故预防与控制的对策，而且还应始终保持三者间的均衡，合理地采取相应措施，或结合使用上述措施，才有可能搞好事故的预防和控制工作。

安全技术对策着重解决物的不安全状态的问题；安全教育和管理对策则主要着眼于

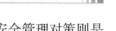

人的不安全行为的问题，安全教育对策主要使人知道应该怎样做，而安全管理对策则是要求人必须怎样做。

2.4.2 安全技术对策

安全技术对策是以工程技术手段解决安全问题，预防事故的发生及减少事故造成的伤害和损失，是预防和控制事故的最佳安全措施。

1. 安全技术对策的基本要求

（1）防止人为失误的能力：必须能够防止在装配、安装、检修或操作过程中发生的可能导致严重后果的人为失误。例如单相电源插头的设计就规定了火线、零线、地线的分布呈等腰三角形而非正三角形，还规定了三线各自的位置，这样就可以避免因插错位置而造成的事故。

（2）对人为失误后果的控制能力：人的失误是不可能完全避免的，因此一旦人发生可能导致事故的失误时，应能控制或限制有关部件或元件的运行，保证安全。如触电保安器就是在人为失误触电后防止对人造成伤害的一种技术措施。

（3）防止故障传递的能力：应能防止一个部件或元件的故障引起其他部件或元件的故障，以避免事故的发生。如电气线路中的保险丝、压力锅上的易熔塞。后者在限压阀发生故障或堵塞时，自动熔开以释放压力，避免因压力超高引发锅体爆炸；前者也是以熔断的方式防止过电流对其他设备的损害。

（4）失误或故障导致事故的难易：应能保证有两个或两个以上相互独立的人为失误或故障同时发生才能导致事故发生。对安全水平要求较高的系统，则应通过技术手段保证至少3个或更多的失误或故障同时发生才会导致事故的发生。例如，常用的并联冗余系统就可以达到这个目的。

（5）承受能量释放的能力：运行过程中可能会偶然产生高于正常水平的能量释放，应采取措施使系统能够承受这种释放。如加大系统的安全系数就是其中的一种方法。

（6）防止能量蓄积的能力：能量蓄积的结果将导致意外过量的能量释放。因而应采取防止能量蓄积的措施，使能量不能积聚到发生事故的水平。如矿井通风就可以防止瓦斯积聚到爆炸的水平，避免事故发生。

2. 安全技术对策的基本原则

（1）消除：从根本上消除危险和有害因素。其手段就是实现本质安全，这是预防事故的最优选择。

（2）减弱：当危险、有害因素无法根除时，则采取措施使之降低到可接受的水平。如依靠个体防护降低吸入尘毒的数量，以低毒物质代替高毒物质等。

（3）屏蔽和隔离：当根除和减弱均无法做到时，则对危险、有害因素加以屏蔽和隔离，使之无法对人造成伤害或危害。如安全罩、防护屏等。

（4）设置薄弱环节：利用薄弱元件，使危险因素未达到危险值之前就预先破坏，以防止重大破坏性事故。如保险丝、安全阀、爆破片等。

（5）联锁：以某种方法使一些元件相互制约以保证机器在违章操作时不能启动，或处在危险状态时自动停止。如起重机械的超载限制器和行程开关。

（6）防止接近：使人不能落入危险或有害因素作用的地带，或防止危险或有害因素进入人的操作地带。例如安全栅栏、冲压设备的双手按钮。

（7）加强：提高结构的强度，以防止由于结构破坏而导致发生事故。

（8）时间防护：使人处在危险或有害因素作用的环境中的时间缩短到安全限度之内。如对重体力劳动和严重有毒有害作业，实行缩短工时制度。

（9）距离防护：增加危险或有害因素与人之间的距离以减轻、消除它们对人体的作用。如对放射性、辐射、噪声的距离防护。

（10）取代操作人员：对于存在严重危险或有害因素的场所，用机器人或运用自动控制技术来取代操作人员进行操作。

（11）传递警告和禁止信息：运用组织手段或技术信息告诫人避开危险或危害，或禁止人进入危险或有害区域。如向操作人员发布安全指令，设置声、光安全标志、信号。

这些原则可以单独采用，也可综合应用。如在增加结构强度的同时，设置薄弱环节；在减弱有害因素的同时，增加人与有害因素之间的距离等。

3. 预防事故的安全技术

通过设计来消除和控制各种危险，防止所设计的系统在研制、生产、使用和保障过程中发生导致人员伤亡和设备损坏的各种意外事故，这是事故预防的最佳手段。系统的设计人员必须在设计中采取各种有效措施来保证所设计的系统具有满足要求的安全性能。

（1）控制能量

对于任何事故，其后果的严重程度与事故中所涉及的能量大小紧密相关，因为事故中涉及的能量绝大多数情况下就是系统所具有的能量，因而用控制能量的方法，可以从根本上保证系统的安全性。如系统的电源部分，可以用36V安全电压或电池的，尽量不用220V交流电；可以用220V交流电的，不用高压电，即可大大减少电气事故发生的可能性。

另外，事故造成人员伤亡和设备损坏的严重程度也随失控能量的大小而变化。例如，两辆汽车相撞损坏的严重程度与汽车所具有的动能成正比，降低汽车的速度就可以降低事故的损失程度。

当然，能量的类型也是很重要的一个因素。例如，假设某种性能稳定的炸药爆炸时所释放的能量与汽油燃烧时释放的能量相同，但所产生的危险却会各不相同。汽油易燃，炸药则一般需要雷管或其他类型的炸药引爆。因此，前者比后者更危险。然而，炸药爆炸时能量的释放速度远比汽油高得多，爆炸的冲击波和热量都是毁灭性的，因此从这一点上，炸药爆炸产生的危害比汽油燃烧的危害更大。

（2）危险最小化设计

通过设计来消除危险或使危险最小化，这是避免事故发生，确保系统安全水平的最有效方法。而本质安全技术则是其中最理想的方法。

所谓本质安全技术，是指不从外部采取附加的安全装置和设备，而是依靠自身的安全设计，进行本质方面的改善，即使发生故障或误操作，设备和系统仍能保证安全。

本质安全（Intrinsic safety）一词来源于电气设备的防爆构造设计，即不附加任何安全装置，只利用本身构造的设计，限制电路自身的电压和电流来防止电弧或火花引起火灾或引燃爆炸性气体。电气设备在正常工作时，即使发生短路、断线等异常情况，仍能保持其防爆性能。

这类研究已扩展到了所有机械装置和其他相关领域，尤其是人的能力难以适应和控制的设备及装置。在本质安全系统中，人发生失误也不会导致事故，因为发生事故的条件不存在。故障安全装置和隔离等方法不能保证本质安全，因为发生事故的条件并未消除，只是采取了一定的控制措施。当然，在设计中，使系统达到本质安全是很难的，但可以通过设计使系统发生事故的风险尽可能地最小化，或降低到可接受的水平，为达到这一目标，设计系统时应从以下两个方面采取措施。

①通过设计消除危险。可以通过选择恰当的设计方案、工艺过程和合适的原材料来消除危险因素。如消除粗糙的棱边、锐角、尖端和出现缺口、破裂表面的可能性，即可大大防止皮肤割破、擦伤和刺伤类事故；在填料、液压油、溶剂和电绝缘等类产品中使用不易燃的材料，即可防止发生火灾；用气压或液压系统代替电气系统，就可以防止电气事故；用液压系统代替气压系统，即可避免压力容器或管路的破裂而产生的冲击波；用整体管路取代有多个接头的管路，以消除因接头处泄漏造成的事故；消除运输工具中的突出部位，如车辆上的把手和装饰品，就可防止突然刹车时对车内人员造成伤害；选择应用可燃材料或物体时，应选择燃烧时不产生有毒气体的材料等。

②降低危险严重性。在不可能完全消除危险的情况下，可以通过设计降低危险的严重性，使危险不至于对人员和设备造成严重的伤害或损失。如限制易燃气体的浓度，使其达不到爆炸极限；在非金属材料上采用金属镀层或喷涂其他导电物质，以限制电荷的积累，防止静电引起火灾、爆炸、设备损坏等事故；在电容器或容性电路中采用旁路电阻，以保证电源切断后，将电荷减少到可接受水平；利用液面控制装置，防止液位过高或溢出等。

（3）隔离

隔离是采用物理分离、护板和栅栏等将已识别的危险同人员和设备隔开，以防止危险或将危险降低到最低水平，并控制危险的影响。隔离是最常用的一种安全技术措施。

预防事故发生的隔离措施包括分离和屏蔽两种。前者指空间上的分离，后者指应用物理的屏蔽措施进行隔离，它比空间上的分离更加可靠，因而最为常见。利用隔离措施，也可以将不相容的物质分开，以防止事故。如氧化物和还原物分开放置就可避免氧化还原反应的发生及引发事故。

隔离也可用于控制能量释放所造成的影响，如在坚固的容器中进行爆炸试验，防止对人或其他物体的影响。

隔离也可用于防止放射源等有害物质等对人体的危害。如 X 光室医生的含铅防护服

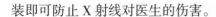

装即可防止 X 射线对医生的伤害。

护板和外壳也常用于隔离危险的工业设备，如各种旋转部件、热表面和电气设备等。

此外，时间上的限制也是一种隔离手段。如限定有害工种的工作时间就可防止受到超量的危害，保障人的安全。

常见的隔离的示例还有：将高电压部件或电路安置在保护罩、屏蔽间或栅栏中；在热源和可能因热产生有害影响的材料或部件之间设置隔热层；将电器的接插头予以封装以避免潮湿和其他有害物质的影响；利用防护罩、防护网等防止外来物卡住关键的控制装置，堵塞孔口或阀门；在微波、X 射线或核装置上安装防护屏以抑制辐射；采用带锁的门、盖板以限制接近运动机械或高压配电设备；把带油的擦布装进金属容器中，防止接触空气发生自燃等。

（4）闭锁、锁定和联锁

闭锁（Lockouts）、锁定（Locking）和联锁（Interlock）是另一类最常用的安全技术措施。他们的安全功能是防止不相容事件发生或事件在错误的时间发生或以错误的次序发生。

①闭锁和锁定。所谓闭锁，是指防止某事件发生或防止人、物等进入危险区域，如油罐车上的闭锁装置，可防止在车体未接地的情况下向车内加注易燃液体；将开关锁在开路位置、防止电路接通等都是闭锁的手段。锁定则是指保持某事件或状态，或避免人、物脱离安全区域。例如螺栓上的保险销就可防止因振动造成的螺母松动，飞机弹射座椅上的保险销可避免地面人员误启动引发弹射座椅上的雷管和火箭；停车后在车轮前后放置石块等物体，可防止车辆意外移动而引发事故等。

②联锁。安全联锁装置是用于安全目的的自动化装置。联锁装置通过机械或电气的机构使两个动作具有互相制约的关系。安全联锁装置在工业安全领域应用非常广泛，工厂中暴露着大量的危险源：旋转的轮子、运动的杠杆等，如果没有任何的附加防护设置，工人直接接触这类危险源，可能会导致工业事故；为了避免这类事故的发生，可以选择添加额外的防护装置，如：用防护罩将运动的、旋转的部位与工人隔离。这种措施可以有效地减少事故发生，但仍不能避免，因为仍有防护装置仍有可能被拆除或打开，为了防止这样的情况，在防护罩上添加一种与设备的开关相连的装置，这个装置有以下两个作用：a）使防护罩在打开或拆除的情况下，设备无法启动；b）在设备运行中，防护罩一旦被打开，设备就会直接停止。

安全联锁装置的发展并不局限于防护罩之类的防护装置，而是向更加广义的概念发展，但不管如何发展，其中至少包含两个概念：a）为了安全性；b）必须与设备、机械等控制装置联动。根本上来讲：安全联锁装置只不过是工业安全领域控制危险源的一种技术措施。

（5）故障 - 安全设计

在系统、设备的一部分发生故障或失效的情况下，在一定时间内也能保证安全的技术措施称为故障 - 安全设计（Fail-safe design）。故障 - 安全设计确保故障不会影响系统

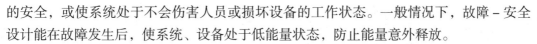

的安全，或使系统处于不会伤害人员或损坏设备的工作状态。一般情况下，故障 – 安全设计能在故障发生后，使系统、设备处于低能量状态，防止能量意外释放。

按系统、设备在其中一部分发生故障后所处的状态，故障 – 安全设计分为以下 3 种类型。

①故障 – 安全消极设计（Fail-safe passive design）。这种设计当系统发生故障时，使系统停止工作，并将能量降低到最低值，直至采取矫正措施。如电气系统中的熔断器在电路过负荷时熔断，把电路断开以保证安全。

②故障 – 安全积极设计（Fail-safe active design）。故障发生后，保持系统以一种安全的形式带有正常能量，直至采取矫正措施。如在交通信号指示系统的大部分故障模式中，一旦发生信号系统故障，信号将转为红灯，以避免事故发生。

③故障 – 安全工作设计（Fail-safe operational design）。这种设计保证在采取矫正措施前，设备、系统正常地发挥其功能，这是理想的工作方式。

（6）故障最小化

故障 – 安全设计在有些情况下并非总是最佳选择，如它可能会过于频繁地中断系统的运行，这对系统的运行是相对不利的，特别是对于需要连续运行的系统更是如此。如化工厂中的化学反应过程、高炉冶炼过程，如果中断系统运行，后果相当严重。因此，在故障 – 安全不可行的情况下，可采用故障最小化方法。故障最小化方法主要有降低故障率和实施安全监控两种形式。

降低故障率是可靠性工程中用于延长元件或整个系统期望寿命或故障间隔时间的一种技术。降低了可能导致事故的故障发生率，就会减少事故发生的可能性，起到预防和控制事故的作用，即以提高可靠性的方法提高系统的安全性。降低故障率通常有以下 6 种方案：提高安全系数、进行概率设计、降额（Derating）、冗余（Redundancy）、筛选（Screening）、定期更换。

（7）警告

警告通常用于向有关人员通告危险、设备问题和其他值得注意的状态，以便使有关人员采取纠正措施，避免事故发生。警告可按人的感觉方式分为：视觉警告、听觉警告、嗅觉警告、触觉警告和味觉警告等。例如，在城市天然气中加入臭剂，用作天然气泄漏警告。

4. 避免和减少事故损失的安全技术

有危险存在，尽管可能性很小，但总存在导致事故的可能性，而且没有任何办法精确地确定事故发生的时间。另一方面，事故发生后如果没有相应的措施迅速控制局面，则事故的规模和损失可能会进一步扩大，甚至引起二次事故，造成更大、更严重的后果。因此，必须采取相应的应急措施，避免或减少事故损失，至少能保证或拯救人的生命。这类措施在技术上包括隔离、个体防护、逃逸、救生和营救措施等。

（1）隔离

隔离除了作为一种广泛应用的事故预防方法之外，还经常用于减少因事故中能量剧烈释放而造成的损失。隔离技术在避免或减少事故损失方面的应用有距离隔离、偏向装置、封闭等。

①距离隔离。这是一种常用的对爆炸性物质的物理隔离方法。即把可能发生事故、释放出大量能量或危险物质的工艺、设备或设施布置在远离人群或被保护物的地方。例如，把爆破材料的加工制造和储存等安排在远离居民区和建筑物的地方；爆破材料之间保持一定距离等。

②偏向装置。隔离也可以通过偏向装置来实现。其主要目的是把大部分剧烈释放的能量导引到损失最小的方向。如在爆炸物质与人和关键设备之间设置坚实的屏障并用轻质材料构筑厂房顶部，当爆炸发生时，防护墙承受一部分能量，而其余能量则偏转向上，使损失减小。

③封闭。利用封闭措施可以控制事故造成的危险局面，限制事故的影响。

其一，控制事故的蔓延。如利用防火带可以限制森林火灾的蔓延，在储藏有毒或易燃易爆液体的容器周围设置排泄设施可防止溢出物的扩散。

其二，限制事故的影响。如防火卷帘把火灾限制在某一区域之内，盘山路转弯处的栏杆可以减少车辆失控时跌入山谷的可能性。

其三，为人员提供保护。如在一些系统中设置"安全区"，并保证人员在该区域的安全。矿井里的避难硐室就是一个例子。

其四，对材料、物资和设备予以保护。如金属容器可以减小环境对容器内物质的损害，飞机上的飞行数据记录仪（俗称黑匣子），其外壳耐冲击（1000个重力加速度）、耐高温（1100℃的高温火焰燃烧30min）、耐潮湿（在海水中长期浸泡）、耐腐蚀，使得飞机失事后为事故调查保存了足够的资料。

（2）个体防护

在对所发生事故没有较好的技术控制措施或采用的措施仍不能完全保证人的生命安全情况下，个体防护不失为一种好的解决方案。它向使用者提供了一个有限的可控环境，将人与危险分隔开。个体防护装备范围很广，包括从简单的防噪声耳塞到带有生命保障设备的宇航服，但其应用方式主要有以下3种情况。

①必须进行的危险性作业：由于危险因素不能根除，又必须进行相关作业，采用个体防护的方法可以起到防止特定的危险对人员伤害的作用。这时采用的个体防护装备的针对性非常强，如焊接作业的护目墨镜，在有毒有害气体的环境中工作时戴的防毒面具等。但必须指出的是，在条件可行的情况下，不应以个体防护代替根除或控制危险因素的设计或安全规程。例如，在采取了通风措施，排除了有毒、有害气体或降低其浓度于危险水平以下的条件下，操作人员就没有了使用防毒面具的必要。

②进入危险区域：为调查研究或因其他原因进入极有可能存在危险的区域或环境时，也应佩戴相应的个体防护装备。如在火灾后进入现场调查或搜寻，应佩戴防毒装置等，但有时该区域的危险不十分明确，因此为达到防护的目的，此类个体防护设备需要考虑对多种潜在危险的防护问题。

③紧急状态下：对紧急状态使用的个体防护器具，因为事故或事件发生非常突然，因而开始的几分钟就成了是控制危险还是造成灾难，是保证安全还是受到伤害的关键。这时的个体防护装备也起着至关重要的作用。一般来说，对紧急状态下使用的个体防护装备，在设计、使用功能等方面都有严格的要求。主要有如下4点要求：

a）使用简便，穿戴容易，能够迅速为人所用。

b）可靠性高且适用范围广，可有效地应付多种危险。

c）不降低使用者的灵活性、可视性。

d）装备本身对人体无害。

（3）能量缓冲装置

通过能量缓冲装置在事故发生后吸收部分能量，也可以保护有关人员和设备的安全。例如：工人戴的安全帽、汽车中的安全带，都可以吸收冲击能量，防止或减轻伤害。

（4）薄弱环节

所谓薄弱环节指的是系统中人为设置的容易出故障的部分。其作用是使系统中积蓄的能量通过薄弱环节得到部分释放，以小的代价避免严重事故的发生，达到保护人和设备的目的。常用的薄弱环节有电薄弱环节，如电路中的保险丝在电路产生过载电流时熔断，从而使电路切断，达到保护其他用电设备的目的；热薄弱环节，如压力锅上的易熔塞由易熔材料构成，当压力超过限值时，易熔塞熔化，蒸汽从其中排出，达到减小压力，避免超压爆炸的目的；机械薄弱环节，如压力灭火器的安全隔膜，当灭火器由于过热而使压力过大，则隔膜会因超压而破裂，使灭火器的内部压力保持在规定限度内；结构薄弱环节，如主动联轴节中的剪切销，当持续过载会损坏传动设备或从动设备时，剪切销会先切断，保证设备的安全。

（5）逃逸、避难与营救

当事故发生到不可控制的程度时，则应采取逃离事故影响区域、避难等自我保护措施和为救援创造一个可行的条件。这时，人们往往要依赖于逃逸、避难或营救措施以获得继续生存的条件。

这里的逃逸和避难是指人们使用本身携带的资源自身救护所做的努力；营救是指其他人员救护在紧急情况下有危险人员所做的努力。逃逸、避难和营救设备对于保障人的生命安全是非常重要的。当采用安全装置、建立安全规程等方法都不能完全消除某种危险，使系统存在发生重大事故的可能性时，应考虑应用逃逸、避难、营救等设备设施。

逃逸设备用于使有关人员逃离危险区，如大型公共设施中的各类安全疏散设施，飞机驾驶员的弹射座椅等；避难设施则是通过隔离等手段保证有关人员在危险区域的安全，如矿井中的避难硐室等；消防人员使用的云梯车既是一种控制火灾事故的设备，也是一种典型的营救设备。

选取减少事故损失安全技术的优先次序为：①隔离和屏蔽；②接受小的损失；③个体防护；④避难和救生设备；⑤营救。

2.4.3　安全教育对策

诚然，用安全技术手段消除或控制事故是解决安全问题的最佳选择。但在科学技术较为发达的今天，即使已经采取了较好的技术措施对事故进行预防和控制，人的行为仍要受到某种条件的制约。相对于用制度和法规对人的制约，安全教育是采用一种和缓的说服、诱导的方式，授人以改造、改善和控制危险之手段和指明通往安全稳定境界之途径，因而更容易为大多数人所接受，更能从根本上起到消除和控制事故的作用；而且通过接受安全教育，人们会逐渐提高其安全素质，使其在面对新环境、新条件时，仍有一定的保证安全的能力和手段。

1. 安全教育的内容

安全教育的内容可概括为下述 3 个方面，即安全态度教育、安全知识教育和安全技能教育。

（1）安全态度教育

要想增强人的安全意识，首先应使之对安全有一个正确的态度。安全态度教育包括安全意识教育、安全生产方针政策教育和法纪教育。

安全意识是人们在长期生产、生活等各项活动中逐渐形成的。由于人们实践活动经验的不同和自身素质的差异，对安全的认识程度不同，安全意识就会出现差别。安全意识的高低将直接影响着安全效果。因此，在生产和社会活动中，要通过实践活动加强对安全问题的认识并逐步深化，形成科学的安全观。这就是安全意识教育的主要目的。

安全生产方针政策教育是指对企业的各级管理人员和生产人员进行有关安全生产的方针、政策的宣传教育。有关安全生产的方针、政策是适应生产发展的需要，结合我国的具体情况而制定的，是安全生产先进经验的总结。不论是实施安全生产的技术措施，还是组织措施，都是在贯彻安全生产的方针、政策。在此项教育中要特别认真开展的是"安全第一，预防为主综合治理"这一安全生产方针的教育。只有充分认识、深刻理解其含义，才能在实践中处理好安全与生产的关系。

法纪教育的内容包括安全法规、安全规章制度、劳动纪律等。安全生产法律、法规是方针、政策的具体化和法律化。通过法纪教育，使人们懂得安全法规和安全规章制度是实践经验的总结，它们反映安全生产的客观规律；自觉地遵章守法，安全生产就有了基本保证。同时，通过法纪教育还要使人们懂得，法律带有强制的性质，如果违章违法，造成了严重的事故后果，就要受到法律的制裁。企业的安全规章制度和劳动纪律是劳动者进行共同劳动时必须遵守的规则和程序，遵守劳动纪律是劳动者的义务，也是国家法律对劳动者的基本要求。加强劳动纪律教育，不仅是提高企业管理水平，合理组织劳动，提高劳动生产率的主要保证，也是减少或避免伤亡事故和职业危害，保证安全生产的必要前提。

（2）安全知识教育

安全知识教育包括安全管理知识教育和安全技术知识教育。对于带有潜藏的只凭人

的感觉不能直接感知其危险性的危险因素操作，安全知识教育尤其重要。

①安全管理知识教育。安全管理知识教育包括对安全管理组织结构、管理体制、安全管理基本方法及安全心理学、安全人机工程学、系统安全工程等方面的知识。通过对这些知识的学习，可使各级领导和职工真正从理论到实践上认清事故是可以预防的；避免事故发生的管理措施和技术措施要符合人的生理和心理特点；安全管理是科学的管理，是科学性与艺术性的高度结合等主要概念。

②安全技术知识教育。安全技术知识教育的内容主要包括一般生产技术知识、一般安全技术知识和专业安全技术知识等。

一般生产技术知识教育主要包括企业的基本生产概况，生产技术过程，作业方式或工艺流程，与生产过程和作业方法相适应的各种机器设备的性能和有关知识，工人在生产中积累的生产操作技能和经验及产品的构造、性能、质量和规格等。

一般安全技术知识是企业所有职工都必须具备的安全技术知识。主要包括企业内危险设备所在的区域及其安全防护的基本知识和注意事项，有关电气设备（动力及照明）的基本安全知识，起重机械和厂内运输的有关安全知识，生产中使用的有毒有害原材料或可能散发的有毒有害物质的安全防护基本知识，企业中一般消防制度和规划，个人防护用品的正确使用以及伤亡事故报告方法等。

专业安全技术知识是指从事某一作业的职工必须具备的安全技术知识。专业安全技术知识比较专门和深入，其中包括安全技术知识，工业卫生技术知识，以及根据这些技术知识和经验制定的各种安全操作技术规程等。其内容涉及锅炉、受压容器、起重机械、电气、焊接、防爆、防尘、防毒和噪声控制等。

（3）安全技能教育

①安全技能。仅有安全技术知识，并不等于能够安全地从事操作，还必须把安全技术知识变成进行安全操作的本领，才能取得预期的安全效果。要实现从"知道"到"会做"的过程，就要借助于安全技能培训。

技能是人们为了完成具有一定意义的任务，经过训练而获得的完善化、自动化的行为方式。技能达到一定的熟练程度，具有了高度的自动化和精密的准确性，便称为技巧。技能是个人全部行为的组成部分，是行为自动化的一部分，是经过练习逐渐形成的。

安全技能培训包括正常作业的安全技能培训，异常情况的处理技能培训。安全技能培训应按照标准化作业要求来进行。进行安全技能培训应预先制定作业标准或异常情况时的处理标准，有计划有步骤地进行培训。

安全技能的形成是有阶段性的，不同阶段显示出不同的特征。一般来说，安全技能的形成可以分为3个阶段，即掌握局部动作的阶段，初步掌握完整动作阶段，动作的协调和完善阶段。在技能形成过程中，各个阶段的变化主要表现在行为结构的改变、行为速度和品质的提高以及行为调节能力的增强3个方面。

行为结构的改变主要体现在动作技能的形成，表现为许多局部动作联系为完整的动作系统，动作之间的互相干扰以及多余动作的逐渐减少；智力技能的形成表现为智力活动的多个环节逐渐联系成一个整体，概念之间的混淆现象逐渐减少以至消失，内部趋于概括化和简单化，在解决问题时由开展性的推理转化为"简缩推理"。

行为速度和品质的提高主要体现在动作技能的形成，表现为动作速度的加快和动作的准确性、协调性、稳定性、灵活性的提高；智力技能的形成则表现为思维的敏捷性与灵活性、思维的广度与深度、思维的独立性等品质的提高，掌握新知识速度和水平是智力技能行为调节能力的增加，主要体现在一般动作技能形成，表现为视觉控制的减弱与动觉控制的增强，以及动作紧张性的消失；智力技能则表现为智力活动的熟练化，大脑劳动的消耗减少等。

②安全技能培训计划。在安全技能培训制定训练计划时，一般要考虑以下几方面的问题。

其一，要循序渐进。对于一些较困难、较复杂的技能，可以把它划分成若干简单的局部成分，有步骤地进行练习。在掌握了这些局部成分以后，再过渡到比较复杂的、完整的操作。

其二，正确掌握对练习的速度和质量的要求。在开始练习的阶段可以要求慢一些，而对操作的准确性则要严格要求，使之打下一个良好的基础。随着练习的进展，要适当地增加速度，逐步提高效率。

其三，正确安排练习时间。一般来说，在开始阶段，每次练习的时间不宜过长，各次练习之间的间隔可以短一些。随着技能的掌握，可以适当地延长每次练习之间的间隔。

其四，练习方式要多样化。多样化的练习可以提高兴趣，促进练习的积极性，保持高度的注意力。练习方式的多样化还可以培养人们灵活运用知识的技能。当然，方式过多、变化过于频繁也会导致相反的结果，即影响技能的形成。

在安全教育中，第一阶段应该进行安全知识教育，使操作者了解生产操作过程中潜在的危险因素及防范措施等，即解决"知"的问题；第二阶段为安全技能训练，掌握和提高熟练程度，即解决"会"的问题。第三阶段为安全态度教育，使操作者尽可能地实行安全技能。三个阶段相辅相成，缺一不可，只有将这三种教育有机地结合在一起，才能取得较好的安全教育效果。在思想上有了强烈的安全要求，又具备了必要的安全技术知识，掌握了熟练的安全操作技能，才能取得安全的结果，避免事故和伤害的发生。

2. 安全教育的对象与形式

按照教育的对象，把安全教育分为管理人员的安全教育和生产岗位职工的安全教育。

（1）各级管理人员的安全教育

管理人员的安全教育是指对企业车间主任（工段长）以上人员、工程技术人员和行政管理人员的安全教育。

企业管理人员，特别是上层管理人员对企业的影响是重大的，即是企业的计划者、经营者、控制者，又是决策者。其管理水平的高低，安全意识的强弱，对国家安全生产方针政策理解的深浅，对安全生产的重视与否，对安全知识掌握的多少，直接决定了企业的安全状态。因此，加强对管理人员的安全教育是十分必要的。

（2）生产岗位职工安全教育

生产岗位职工的安全教育一般有三级安全教育、特种作业人员安全教育、经常性安全教育、"五新"作业安全教育、复工、调岗安全教育等。

①三级安全教育。三级安全教育制度是厂矿企业必须坚持的基本安全教育制度，包括厂级教育、车间教育和班组教育。根据国家安全生产监督管理总局第3号令颁布的《生产经营单位安全培训规定》第九条规定：生产经营单位主要负责人和安全生产管理人员初次安全培训时间不得少于32学时。每年再培训时间不得少于12学时。煤矿、非煤矿山、危险化学品、烟花爆竹、金属冶炼等生产经营单位主要负责人和安全生产管理人员初次安全培训时间不得少于48学时，每年再培训时间不得少于16学时。

厂级安全教育是对新入厂的工人（包括到工厂参观、生产实习的人员和参加劳动的学生，以及外单位调动工作来厂的工人）的厂一级安全教育，由企业主管厂长负责，企业安全卫生管理部门会同有关部门组织实施。厂级安全教育应包括劳动安全卫生法律法规、通用安全技术、劳动卫生和安全文化的基本知识、本企业劳动安全卫生规章制度及状况、劳动纪律和有关事故案例等项内容。

车间教育是新工人或调动工作的工人被分配到车间后所进行的车间一级安全教育，由车间负责人组织实施。教育内容包括本车间劳动安全卫生状况和规章制度，主要危险、危害因素及注意事项，预防工伤事故和职业病的主要措施，典型事故案例，事故应急处理措施等项内容。

班组安全教育是新工作或调动工作的人到达生产班组之前的安全教育。由班组长组织实施。班组安全教育内容应包括遵章守纪，岗位安全操作规程，岗位间工作衔接配合的安全卫生注意事项，典型事故案例，劳动防护用品的性能及正确使用方法等内容。

企业新职工应按规定通过"三级安全教育"并考核合格后方可上岗。考核情况要记录在案，6个月后一般还应进行复训教育，考试成绩要记录。

②特种作业人员安全教育。特种作业是指容易发生人员伤亡事故，对操作者本人、他人及周围设施的安全有重大危害的作业。直接从事特种作业的人员为特种作业人员。

特种作业人员在独立上岗作业前，必须进行与本工种相适应的、专门的安全技术理论学习和实际操作训练。取得《特种作业人员操作证》者，每两年进行一次复审；未按期复审或复审不合格者，其操作证自行失效。离开特种作业岗位1年以上的特种作业人员，须重新进行技术考核，合格者方可从事原工作。

③经常性安全教育。由于企业的生产方法、环境、机械设备的使用状态及人的心理状态都处于变化之中，因此安全教育不可能一劳永逸。对于人来说，由于其大部分安全技术知识与技能均为短期记忆，必然随时间而衰减，因而必须开展经常性的安全教育，进一步强化人的安全意识与知识技能，保证其的安全状态。经常性安全教育的形式多种多样，如班前班后会、安全活动月、安全会议、安全技术交流、安全水平考试、安全知识竞赛、安全演讲等。不论采取哪种形式都应该切实结合企业安全生产情况，有的放矢，以加强教育效果。

在安全教育中，安全思想、安全态度教育最重要。进行安全思想、安全态度教育，要采取多种多样的形式，激发职工搞好安全生产的积极性，使全体职工重视和真正实现安全生产。在企业的安全工作中，一项重要内容就是开展各种安全活动，推动安全工作深入发展。安全活动是在企业广大职工群众中开展的、旨在促进安全生产的工作。这些安全活动最重要的作用，就是提高职工的安全意识。

当开展某项安全活动取得了一定安全效果后，无论该项活动多么有效，如果把它作为最好的方法继续使用，就不会继续取得良好的效果。这是因为人们有适应外界刺激的倾向。尽管一项活动开始时对每个职工都有一定刺激作用，但长期继续下去，人们对刺激的敏感性会降低，反应迟钝，直至最后刺激不起作用。当出现这种情况时，就应根据企业的安全状况，有目的地、间断地改变刺激方式，以新的刺激唤起人们对安全的关心。

④"五新"作业安全教育。"五新"作业安全教育是指凡采用新技术、新工艺、新材料、新产品、新设备，即进行"五新"作业时，由于其未知因素多，变化较大，根据变化分析的观点，与变化相关联的失误是导致事故的原因，因而"五新"作业中极可能潜藏着不为人知的危险性，并且操作者失误的可能性也要比通常进行的作业更大。因而，在作业前，应尽可能应用危险分析、风险评价等方法找出存在的危险，应用人机工程学等方法研究操作者失误的可能性和预防方法，并在试验研究的基础之上制定出安全操作规程，对操作者及有关人员进行专门的教育和培训，包括安全操作知识和技能培训及应急措施的应用等。这是"五新"作业教育的目的所在，也是我国安全工作者在几十年的工作实践中总结出的防止重大事故的有效方法之一。

⑤复工和调岗教育。"复工"安全教育，是针对离开操作岗位较长时间的工人进行的安全教育。离岗 1 年以上重新上岗的工人，必须进行相应的车间级或班组级安全教育。

"调岗"安全教育，是指工人在本车间临时调动工种和调往其他单位临时帮助工作的，接受单位进行所担任工种的安全教育。

（3）安全教育的形式

安全教育应利用各种教育形式和教育手段，以生动活泼的方式，来实现安全生产这一严肃的课题。

安全教育形式大体可分为以下 7 种。

①广告式：包括安全广告、标语、宣传画、标志、展览、黑板报等形式，它以精炼的语言、醒目的方式，在醒目的地方展示，提醒人们注意安全和怎样才能安全。

②演讲式：包括教学、讲座的讲演、经验介绍、现身说法、演讲比赛等。这种教育形式可以是系统教学，也可以专题论证、讨论，用以丰富人们的安全知识，提高对安全生产的重视程度。

③会议讨论式：包括事故现场分析会、班前班后会、专题研讨会等，以集体讨论的形式，使与会者在参与过程中进行自我教育。

④竞赛式：包括口头、笔头知识竞赛，安全、消防技能竞赛，以及其他各种安全教育活动评比等。激发人们学安全、懂安全、会安全的积极性，促进职工在竞赛活动中树

立安全第一的思想，丰富安全知识，掌握安全技能。

⑤声像式：它是用声像等现代艺术手段，使安全教育寓教于乐。主要有安全宣传广播、电影、电视、录像等形式。

⑥文艺演出式：它是以安全为题材编写和演出的相声、小品、话剧等文艺演出的教育形式。

⑦学校正规教学：利用国家或企业办的大学、中专、技校，开办安全工程专业，或穿插渗透于其他专业的安全课程。

2.4.4 安全管理对策

众所周知，在控制事故的措施中，安全技术对策是最佳选择，因为它不受人的行为影响，并有着极高的可行性和安全性，而安全教育对策与人沟通的方式也极易为大多数人所接受。但遗憾的是，由于技术水平、经济条件等因素的制约，安全技术对策在大多数情况下不能保证系统的安全性达到人们所能接受的状态，而管理者又不能仅仅依靠安全教育的方法保证所有人都能自觉地遵守各项安全规章制度，同时具备较高的安全意识。因而安全管理对策成了必不可少的一种控制人的行为，进而成为控制事故的重要手段。

安全管理对策是"3E"对策之一，其英文单词"Enforcement"的原意是"强制""实施"的意思。即用各项规章制度、奖惩条例约束人的行为和自由，达到控制人的不安全行为，减少事故的目的。在现实社会中，在经济及技术都有较大局限性的今天，这种对策仍起着十分重要的作用。即使在高度现代化、高度文明的未来社会，通过管理手段提高效率、降低事故率也不失为一种效费比很好的选择。

在长期的生产管理实践活动中，人们总结出了许多行之有效的安全管理措施。如"国家监察，行业管理，企业负责，群众监督，劳动者遵章守纪"的安全管理体制，"三同时""四不放过"及各项安全法规、标准、手册，安全操作规范等，大多数在现代企业安全管理工作中仍起着举足轻重的作用。本节将重点讨论安全管理工作中控制事故的几种安全管理手段，即安全检查、安全审查、安全评价等。

1. 安全检查

安全检查是安全生产管理工作中的一项重要内容，是保持安全环境、矫正不安全操作、防止事故的一种重要手段。它是多年来从生产实践中创造出来的一种好形式，是安全生产工作中运用群众路线的方法，是发现不安全状态和不安全行为的有效途径，是消除事故隐患、落实整改措施、防止伤亡事故、改善劳动条件的重要手段。

（1）安全检查的内容

安全检查主要包括以下四方面内容。

①查思想。即检查各级生产管理人员对安全生产的认识，对安全生产的方针政策、法规和各项规定的理解与贯彻情况，全体职工是否牢固树立了"安全第一，预防为主，综合治理"的思想。各有关部门及人员能否做到当生产、效益与安全发生矛盾时，把安

全放在第一位。

②查管理。安全检查也是对企业安全管理的大检查。主要检查安全管理的各项具体工作的实行情况，如安全生产责任制和其他安全管理规章制度是否健全，能否严格执行。安全教育、安全技术措施、伤亡事故管理等的实施情况及安全组织管理体系是否完善等。

③查隐患。安全检查的主要工作内容，主要以查现场、查隐患为主。即深入生产作业现场，查劳动条件、生产设备、安全卫生设施是否符合要求，职工在生产中的不安全行为情况等。如：是否有安全出口，且是否通畅；机器防护装置情况；电气安全设施，如安全接地、避雷设备、防爆性能；车间或坑内通风照明情况；防止灰尘危害的综合措施情况；锅炉、受压容器和气瓶的安全运转情况；变电所、易燃易爆物质、剧毒物质的储存、运输和使用情况；个体防护用品的使用及标准是否符合有关安全卫生的规定等。

④查整改。对被检单位上一次查出的问题，按其当时登记的项目、整改措施和期限进行复查。检查是否进行了及时整改和整改的效果，如果没有整改或整改不力的，要重新提出要求，限期整改。对重大事故隐患，应根据不同情况进行查封或拆除。

此外，还应检查企业对工伤事故是否及时报告、认真调查、严肃处理；在检查中，如发现未按"三不放过"的要求草率处理事故，要重新严肃处理，从中找出原因，采取有效措施，防止类似事故重复发生。

（2）安全检查的方式

安全检查的方式按检查的性质，可分为一般性检查、专业性检查、季节性检查和节假日前后的检查等。

①一般性检查。一般性检查又称普遍检查，是一种经常的、普遍性的检查，目的是对安全管理、安全技术、工业卫生的情况作一般性的了解。这种检查，企业主管部门一般每年进行1~2次；各企业一般每年进行2~4次，基层单位每月或每周进行一次，此外还有专职安全人员进行的日常性检查。在一般性检查中，检查项目依不同企业而异，但以下3个方面均需列入：各类设备有无潜在的事故危险；对上述危险或缺陷采取了什么具体措施；对出现的紧急情况，有无可靠的立即消除措施。

②专业性检查。专业性检查是指针对特殊作业、特殊设备、特殊场所进行的检查。如电、气焊设备，起重设备，运输车辆，锅炉，压力容器，尘、毒、易燃、易爆场所等。这类设备和场所由于事故危险性大，如事故发生，造成的后果极为严重。所以专业性检查除了由企业有关部门进行外，上级有关部门也指定专业安全技术人员进行定期检查，国家对这类检查也有专门的规定。不经有关部门检查许可，设备不得使用。专业性检查一般以定期检查为主。

专业性检查有以下突出特点：

a）专业性强，集中检查某一专业方面的装置、系统及与之有关的问题，因而目标集中，检查可以进行得深入细致；

b）技术性强，检查内容以生产、安全的技术规程和标准为依据；

c）以现场实际检查为主，检查方式灵活，牵扯人力最少；

d）不影响工作程序。

③季节性检查。季节性检查是根据季节特点，为保障安全生产的特殊要求所进行的检查。自然环境的季节性变化，对某些建筑、设备、材料或生产过程及运输、储存等环节会产生某些影响。某些季节性外部事件，如大风、雷电、洪水等，还会造成企业重大的事故和损失，因而，为了防患于未然，消除因季节变化而产生的事故隐患，必须进行季节性检查。如春季风大，应着重防火、防爆；夏季高温、多雨、多雷电，应抓好防暑、降温、防汛、检查雷电保护设备；冬季着重防寒、防冻、防滑等。

④节假日前后的检查。由于节日前职工容易因考虑过节等因素而造成精力分散，因而应进行安全生产、防火保卫、文明生产等综合检查；节日后则要进行遵章守纪和安全生产的检查，以避免因放假后职工精力涣散而引起纪律松懈等问题。

按检查的类别分，安全检查还可分为定期检查、连续检查、突击检查、特种检查等；按检查的手段分，安全检查也可分为仪器测量、照相摄影、肉眼观察、口头询问等。

安全检查主要由各基层单位的专职、兼职安全员、企业安技部门、上级主管部门及有关设备的专职安全工作人员进行。企业管理人员、基层管理人员、工程技术人员和工人也应负责自己责任范围内的安全检查工作。通过安全检查能及时了解和掌握安全工作情况，及时发现问题，并采取措施加以整顿和改进，同时又可总结好的经验，进行宣传和推广。通过安全检查，查找不安全的物质状况和不安全操作情况并及时改正，是管理部门防止事故、保证安全的较好方法。

2. 安全审查

要从源头上消除可能造成伤亡事故和职业病的危险因素，保护职工的安全健康，保障新工程的正常投产使用，防止事故损失，避免因安全问题引起返工或因采取弥补措施造成不必要的投资扩大，对新建、扩建工程进行预先安全审查是一种极其重要的手段。

对工程项目的安全审查是依据有关安全法规和标准，对工程项目的初步设计、施工方案以及竣工投产进行综合的安全审查、评价与检验，目的是查明系统在安全方面存在的缺陷，按照系统安全的要求，优先采取消除或控制危险的有效措施，切实保障系统的安全。

经多年的实践与总结，我国在安全审查工作中形成了一套较为完整且颇具特色的制度，即"三同时"审查验收制度。所谓"三同时"审查验收制度，是指建设项目中职业安全与卫生技术措施和设施，应与主体工程同时设计、同时施工、同时投产使用。"三同时"安全审查验收包括可行性研究审查、初步设计审查和竣工验收审查。

3. 安全评价

安全评价是系统安全工程的重要组成部分。它采用系统科学的方法辨识系统存在的危险因素，并根据其事故风险的大小采取相应的安全措施，以达到实现系统安全的目的。

对企业安全管理现状进行评价，是安全管理的重要措施之一。对安全管理工作进行评价，可以弄清现状，及实施改进措施后达到的水平，找出存在的问题，从而为今后进一步改进安全管理工作提供依据。

企业安全管理包括企业的行政管理（也称综合安全管理）、技术设备安全管理和环境安全管理。企业安全管理评价就是依据系统工程的原理，以有关法规、标准、制度的安全要求为依据，为人员、设备、技术、资金、环境等方面的安全管理状况进行评价，从而确定企业对其固有危险性控制的有效程度。

一般地，可以从两个方面评价企业的安全管理工作，一是评价其实现既定目标的情况，二是客观地评价企业的安全管理水平。其中后者具有诊断评价的意义，在企业中应用较广。

第三章　油气集输安全技术

油气集输通过计量、汇集、分离、脱水、稳定等工艺环节将油井采出液处理成商品原油、天然气以及净化污水等产品。油气集输场站是油气中转集散的场所，它具有高风险、易燃易爆的特点，油气集输站的风险事故时常发生，不仅给企业造成了一定的经济损失，甚至危及工作人员的生命安全，因此一定要高度重视油气集输站的安全工作。

油气集输站场是处理易燃易爆介质的危险场所，同时又存在大量的电气设备、线路等，如电气设备选择、使用不当，在站场中极易引发火灾爆炸事故。所以要对油气集输站场的操作和设备进行安全规范管理。

3.1　概述

3.1.1　油气集输系统概述

油气集输系统如图 3-1 所示。

油气集输是把分散的油井所生产的石油、伴生天然气等集中起来，经过必要的处理和加工，合格的原油和天然气分别外输到炼油厂和天然气用户的工艺全过程。其工作内容主要包括油气计量、油气分离、原油脱水、原油稳定、天然气净化、轻烃回收等工艺。油气集输的任务主要有三项：收集（处理）、储存、外输。

①将油气井采出的气、液混合物经过管道输送到油气处理站进行气、液分离和脱水等操作，使处理后的原油满足标准要求；

②由油气处理站把合格的原油输送到油田原油库进行暂时储存，将分离出的天然气输送到天然气处理厂（天然气压气站）进行脱酸、脱水处理或深加工。

③在油田原油库、天然气压气站以不同的方式将处理合格的原油、天然气外输给用户。

概括地说，油气集输的工作范围是指以油气井为起点，矿场油气库或输油、输气管线首站为终点的矿场业务。油气集输系统又可分为油田以油为主导的原油集输系统和气田以天然气为主导的天然气集输系统。

原油集输系统（见图 3-2）是指将各油井采出的气、液混合物经过油气混输管道输

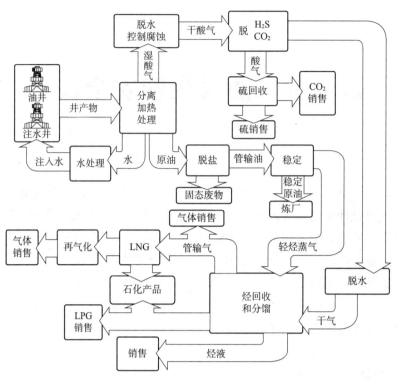

图 3-1　油气集输系统示意图

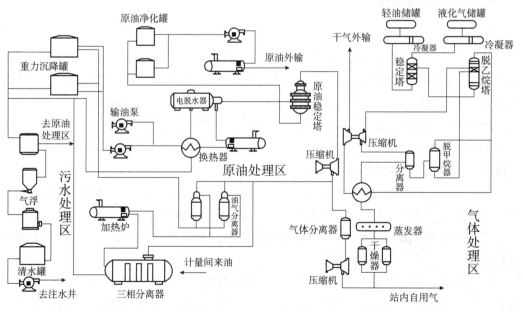

图 3-2　原油集输站示意图

送至油气集中处理站（也称为联合站）进行气液分离、原油脱水和原油稳定等操作工艺，使处理后的原油符合国家质量标准并将合格原油外输至油田原油库的整个生产过程。其站场按基本集输流程的生产功能可分为：采油井场、分井计量站、接转站、集中处理站（联合站）等四种站场。

1. 采油井场

采油井场是设置采油井等生产设施的场所，其主要功能是提供完成油井井下作业的条件，控制和调节从油层采出的油（液）、气数量，满足油田开发的需要，并保证将油井采出的油（液）和气收集起来。

2. 分井计量站

分井计量站直辖多口生产井，是油井采出的油（液）、气集中计量和集中管理的场站，并承担为完成油（液）、气集输提供实施各种工艺措施的任务。其工艺流程分为两相计量和三相计量。

3. 接转站

接转站是为液体增压为主要功能的集输场站。在采油井口剩余压力不能满足设计流量下油气集输系统压力降要求时，为油水混合液增压输送需要设置接转站。一般分为：无事故油罐的密封式接转站和设有常压储油罐并具有一定储存能力的非密闭式接转站。其任务是将从分井计量站来的油（液）、气混合物进行分离、计量或脱除游离水，然后将含水原油泵输至集中处理站，油田气靠自身压力输送至油气田处理厂；还承担向计量站供掺水、保温、热洗清蜡用的热水、投加防垢剂、破乳剂等任务。

4. 集中处理站（联合站）

集中处理站（联合站）是油田对原油、油田气和采出水进行集中处理的地方。包括有油气分离、计量、原油脱水、原油稳定、天然气增压、污水处理、注水等工艺流程及设施。其任务主要有接收油井、分井计量站或接转站输来的油（液）和气；对油（液）和气进行分离净化；对原油进行稳定，回收油田气体中的凝液；将符合标准的原油、油田气、轻烃，经计量后分别输送到矿场油库和用户；含水原油脱出的含油污水送至污水处理装置，处理后回注油层。

天然气集输系统是指天然气从井口开始，通过管网输送至集输站场，依次经过预处理和气体净化工艺，成为合格的商品天然气，最后外输至用户的整个生产过程。天然气集输系统包括集输管网、集输站场、天然气处理厂、自动控制系统以及其他辅助设施。

1. 集输管网

天然气集输管网是气井井口到集气站的采气管道以及集气站到天然气处理厂（含天然气净化厂，下同）之间的原料天然气输送管道的统称，是天然气地面生产过程中必不可少的生产设施。其结构形式因气井的分布状况、采用的集输工艺技术、气田所在地的地形地貌和交通条件的不同而千差万别，但所有的集输管网都是密闭而统一的连续流动管路系统，在使用功能上是一致的。

2. 集输站场

集输站场是为了满足天然气集输而定点设置的专用生产场所。按使用功能的不同，可分为井场、集气站（含单井站）、增压站、阀室、清管站和集气总站等。站场的种类、数量、布置以及站内的生产工艺流程和设备配置等，与天然气的气质与条件、气井的分布状况和采用集输工艺的具体需要有关。

3. 天然气处理厂

天然气处理厂的主要任务是将集输站场的来料天然气通过天然气脱酸性气体、脱水、硫黄回收和尾气处理等工艺操作，变为合格的商品天然气。

4. 自动控制系统

由于集输系统生产场所高度分散而又同步运行，工作参数紧密相关，任何一个部位的工作异常都会对其他部分产生影响。天然气特有的物性、苛刻的集输工作条件又使整个生产过程面临很大的安全风险。因此，必须保证集输系统的生产安全和各生产过程间的工作协调高度一致。对集输过程的监视、控制是在连续采集、传递、储存和加工处理各种生产数据的基础上进行的。适用于对分散进行而又彼此相关的工业生产过程作自动控制的监视控制和数据采集（SCADA）技术，已在天然气集输系统中得到了广泛应用。

5. 其他辅助设施

天然气集输站的其他辅助设施主要包括供电、通信、消防、防雷防静电、防腐及阴极保护、污水处理及回注设施等。

3.1.2　油气集输事故案例

1. 塔里木油田克拉 2 气田中央处理厂 "6·3" 爆炸事故

（1）基本情况

克拉 2 中央处理厂是克拉 2 气田最重要的部分之一，是克拉 2 气田的 "心脏"。其中主要的部分就是 6 套脱水脱烃装置，每列装置最大日处理天然气 600 万 m^3，共计最大日处理天然气 3600 万 m^3。

（2）事故经过

2005 年 6 月 3 日，克拉 2 中央处理厂组织投运第 6 套脱水脱烃装置。10 点 50 分第 6 套装置进气，12 点 30 分，升压至工作压力，稳压。温度逐渐降至 –21℃（设计最低温度为 –40℃），未发现异常现象。15 点 10 分，低温分离器发生爆炸，爆炸裂片击穿干气聚结器，引起连锁爆炸后发生火灾（见图 3-3）。

（3）事故损失

事故共造成 2 人死亡，中央处理厂第 6 套脱水脱烃装置低温分离器损坏，周围部分管线电缆照明设备受损，直接经济损失 928.17 万元。影响克拉 2 气田正常生产 126h，引起社会各界的广泛关注，对中国石油形象造成了负面影响。

（4）原因分析

①直接原因：由于焊接缺陷，导致低温分离器在正常操作条件下，开裂泄漏后发生

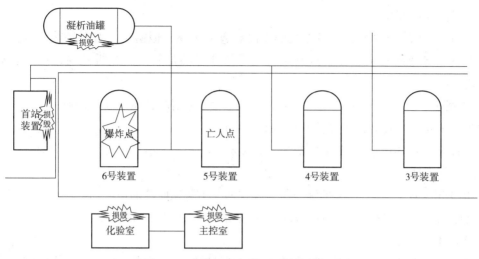

图 3-3 克拉 2 中央处理厂爆炸示意图

物理爆炸。

②间接原因

a）制造厂管理松懈

焊接工艺不完善，制造工艺不成熟，造成焊接中产生裂纹及其他焊接缺陷，导致筒节冷卷和热校圆过程中材料的脆化程度加剧。

b）监检把关不严

西安市锅炉压力容器检验所未按《压力容器产品安全质量监督检验规则》的要求，对新型材料的焊接工艺评定进行确认，但发放了压力容器产品安全性能监督检验证书［编号（2002）量认（陕）字（L0032）］。

c）设计选材不当

d）监造质量把关不严

探伤检测和审核等过程把关不严，造成低温分离器存在较多的质量问题。

（5）事故教训

①工程管理方面

a）天然气处理厂低温分离器所用的耐低温、耐腐蚀的复合材料，在国内没有成功使用的先例，虽经专家多次论证，但没有引起重视。

b）在装置和自动化设计上有缺陷

②装备制造方面

a）缺乏大型天然气处理装置非标容器的制造经验。尽管在设备制造过程中首次委托了监造单位驻厂监造，但是监督不力、经验不足。

b）关于制造质量问题，多次到厂家进行协调，厂家也对质量多次做出承诺，但仍然没有及时发现设备在制造过程中的质量缺陷问题。

③工艺操作方面

a）6·3事故的发生虽然与工艺操作没有直接关系，但由于没有对导热油管线进行详细检查，导致两名员工在第五套装置附近操作导热油管线盲板拆装时，遭遇爆炸事故，造成死亡。

b）塔里木天然气勘探开发面临高压、高产等实际情况，属于高危行业，必须尽量减少现场操作人员，大幅提高现场自动化技术和水平。

2. 长庆"3·30"一氧化碳中毒事故案例分析

（1）基本情况

2019年3月29日，长庆生源公司下属试油171队在西峰油田庄58~21井进行射孔、高能气体压裂施工过程中，先后三人进入计量罐内，因CO中毒死亡。

（2）事故经过

2019年3月29日，试油171队在西峰油田庄58~21井进行射孔、高能气体压裂施工过程中，因循环出口水龙带与储罐连接由壬丢失，操作工王某入罐进行捆绑作业，由于循环压力高，捆绑不牢，再次入罐捆绑时昏倒。两名同班作业人员发现后，佩戴过滤式防硫化氢面具，先后进入罐救人，并相继昏倒。经现场其他人员的全力抢救，将三人从罐内全部救出，送往医院，经抢救无效死亡。

（3）原因分析

①直接原因：计量罐内因射孔、高能气体压裂的高浓度一氧化碳气体，造成违章进入计量罐内的三人中毒死亡。

②间接原因：罐内管线连接由壬丢失，人员进入罐内进行捆绑作业；作业人员进入有限空间作业前未经许可，在没有对罐内的气体进行检测的情况下，擅自进入罐内进行作业；现场没有配备气体检测仪和正压呼吸器等设施；错误佩戴过滤式防硫化氢面具进行救人，造成事故扩大。

（4）事故教训

①有限空间作业前必须要对罐内气体含量进行全面检测，合格后方可进入。

②在进入有限空间或有毒有害场所进行应急抢救时，必须佩戴正压呼吸器。

③必须深入了解和掌握在用工艺、技术有关化学反应机理，以及反应后产生物的理化性质，有针对性地采取防范措施。

3.2 油气集输工艺与安全分析

3.2.1 原油集输站工艺与安全分析

1. 气液分离

气液分离的目的是将油井生产的油、气、水混合物（井产物），利用离心力、重力等机械方法，将其分离成气、液两相的一种生产技术，在含砂的混合物中，还要除去固体混合物。当混合物进入三相分离器后，入口分流器根据离心力的原理首先会把混合物分成气、液两相，脱除气体，然后再根据油和水的密度差利用重力沉降的原理进行油、水分离。

气液分离安全运行的关键是控制好分离器的压力和液面。控制压力的目的是：①保证分离质量要求；②克服液体和管道的摩阻损失；③设备本身的安全要求。控制液面的目的是：①防止原油进入气相管道或天然气进入液相管道，以提高油、气分离的质量；②三相分离器集液部分必须有足够的液体沉降空间，以保证游离水能够充分沉降至容器的底部形成水层，以利于排除。

2. 原油加热

完成对原油加热任务的加热炉是承受高温的密闭设备，是将燃料燃烧后产生的热量传递给被加热介质而使其温度升高的一种热动力设备。它被广泛应用于油田油气集输生产中的原油、天然气的加热，以达到输送、沉降、分离、脱水和初加工的目的。

原油加热有两种方式，即直接加热，热量通过火管或烟管直接传递给炉内的原油；间接加热，原油通过中间介质（导热油、饱和水蒸气或饱和水）吸收热量，提高油温。

加热炉在长期运行过程中，若发生炉管破裂、原料及燃料中断、安全阀失灵、无中间介质干烧，都会造成严重的安全事故。安全阀失灵会造成压力超高时安全阀不能及时泄压，加热炉内部压力升高，若超过极限压力，则会发生爆炸事故。若在加热过程中，加热炉内无中间介质或中间介质未能及时补充，就会烧穿原油加热盘管引发火灾爆炸事故。

3. 原油脱水

原油脱水是将原油中的游离水，乳化水脱除，使原油中含水量降至 0.5% 以下，同时使污水中的含油量控制在 0.1% 以下。

由于原油乳化液性质和含水量的不同，生产中所采用的脱水方法也不同，各油田企业一般视情况而定。常用的原油脱水方法有：注入化学破乳剂在集油管内破乳脱水、重力沉降脱水、利用离心力脱水、利用亲水固体表面使乳化水粗粒化脱水、电脱水或电化学脱水。

在以上几种方法中，以电 – 化学脱水技术最为复杂和危险。因此，生产过程中对它的安全要求也比较严格，因为电 – 化学脱水使用的是高压电能（脱水器内极板间电压为 20~40kV），这在脱水过程中潜藏着很大的触电和爆炸危险性。

电 – 化学脱水控制压力小于 0.1MPa 时，原油中的气体容易析出，使容器顶部产生气体空间，通电容易引起爆炸事故。控制压力大于 0.3MPa 时，超过容器安全工作压力，这样可能引起容器的超压爆炸或发生跑油着火事故。

4. 原油稳定

使净化原油内的溶解天然气组分气化，与原油分离，较彻底地脱除原油内蒸气压高的溶解天然气组分，降低常温常压下原油蒸气压的过程称为原油稳定。

原油稳定的方法主要有负压闪蒸法、正压闪蒸法和分馏稳定法。由于原油的组成不

同，原油处理过程的工艺条件也不同，因而采用原油稳定的方法也就不同。

当原油中的 C_1~C_4 质量分数在 2.5% 以下，宜采用负压闪蒸稳定工艺。当原油中的 C_1~C_4 质量分数大于 2.5% 时，可采用正压闪蒸稳定工艺或分馏稳定工艺。

若分馏塔塔顶的压力太低，就会使分离出的气体过多，气体流速加大并夹带大量的雾沫进入压缩机，形成事故隐患；由于塔底重沸油泵输送的原油温度较高，一旦泄漏，极易引起火灾事故；若原油稳定塔的安全阀装置失效，致使稳定塔的压力超压引发塔体危险，发生爆炸事故；若进气管线漏气、投产时进气管线未置换干净，会导致空气进入压缩机，引起压缩机的爆炸。

5. 原油外输

原油外输涉及的主要设施是输油泵、容器、加热炉和工艺管线。

输油泵由于长时间运行，其端面密封装置及其他部件可能会被磨损而引起泄漏。如果厂房通风效果不良，厂房内便会存在部分油品蒸气，这样会给消防安全工作带来隐患。

输油生产是连续运行的压力系统，如倒泵操作不当，会引起系统憋压、储油罐跑油或抽空等事故。

3.2.2 天然气处理厂工艺与安全分析

天然气处理也称为天然气净化，是指为使天然气符合商品质量指标或管道输送要求而采用的工艺过程，主要包括原料天然气预处理、天然气脱酸性气体和尾气处理等工艺流程。

1. 原料天然气预处理

天然气从地下开采出来后一般都含有固体杂质（岩屑、金属腐蚀产物）、液体杂质（水、凝析油）和气体杂质（硫化氢、有机硫、二氧化碳、水汽），因开采工艺的需要可能还会混进发泡剂、防冻剂等化药药剂。天然气预处理主要是指杂质的过滤与液相的分离（见图 3–4）。常用分离方法有：①重力沉降法；②离心分离法；③碰撞分离法；④过滤分离法。

2. 天然气脱酸性气体

含有硫化氢、二氧化碳和有机硫化合物的天然气，统称为酸性气体。天然气中的有机硫化合物主要有二硫化碳、羰基硫、硫醇、硫醚及二硫醚等。天然气中酸性气体的存在，具有相当大的危害。

硫化氢是一种具有臭鸡蛋的刺激性恶臭味的无色气体，有毒，它可以麻痹人的中枢神经系统，经常与硫化氢接触能引起慢性中毒；硫化氢具有强烈的还原性，易受热分解，在有氧存在时易腐蚀金属；易被吸附于催化剂的活性中心使催化剂"中毒"；在有水存在时能形成氢硫酸对金属有较强的腐蚀；硫化氢还会产生氢脆腐蚀。二氧化碳在有水存在时，会对金属形成较强的腐蚀；同时二氧化碳含量过高，会降低天然气的热值。有机硫大多无色有毒，低级有机硫比空气轻，易挥发。有机硫中毒能引起恶心、呕吐、血压下降，甚至心脏衰竭、呼吸麻痹而死亡。

原料气重力分离器　原料气过滤分离器　原料气旋风分离器　高效低阻　　原料气高效过滤器　原料气气液
原料天然气放空　　　　　　　　　　　　　中间灰斗　　超净化过滤器　　　　　　　　　　　　　凝结器

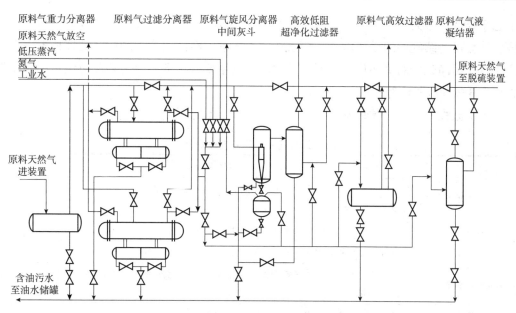

图 3-4　典型的原料气预处理工艺流程示意图

因此，在化工生产中对酸气性组分是有严格要求的，必须严格控制天然气中酸性组分的含量。从天然气中脱除酸性组分的工艺过程称为脱硫、脱碳，习惯上统称为天然气脱硫。根据 GB 50251—2015《输气管道工程设计规范》的规定，我国管输天然气气质指标如下：

①进入输气管道的气体必须清除其中的机械杂质；

②水露点应比输送条件下最低环境温度低 5℃；

③烃露点应低于最低环境温度；

④气体中的硫化氢含量不大于 20mg/m³。

天然气酸性组分的脱除是按不同用途把天然气中的酸性气体脱除到要求的范围内。目前，国内外报道过的脱硫方法有近百种，就其过程的物态特征而言，可分为干法和湿法两大类。在习惯上将采用溶液或溶剂作脱硫剂的方法统称为湿法，将采用固体作脱硫剂的脱硫方法统称为干法。就其作用机理而言，可分为化学溶剂吸收法、物理溶剂吸收法、物理 - 化学吸收法、直接氧化法、固体吸收 / 吸附法及膜分离法等。

3. 天然气尾气处理

高含 H_2S 的天然气，在全球资源储量巨大，是天然气资源的重要组成部分。在高含硫天然气的开采净化过程中，天然气净化厂必不可少，其作用是将天然气中的有机硫等有毒有害物质脱除，产出可以直接使用的洁净天然气。而天然气净化厂现有的天然净化技术不能把所有的有机硫转化为单质硫进行回收，一部分含硫有害杂质进入到焚烧炉中进行焚烧，生成含二氧化硫的烟气排放到大气中。这种含 SO_2 废气在高空被雨雪溶解而形成酸雨，严重侵蚀桥梁楼屋、船舶车辆、机电设备，并造成湖泊河流和土壤酸化，抑制有机物的降解和固氮，造成钙、镁、钾等营养元素流失，导致动植物大量死亡，给生态系统造成很大的破坏，并对人类的健康造成危害。二氧化硫污染已成为制约我国经济、社会可持续发展的重要因素。探索技术上先进、经济上合理的尾气处理技术一直是高含硫气田净化厂的关注焦点。尾气处理的方法主要有①低温克劳斯反应法；②还原吸收法；③氧化吸收法等。

主要流程的安全隐患如表 3-1 所示。

表 3-1　天然气处理厂各流程安全隐患

工艺流程	安全隐患
天然气预处理	该装置中有毒气体组分多，有毒气体浓度高，易燃易爆，高温操作，腐蚀性强，常发生中毒、烧伤、硫黄烫伤等事故
脱硫装置	该装置在高温、易燃易爆、有毒和腐蚀性强的条件下操作
脱水装置	一般均采用三甘醇脱水，并用明火加热炉再生三甘醇。因此平面布置要注意防火防爆
硫黄回收装置	该装置中有毒气体组分多，有毒气体浓度高，易燃易爆，高温操作，腐蚀性强，常发生中毒、烧伤、硫黄烫伤等事故
尾气处理装置	该装置在高温、易燃易爆、有毒和腐蚀性强的条件下操作
硫黄成型装置	硫黄属易燃物。固化成型包装过程中产生的硫黄粉尘，易燃易爆，且危害人体健康

3.3　油气集输系统的安全与管理

油气集输系统的正常安全运行，是油田连续、稳定、正常生产的重要保障。如果集输系统的工艺设计或设备操作上存在瑕疵，将会给正常生产埋下巨大的安全隐患，甚至造成不可挽回的经济损失和难以避免的人身伤亡事故。

1. 集输油站、输油管线投产的安全措施

（1）开车准备前的检查工作

①工艺方面的清洗、置换和气密性试验已经完成。

②动设备试运合格，静设备已具备使用条件。

③仪表已标定校验合格，自动控制系统已调试完毕。

④供电系统已投入送电状态，用电设备已检查完毕并具备使用条件。

⑤安全设施齐全，安全管理已符合安全监察的要求。

⑥公用工程（包括水、电、仪表风、蒸汽、燃料气）已具备使用条件。

⑦装置充满天然气后，含氧分析结果不大于 1%。

（2）安全检查后的操作工作

①确认管道口的盲板已经拆除。

②确认进站阀门的开关位置以及各个设备和装置的阀门开关。

③加热炉、压力容器、安全阀等安全附件检查合格并取得安全合格证。

加强设备和装置的安全管理，对于保证原油集输站生产的正常运行，提高经济效益，具有十分重要的意义。制定设备和装置的操作、检查、维护、修理等规章制度，是

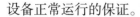

设备正常运行的保证。

2. 油气集输系统设备安全要求

油气集输系统主要设备与装置有油气分离器、加热炉、原油电脱水器、原油稳定装置以及透平膨胀机等。

（1）油气分离器的安全要求

油气分离器属于压力容器，在投产前要进行认真的检查，并进行试压。检查各个部分安装是否正确，分离器筒体及各附件是否紧固，内部各结构是否正常，检查后将各部件清扫干净。然后封闭人孔、排污孔，调好压力调节装置与调压阀、安全阀进行试压。试压合格后，打开分离器采暖盘管的进出口阀门，待采暖管线送热正常后，先打开天然气出口阀门，再打开分离器出油阀门，检查并活动出油阀门是否灵活好用，一切都正常后，缓慢打开进油阀门向分离器内进油。分离器安全运行与否，不仅直接影响油气分离的效果，而且影响原油和天然气的质量以及集输过程的经济效益。

①经常检查分离器的液位控制与调节机构，确保其灵敏可靠，以保证分离器的液面平稳、适当。分离器的液面高度一般控制在液面计的 1/3~2/3 之间。

②注意分离器的来油温度，特别是冬季，防止温度过低，造成管线凝油。一般情况下，分离器的来油温度要比原油凝点高 5℃左右，冬季还要更高一些。

③控制适当的分离压力，不能太高，也不能太低，太高不但影响来油管线的回压，而且使分离后的原油带气；太低又容易使天然气管线进油，分离器液面过高。

④冬季生产过程中，要注意分离器的采暖、保温等情况。特别是安全阀、压力表、液位计及管线较细、流动性差、容易冻结的部位，更要加强其保温防冻措施。

（2）加热炉的安全要求

加热炉是一个高温高压密闭的压力容器，其加热介质也是易燃易爆的油品，存在很大的危险因素。因此，在平时的生产运行中，应该及时监控加热油炉的各项工作参数是否正常、工况是否稳定、当班人员是否按照操作规程作业等。主要工作要求有以下几点：

①炉内观察

a）炉管全体或局部有无发生颜色变化，炉管支架配件有无发生颜色变化。

b）火焰有无直接与炉管或炉管支架配件接触。

c）GB 50183—2004《石油天然气工程设计防火规范》第 6.1.15 第三条规定加热炉炉膛内宜设常明灯，其气源可从燃料气调节阀前的管道上引向炉膛。常明灯可以防止主火嘴熄灭后瓦斯进入炉膛造成爆膛，因此需要检查常明灯是否完好。

②炉外检查

a）检查燃料气的来料压力和燃烧器供给压力，检查燃料气调节阀的开度，并通过增减燃烧器的台数，调节适当压力。

b）燃料气管路有无泄漏。

c）燃料气管路的水蒸气加热管有无通入蒸汽伴热。

③通风装置

a）炉内是否为负压。

b）过剩空气系数是否适当。

④油配管

a）油配管有无泄漏和振动。

b）油配管的压力和流量调节阀开度是否适当。

（3）原油电脱水器的安全要求

使用电化学脱水器脱水，脱水器压力应控制在 0.15~0.3MPa 之间。因为压力小于 0.1MPa 时，原油中的气体容易析出，使容器顶部产生气体空间，通电时容易引起爆炸事故。而且当容器内气体压力过大时，极易把脱水器内部的液体排掉，使液位下降，损坏极板。压力大于 0.3MPa 时，有可能超过容器的安全工作压力，这样可能会引起容器的超压爆炸或发生跑油着火事故。

脱水器油水界面的控制，一要避免水淹电极造成电场破坏；二要防止界面过低造成放水跑油事故。

（4）原油稳定装置的安全要求

原油稳定装置是为了减少原油输送中轻组分的挥发损失而建的轻烃蒸气回收装置。在原油稳定过程中，主要存在安全隐患的部位有以下几个：

①稳后油泵、重沸油泵及侧线抽泵

三种泵所输送的原油介质温度较高，原油在较高温度下渗透性强，易渗漏，危险性也就大。在实际运行中，也曾出现过因原油泄漏引起可燃气体报警仪报警的现象。该部位的危险性较大，要求岗位人员严密监护检查。

②回流分离罐系统

装置在运行中，回流分离罐的分离放水是连续进行的，一旦分离脱水不好或界面控制失灵，都会造成部分轻烃直接排至装置的污水系统中，形成危险源。所以应按时进行巡检，并且必须将排放出的轻烃进行回收分离。

③冷油泵系统

在装置正常运行中，轻烃回流泵和轻烃外输泵都处于连续运行状态，很容易出现渗漏现象而危及整个系统的安全。

④压缩机

压缩机检查主要包括：温度和压力；运行声音（控制喘振）；轴振动，轴位移；化验结果（出口气体含氧量，润滑油）。

由于天然气是易燃易爆物质，且爆炸极限范围宽，点火能量低，从而容易发生火灾、爆炸、中毒、窒息等人身伤亡事故。集输过程中的天然气压力高、气量大，爆破会对周围环境形成很强的冲击破坏作用，外泄的天然气还会遇火发生燃烧、爆炸等后续事故的危险；由于天然气的热值比较高，燃烧事故发生时的高温辐射作用比较强，着火爆炸时的压力也比较高；当含有 H_2S 的天然气因事故外泄进入空气中时，还可能引发人体

急性中毒事故，因此，确保压缩机的安全运行尤为重要，其运行的安全要求为：

a）运行中应对机组各系统进行巡回检查，测试各运行参数，判断是否正常。

b）为保证机组安全运行，应确保机组的保护系统状况良好。应定期检查各个阀门及开关是否良好；定期检查各种仪表及传感器的标定范围，检查控制器及减压阀的压力设定值。

c）操作人员应熟练掌握机组的紧急措施，如紧急关闭阀、紧急停机装置等。

（5）透平膨胀机

透平膨胀机是空气分离设备及天然气液化分离设备和低温粉碎设备等获取冷量所必需的关键部件。

应用主要有两个方面：一是利用它的制冷效应，通过流体膨胀，获得所需要的温度和冷量；二是利用膨胀对外做功的效应，利用或回收高能流体的能量。安全操作中应注意以下几点：

①透平膨胀机启动前，必须首先打开轴承气阀门，同时打开密封气阀门，使密封气压力稍高于膨胀机背压。

②必须保证工作气源、轴承和密封气源的洁净，否则将影响膨胀机的正常运转，造成卡机等严重事故。

③透平膨胀机投产初期，在设备安装前，应对膨胀机控制柜上的进排气阀门解体进行脱蜡。

④透平膨胀机制动风机进排气管道较长时，管径应适当放大。

3.4　油气集输系统主要安全措施

1. 安全泄放系统

原油集输站与天然气处理站属高危生产场所，具有高温、高压、有毒、易燃、易爆等危险特性，并且站内压力容器密布，油气管道纵横，潜在的事故危险性极大。生产中压力容器、压力管道、输油泵等设备的安全运行是保证原油集输过程正常、安全运转的根本，要防止这些受压设备发生安全生产事故，就必须做好受压设备安全附件（安全泄压装置、紧急切断装置、安全联锁装置、压力仪表、液面计、测温仪表等）的设计选型工作。

原油集输站必须具有高危生产设备的安全阀、阻火器等防爆阻火设施。例如来气进站设放空阀，在分离器等设备上设安全阀等。

2. 通风系统

通风是防止燃烧爆炸物形成的重要方法之一。在含有易燃易爆及有毒物质的生产厂房内要采取通风措施，通风气体不能循环使用。选择空气新鲜、远离放空管道和散发可燃气体的地方作为通风系统的气体吸入口。在有可燃气体的厂房内，排风设备和送风设备应有独立分开的通风机室。排出温度超过80℃的空气或其他气体以及有燃烧爆炸危险

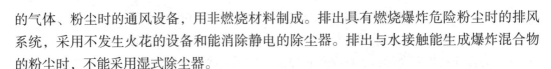

的气体、粉尘时的通风设备，用非燃烧材料制成。排出具有燃烧爆炸危险粉尘时的排风系统，采用不发生火花的设备和能消除静电的除尘器。排出与水接触能生成爆炸混合物的粉尘时，不能采用湿式除尘器。

3. 含油污水排放系统

随着油田开发的不断深入，原油含水不断上升，日产含油污水量骤增，如果这些污水不经处理直接排放到环境中，势必会造成土壤、地表水的污染，因此，原油集输生产过程中产生的污水必须经过适当地处理，达到国家要求的质量标准后，回注地层或排向污水池。

4. 惰性介质保护系统

惰性介质在防火防爆工作中起着重要的作用。原油集输站与天然气处理厂在防火防爆工作中常用的惰性介质有二氧化碳、氮气、水蒸气等。惰性介质在生产中的应用主要有以下几个方面：易燃固体物质的粉碎、筛选处理及其粉末输送，多采用惰性介质覆盖保护；易燃易爆生产系统需要检修，在拆开设备前或需动火时，用惰性介质进行吹扫和置换；发生危险物料泄漏时用惰性介质稀释；发生火灾时，用惰性介质进行灭火；易燃易爆物料系统投料前，防止系统内形成爆炸性混合物，采用惰性介质置换；采用氮气压送易燃液体；在有易燃易爆危险的生产场所，对有发生火花危险的电器、仪表等采用充氮正压保护。

因为惰性介质与某些物质可以发生化学反应，所以使用惰性介质应根据不同的物料系统采用不同的惰性介质和供气装置，不能随意使用。

5. 报警系统

原油集输站的报警系统主要作用是当某些压力容器或运转设备的工作参数出现异常或站场内出现可燃性气体，警告操作人员及时采取措施消除隐患，保证生产正常运行。

6. 自动联锁系统

联锁是利用机械或电气控制依次接通各个相关的仪器及设备，使之彼此发生联系，达到安全生产的目的。在原油集输生产中，联锁装置常被用于下列情况：多个设备或部件的操作先后顺序不能随意变动时；同时或依次排放两种液体或气体时；打开设备前预先解除压力或需降温时；在反应终止需要惰性介质保护时；当工艺控制参数一旦超出极限值必须立即处理时；危险部位或区域禁止无关人员入内时。

7. 消防系统

消防系统主要指站场的消防措施（包括站内工艺设备与道路安全距离、站场围墙设置、消防车道、灭火设施、消防器材配备等）应符合 GB 50183《石油天然气工程设计防火规范》的要求，安全措施（包括站场作业方案、操作规程、安全责任制、职工培训、安全标志的设置、防雷防爆防静电技术、动火安全管理等）应符合规范要求。

根据《中华人民共和国消防法》和国家四部委联合下发的《企业事业单位专职消防队组织条例》关于"生产、存储易燃易爆危险物品的大型企业，火灾危险性较大、距离当地公安消防队较远的其他大型企业，应设专职消防队，承担本单位的火灾扑救工作",同时按照 GB 50183《石油天然气工程设计防火规范》的相关要求,油气集输系统应根据实际情况设置三级消防站,负责中央处理站及油气田区域的消防戒备任务。

8. 自动控制系统

天然气处理厂对重要参数,设置自动监测、控制、保护系统。有危险的操作参数,增设自动联锁保护装置。站场内自控仪表、火炬点火系统等特别重要的负荷均采用 UPS 不间断电源,当外电断电时,UPS 放电时间不小于 30min。

3.5 油气集输系统的安全技术

3.5.1 油气集输防火防爆安全技术

1. 油气集输防火防爆应遵循的原则

油气集输系统防火防爆应遵循"安全第一,预防为主,综合治理"的原则。必须严格按照国家颁布的 GB 50183《石油天然气工程设计防火规范》、GB 50253—2014《输油管道工程设计规范》、GB 50251—2015《输气管道工程设计规范》、GB 50016—2014（2018 版）《建筑设计防火标准》的要求防火、防爆。所用的设备、管线、闸阀、电器、建筑材料等,也必须符合国家标准。

安全生产环境要求场地清洁、工具清洁、设备清洁;无杂物、无油污、无明火、无易燃物;不漏水、不漏电、不漏风、不漏气、不漏油。即三清、四无、五不漏。

2. 原油集输站的防火防爆技术

（1）设置出站紧急截断阀或止回阀,当站内出现火灾等事故时,防止下游原油倒流进站内。

（2）设置放空阀。主要目的是停产检修时放掉管道和设备中的原油,以预防火灾和中毒事故的发生。

（3）设置安全阀。防止工艺流程中超压现象出现。

（4）对站内主要压力容器（分离器）、增压设备后端设置防止超压的先导式安全阀及手动放空阀。

（5）站内需要检修一组（套）设备时,应设置与其他组（套）设备隔开的截断阀和检修放空阀。

（6）站内采用远程终端装置 RTU,对主要工艺参数进行监视、控制、报警、数据采集、计算。

3. 天然气处理厂的防火防爆技术

火灾和爆炸是对天然气处理厂威胁最大的事故,爆炸事故大体上可分为两类:一类是物理性爆炸事故;由物质因状态或压力发生突变而形成的爆炸。另一类是化学性爆炸事故,是由物质发生极迅速的化学反应,产生高温、高压而引起的爆炸。防火防爆安全措施如下:

（1）消除和控制火源，避免造成燃烧或爆炸环境；

（2）对可燃性物质监测或化验分析；

（3）严格执行安全生产管理制度和操作规范；

（4）明确划分防火防爆区域，避免产生电气火花、静电火花、碰击火花；

（5）防爆区内严禁吸烟，严禁带入明火和火种；

（6）消灭可燃性气体和液体的"跑、冒、滴、漏"；

（7）设置氮气保护系统；

（8）发生燃烧爆炸事故最多的是点火爆炸、熄火回火爆炸，必须认真采取预防措施。

4. 自动控制系统

油气集输生产管理采用 SCADA 系统，实现对所辖油气田生产井、集输站场、天然气处理厂等生产运行状况进行集中监视、调度与管理，井场设置 RTU、集输站场设置站控系统或数据采集系统、天然气处理厂设置 DCS，完成对井场、站场和处理厂等的工艺参数进行采集和处理。

提高对生产过程安全的监视和自动控制水平，设置完善的 ESD 系统，实行超限报警、紧急截断、超压泄放的 3 级控制模式。集输站场内自控仪表、火炬点火系统等特别重要的负荷均采用 UPS 不间断电源，UPS 机柜设在值班室，当外电断电时，UPS 放电时间不小于 30min。

5. 电气设施的防火防爆措施

站场爆炸危险区域内的电气设计及设备选择，应符合现行国家标准 GB 50058《爆炸危险环境电力装置设计规范》的规定。在爆炸性气体环境中应采取下列防止爆炸的措施：

（1）产生爆炸的条件同时出现的可能性应减到最低程度。

（2）工艺设计中应采取下列消除或减少可燃物质的释放及积聚的措施：

①工艺流程中宜采取较低的压力和温度，将可燃物质限制在密闭容器内；

②工艺布置应限制和缩小爆炸危险区域的范围，并宜将不同等级的爆炸危险区或爆炸危险区与非爆炸危险区分隔在各自的厂房或界区内；

③在设备内可采用以氮气或其他惰性气体覆盖的措施；

④宜采取安全联锁或发生事故时加入聚合反应阻聚剂等化学药品的措施。

（3）防止爆炸性气体混合物的形成或缩短爆炸性气体混合物的滞留时间可采取下列措施：

①工艺装置宜采取露天或开敞式布置；

②设置机械通风装置；

③在爆炸危险环境内设置正压室；

④对区域内易形成和积聚爆炸性气体混合物的地点应设置自动测量仪器装置，当气体或蒸气浓度接近爆炸下限值的 50% 时，应能可靠地发出信号或切断电源。

（4）在区域内应采取消除或控制设备线路产生火花、电弧或高温的措施。

3.5.2　油气集输防雷防静电保护技术

静电最为严重的危险是引起爆炸和火灾，因此，静电安全防护主要是对爆炸和火灾的防护。这些措施对于防止静电电击和防止静电影响生产也是有效的。

1. 防雷防静电要求

（1）在高压线路进出变电所 1~1.5km 处架设避雷线，在柱上装设避雷器，防止雷直击导线和柱上电气设备。

（2）变电所、发电站均设独立避雷针，对整个站内主要建构筑物、电气设备进行保护，独立避雷针接地系统单独设置，接地电阻不大于 10Ω。

（3）站场工艺装置内露天布置的塔、容器及可燃气体的钢罐等设防雷接地装置，接地线不少于 2 根，并应对称布置。

（4）集输站场工艺管道在进出装置或设施处、爆炸危险场所的边界处、过滤器、缓冲器等处均应接地。

（5）电缆进出线应在进出端将电缆的金属外皮、钢管等与接地装置相连。

（6）站场低压配电柜进线处设电涌保护器，用以保护电气或电子系统免遭雷电或操作过电压及涌流的危害。

（7）站场设备的防雷、防静电共用 1 处接地装置，接地电阻不大于 4Ω。放空区单独设防雷接地装置 1 处，接地电阻不大于 10Ω。

2. 防静电保护措施

（1）环境危险程度控制

静电引起爆炸和火灾的条件之一是有爆炸性混合物存在。为了防止静电的危险，可采取取代易燃介质、降低爆炸性混合物的浓度、减少氧化剂含量等措施，控制所在环境爆炸和火灾危险程度。

（2）工艺控制

为了有利于静电的泄漏，采用导电性工具；为了减轻火花放电和感应带电的危险，可采用阻值为 10^7~10^9Ω 左右的导电性工具。为了防止静电放电，在液体灌装过程中不得进行取样、检测或测温操作。进行上述操作前，应使液体静置一定时间，使静电得到足够的消散或松弛。

（3）接地

接地的作用主要是消除导体上的静电。金属导体应直接接地。为了防止火花放电，应将可能发生火花放电的间隙跨接连通起来，并予以接地。

（4）增湿

为防止大量带电，相对湿度应在 50% 以上；为了提高降低静电的效果，相对湿度应提高到 65%~70%。增湿的方法不宜用于防止高温环境里绝缘体上的静电。

（5）抗静电添加剂

抗静电添加剂是化学药剂。在容易产生静电的高绝缘材料中加入抗静电添加剂之后，能降低材料的体积电阻率或表面电阻率以加速静电的泄漏，消除静电的危险。

（6）静电中和器

静电中和器又称静电消除器。静电中和器是能产生电子和离子的装置。由于产生了电子和离子，物料上的静电电荷得到异性电荷的中和，从而消除静电的危险。静电中和器主要用来消除非导体上的静电。

（7）加强静电安全管理

静电安全管理包括制定关联静电安全操作规程、制定静电安全指标、静电安全教育、静电检测管理等内容。

3.5.3 油气集输管道线路布置安全技术

集输管道路由的选择，应结合沿线城市、村镇、工矿企业、交通、电力、水利等建设的现状与规划，以及沿线地区的地形、地貌、地质、水文、气象、地震等自然条件，并考虑到施工和日后管道管理维护的方便，确定线路合理走向。管道不得通过城市水源地、飞机场、军事设施、车站、码头。管道管理单位应设专人定期对管道进行巡线检查，及时处理天然气管道沿线的异常情况。埋地管道与地面建（构）筑物的最小间距应符合 GB 50251—2015《输气管道工程设计规范》和 GB 50253—2014《输油管道工程设计规范》的规定。

3.5.4 油气集输防毒防化学伤害安全技术

1. 设置有毒气体探测系统

系统最基本的构成应包括检测器和报警器组成的可燃气体或有毒气体报警仪，或由检测器和指示报警器组成的可燃气体或有毒气体检测报警仪，也可以是专用的数据采集系统与检测器组成的检测报警系统。对有火灾爆炸危险存在场所安装火灾报警设施，设置可燃气体泄漏报警仪。

2. 设置必要的通风系统

注醇泵房采用机械通风机，以排除易燃、易爆有害气体，保持室内空气的流通；自然进气采用防风沙过滤风口。甲醇罐防腐并保温，减少甲醇的挥发，注醇泵采用密封性较好的隔膜泵，装置区设有甲醇泄漏检测仪，操作人员进行操作时做好劳动安全防护措施。

3. 设置一定防护设施

参加泄漏处理人员应对泄漏品的化学性质和反应特性有充分的了解，要于高处和上风处进行处理，并严禁单独行动，要有监护人，必要时，应用水枪掩护。要根据泄漏品的性质和毒物接触形式，选择适当的防护用品，加强应急处理个人安全防护，防止处理过程中发生伤亡、中毒事故。

（1）呼吸系统防护

为了防止有毒有害物质通过呼吸系统侵入人体，要根据不同场所选择不同的防护器具。在泄漏化学品毒性大、浓度较高，且缺氧的情况下，可以采用氧气呼吸器、空气呼吸器、送风式长管面具等。

（2）眼睛防护

为了防止眼睛受到伤害，可以采用化学安全防护眼镜、安全面罩、安全护目镜、安全防护罩等。

（3）身体防护

为了避免皮肤受到损伤，可以采用带面罩式胶布防毒衣、连衣式胶布防毒衣、橡胶工作服、防毒物渗透工作服、透气型防毒服等。

（4）手防护

为了保护手不受损伤，可以采用橡胶手套、乳胶手套、耐酸碱手套、防化学品手套等。如果在生产使用过程中发生泄漏，要在统一指导下，通过关闭有关阀门，切断与之相连的设备管道，停止作业或改变工艺流程等方法来控制化学品的泄漏。如果是容器发生泄漏，应根据实际情况，采取措施堵塞和修补裂口，制止进一步泄漏。

另外要防止泄漏物扩散，殃及周围的建筑物、车辆及人群，在万一控制不住泄漏口时，要及时处置泄漏物，严密监视，以防火灾爆炸。要及时将现场的泄漏物进行安全可靠的处置。

3.5.5　油气集输安全疏散技术

对于油气集输单位，应根据本单位的地理环境，事故发生的规模、形式等，制定相应的《应急安全疏散预案》而且要定期或不定期进行演练，并要做到如果单位或相关部位调整或变动，如添加工艺设备，根据消防部门的审定，变动安全疏散通道等，都要及时修改方案，做到用时忙而不乱。根据单位情况的不同，疏散时应主要做好以下几项工作。

1. 疏散方法

在专业救援队伍没有到达事故现场之前，受害单位首要考虑的是受到毒害性气体或爆炸威胁的人员，一般是在下风和侧风方向，或者在泄漏或爆炸地点的上部和下部。疏散时要注意以下几个方面：

（1）了解处于事故区域及可能爆炸后所波及的区域，使人们清楚地知道自己所处的危险境地。

（2）在通常的情况下，要根据处于危险区域的人员确定避难场所。人数多时不要只制定一个场所，这样不利于人员迅速疏散，而且还由于疏散时慌不择路，出现混乱、拥挤、践踏情况，造成人员伤亡。

（3）为了便于快速疏散，要清楚自己所在位置，避免拥挤而减缓疏散的速度和延长疏散的时间。

（4）如果是气体泄漏事故，禁止疏散处于事故地点较近的机动车辆。处于气体泄漏地点较近的车辆，泄漏的气体可能已经扩散到停放车辆的位置；甚至已经将车辆包围。如果此时疏散车辆，就可能因发动车辆排气管产生火花将扩散的气体引爆，酿成大的灾祸。因此，要绝对禁止气体泄漏地点的车辆离开，并要派出人员严格监管。

2. 疏散要求

进入毒害区域，要正确选择行进路线，也就是要在毒害区的上风方向进入，并且要选择好防化服、防护的安全器具，前方与后方指挥员要保持通信联络畅通，然后再实施人员疏散行动。

根据油气集输系统生产过程的特点，在进行安全疏散时，应主要做好以下几个方面：

（1）所有参加疏散的人员必须熟悉事故所能产生的危害程度、防范措施、周边环境、地理位置、安全通道、正确的疏散路线。

（2）无论是有毒性气体，还是燃烧爆炸的危险，参加疏散的人员必须要在有组织的情况下，穿戴好个人防护装备，备好侦检仪器，统一检查合格后，方可进入事故现场。

（3）即使是穿戴好个人防护装备，也严禁一个人进入事故现场，必须按照《应急安全疏散预案》中的编组程序，如果情况特殊需要更换编组成员，要使用后备力量或日常参加过演练的人员担任，决不允许没有事故现场经验或对事故情况不了解的人员参加疏散工作。

（4）必须保证前方疏散人员与后方指挥员通信联络畅通，如果通信中断、指挥员要立即组织其他人员进入事故现场寻找通信中断的人员。

（5）如果事故现场为毒性气体，进入疏散区域的人员必须配有相应的气体检测仪，夜晚还要配有防爆照明灯。所有疏散人员必须全部在上风方向进入事故现场，严防次生事故的发生。

（6）当发生事故后，参加疏散的人员要掌握大部分人员在事故发生时大致可能逃生的路线，同时根据事故现场毒性气体的种类、数量、毒性气体物理、化学性质及毒害性程度、毒害性气体扩散的方向等，进行安全疏散。

（7）所有参加疏散的人员必须做到令行禁止，一切行动听指挥，一定要杜绝个人英雄主义。

3. 人员逃生、救生设施的配置

根据集输站场事故时站内人员逃生、救生的需要，站场内需设置必要逃生、救生设施，如站场风向标、紧急警报系统、应急广播、应急逃生门、医疗救护装置等。

3.6 油气集输系统安全保护

油气集输系统的安全保护包括集输管道和集输站场的安全保护，以及油气集输系统设计安全保护，油气集输系统投产与运行安全保护，油气集输系统腐蚀防护和 H_2S 毒性的防护等。

3.6.1 油气集输管道安全保护

1. 集输管道的防火、防爆安全保护

集输管道的防火、防爆安全保护主要是防止管道破裂、泄漏、放空不当导致泄漏的

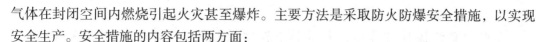

气体在封闭空间内燃烧引起火灾甚至爆炸。主要方法是采取防火防爆安全措施，以实现安全生产。安全措施的内容包括两方面：

（1）管道选材正确并具有足够的强度；

（2）管道同其他建筑物、构筑物、道路、桥梁、公用设施及企业等保持一定的安全距离。管道的强度设计应符合有关规程、规范的规定；管道施工必须保证焊接质量并符合现行标准规范的要求，同时采取强度试压和严密性试压来认定。

2. 集输管道的限压保护和放空

集气管道的限压保护通常由出站管道上安全阀的泄压功能来实现，同时集气管道应有自身系统的截断和放空设施。

集气支管道可在集气站的天然气出站阀之后设置集气支管放空阀；长度超过 1km 的集气支管，应在集气支管与集气干管相连接处设置支管截断阀。

集气干管末端，在进入外输首站或天然气净化厂的进站（厂）截断阀之前，可设置集气干管放空阀，并在该处设置高、低压报警设施，该报警设施一般设在站内，由站内操作人员管理维护。

3.6.2　油气集输站场安全保护

1. 集输站场的防火防爆措施

（1）集输站场的位置及与周围建筑物的距离、集输站场的总图布置等应符合防火规范的规定；

（2）工艺装置和工艺设备所在的建筑物内，应具有良好的通风条件；凡可能有天然气散发的建筑物内应安装可燃气体报警仪。

2. 集输站场的限压保护和放空

通常集气站中的节流阀将全站操作压力分成两个等级。凡有压力变化的系统，在低一级的压力系统应设置超压泄放安全阀。安全阀与系统之间应安装有截断阀，以便检修或拆换安全阀时不影响正常生产。在正常操作时，安全阀之前的截断阀应处于常开状态，并加铅封。

3.6.3　油气集输系统设计安全保护

1. 设计方法中采用的安全保护

（1）获取现场准确基础数据

对具有有毒、有害及腐蚀性气体或成分的油气集输系统，在开发前期必须取全、取准油气井的第一手资料数据，为集输系统设计、施工和投产运行打好基础。

（2）设计必须选用成熟技术，充分考虑施工制造能力

随着科技的不断发展，在工程项目的建设过程中会不断出现各种新工艺、新技术、新设备、新材料，对加快工程建设步伐、降低工程投资、提高工程质量等方面起到了较大的作用。

（3）应用系统优化及仿真技术

在集输系统优化过程中，大量专业软件如 TGNET、TLNET、HYSYS、ProFES-Transient、PIPEPHASE、PIPESIM、OLGA 和 CASER II 等广泛应用于系统的仿真模拟，如：输送工况模拟，开工工况模拟，停工工况模拟，停工再启动工况模拟，放空、排污工况模拟，清管工况模拟，事故工况模拟，应力分析等。设计人员利用这些软件，可以对大型管网的各方案及各种工况进行快速静态和动态仿真计算分析。通过对集输系统各种方案全面仿真模拟，为设计优化提供了手段。

（4）引进系统风险评价技术，提高设计安全性评价水平

在工艺装置的设计安全性评价上，国外一般进行危险与可操作性分析（HAZOP）。HAZOP 分析通常在工艺方案基本确定的情况下实施，该技术在国际上得到广泛的认同。对高危工程来说，开展设计阶段的 HAZOP 分析对提高设计质量、保障工程安全是十分必要的，HAZOP 分析作为一种设计手段，重在分析偏离工况下的安全保护措施，使得设计更为完整，有效降低系统风险。

（5）严格遵循设计程序，遵守安全规范

可行性研究主要是解决建设项目是否可行，为建设项目立项提供依据，可行性研究报告提出后，须报请有关主管部门进行审批，必要时邀请专家咨询和审查，在技术上和经济上提出咨询和审查意见供主管部门参考，最后由主管部门批准或修改后批准。

（6）加强安全设施设计

主要包括内容有：

①区域布置及总平面布置的安全措施；

②设备、管道、仪表等材质的选择；

③防火、防爆的安全措施；

④防毒、防化学伤害的安全措施；

⑤在防机械伤害、物体打击、高处坠落、高温烫伤、噪声、振动、电气伤害、自然灾害等方面采取的安全措施；

⑥人员逃生和救生；

⑦安全预评价报告建议措施采纳情况。

（7）应用标准化设计方法

根据集输系统中井和站场的特定功能和工艺流程，设计一套通用的、标准的、相对稳定的、适用于特定油气田地面建设的指导性和操作性文件。标准化是对工艺流程的进一步优化简化和定型，也是确保安全的有效方法。

2.设计过程中采用的安全保护

设计安全是油气集输系统达到本质安全的前提，即本质安全是通过设计者在设计阶段采取技术措施来消除安全隐患。所以设计是安全源头，只要抓好了源头的安全，就可以达到事半功倍的效果，防患于未然。主要包括以下几方面：总工艺流程安全；集输系统的布局；平面布置安全；设备及管道的材质选择。

3. 油田集输系统装置设计的安全要求

（1）有效地控制化学反应中的超温、超压和爆聚等不正常情况，在设计中应预先分析反应过程中各种动态、特性，并采取相应的控制设施。

（2）能有效地控制和防止火灾爆炸的发生。

（3）从保障整个油气集输系统的安全出发，全面分析原料、成品、加工过程、设备装置等的各种危险因素，以确定安全的工艺路线，选用可靠的设备装置，并设置有效的安全装置及设施。

（4）对使用物料的毒害性进行全面分析，并采取有效的隔离、密闭、遥控及通风排毒等措施，以预防工业中毒和职业病的发生。

3.6.4 油气集输腐蚀安全保护

油气集输系统主要腐蚀性介质有硫化氢、二氧化碳、二氧化硫、醇胺溶液、单质硫、腐蚀性大气等。对安全生产威胁性最大的是硫化物应力腐蚀开裂和醇胺溶液的碱脆腐蚀。

1. 硫化氢腐蚀防护

（1）硫化氢腐蚀原理

硫化氢是弱酸，在水溶液中按下式分步解离：

$$H_2S \Longleftrightarrow H^+ + HS^- \Longleftrightarrow 2H^+ + S^{2-}$$

在硫化氢溶液中，含有 H^+、HS^-、S^{2-} 和 H_2S 分子，它们对钢质管道的腐蚀是氢去极化过程，反应式如下：

阳极反应　　$Fe - 2e^- \longrightarrow Fe^{2+}$

阴极反应　　$2H^+ + 2e^- \longrightarrow [H] + [H] \longrightarrow H_2$

Fe^{2+} 和溶液中的 H_2S 反应式如下：

$$xFe^{2+} + yH_2S \longrightarrow Fe_xS_y + 2yH^+$$

Fe_xS_y 为各种结构的硫化铁的通式，随着溶液中 H_2S 含量及 pH 值的变化，硫化铁组成及结构不相同，其对腐蚀过程的影响也不相同。

（2）H_2S 电化学腐蚀的防护

①注入缓蚀剂；

②使用防腐涂层和衬里；

③应用耐蚀合金和非金属耐蚀材料；

④使含酸性气体（H_2S 和 CO_2）的天然气进入时保持干燥状态。

2. CO_2 腐蚀的防护

（1）选用耐腐蚀合金钢；

（2）选用缓蚀剂；

（3）非金属涂层的保护；

（4）电化学保护；

（5）控制环境因素。

3. 抗硫化物应力腐蚀开裂

（1）选用抗 SSC 的金属材料。控制管道、设备的制作和安装工艺；

（2）控制环境因素；

（3）热处理工艺、冷加工能强烈地影响碳钢和低合金钢的 SSC 敏感性。

4. HIC（氢致开裂）的防护措施

降低钢材从环境中吸收的氢含量和提高钢材产生 HIC 的最低极限氢含量是控制管道钢和容器发生 HIC 的两个有效途径，具体措施如下：

（1）提高热轧板的抗 HIC 性能；

（2）降低从环境中吸收氢的含量；

（3）采用内壁涂层。

5. 碱脆的安全防护

各种醇胺类脱硫溶剂都具有碱性，醇胺在纯溶剂状态时一般都不具有腐蚀性。但醇胺溶于水后，使醇胺解离出大量的 OH^-，使钢铁表面生成 $Fe(OH)_2$ 或 $Fe(OH)_3$ 而被腐蚀。如果钢铁同时存在着一定的应力，则可能发生应力腐蚀开裂，即所谓"碱脆"。

3.6.5　油气集输系统 H_2S 中毒安全保护

1. H_2S 中毒的症状与预防

H_2S 为无色、低浓度时带有臭鸡蛋气味的气体，高浓度时使嗅觉麻痹，故难以凭嗅味强弱来判断其危险浓度。当 H_2S 浓度大于 $1000mg/m^3$，发生"电击样"中毒，几秒内接触者会突然倒下，停止呼吸，此时心脏尚可搏动数分钟。

（1）H_2S 中毒后的主要症状

①轻度中毒：吸入 H_2S 后，可有呼吸道刺激症状，如咽痒、胸部紧迫感、咳嗽，眼灼热和刺痛、流泪等。

②中度中毒：吸入 H_2S 浓度较高时，可引起头痛、眩晕、恶心、呕吐、畏光、眼睑痉挛、流泪，并诉说在光源周围看到有色光环，剧烈而持久地咳嗽。

③重度中毒：发生在吸入高浓度 H_2S 的患者，立即发生头晕、心悸、谵妄、烦躁、抽搐，迅速进入昏迷，出现呼吸和循环衰竭、休克，最后因呼吸中枢麻痹而死亡。

（2）预防 H_2S 中毒的措施

①加强对有 H_2S 气体逸出设备的密闭及局部通风，经常测定车间 H_2S 浓度（可用醋酸铅钠滤纸测定，滤纸变黑色即说明其存在）。

② H_2S 排放之前，应采用净化措施，使之通过碱液回收，含 H_2S 的废水可用氯化钙或硫酸铁和石灰的混合液中和。

③加强个人防护。工人进入 H_2S 工作场所时，应先对环境毒性检测，采取通风置换、戴防毒面具等措施。

2. H_2S 中毒事故特点

（1）夏季高温容易积蓄 H_2S 气体，导致 H_2S 急性中毒事故易发；

（2）H_2S 中毒事故伤亡人数较多；

（3）中小企业 H_2S 中毒事故明显上升；

（4）市政建设的中毒事故所占比例较大；

（5）事故单位不严格遵守《职业病防治法》，无视劳动者健康权益，作业场所环境恶劣，卫生防护设施差甚至无任何卫生防护设施，职业卫生管理制度不落实；

（6）劳动者缺乏健康权益意识和自我保护意识，违规、违章操作造成 H_2S 中毒事故。

3. H_2S 毒性安全保护技术

在含有 H_2S 有毒气体的油气集输系统生产作业时，所有生产作业人员都应该接受 H_2S 防护的培训；来访者和其他非定期派遣人员在进入 H_2S 危险区之前，应接受临时安全教育，并在受过培训的人员陪同下，才允许进入危险区。

H_2S 作业现场应安装 H_2S 报警系统，该系统应能声、光报警，并能确保整个作业区域的人员都能看见和听到。

应在作业现场有可能出现 H_2S 气体的部位安装固定式 H_2S 探测仪，此外还应配备便携式 H_2S 探测器；在作业人员易于看到的地方应安装风向标、风速仪等标志信号。

第四章 油气长输管道安全技术

管道运输是最安全、最经济的油气输送方式，目前油气长输管道已经成为继铁路、公路、海运、民用航空之后的第五大运输行业，我国已初步形成了"北油南运""西油东进""西气东输""川气东送""海气登陆"的油气输送格局。由于油气具有易燃、易爆、有毒等特点，一旦管道输送系统发生泄漏，容易引起火灾、爆炸、中毒、环境污染等恶性事故，特别是在人口稠密的地区，此类事故往往会造成严重的人员伤亡及重大经济损失，同时会带来恶劣的社会影响。因此，保证长输管线的安全平稳运营就是保证了国家经济建设平稳、健康、快速地发展。

4.1 概述

4.1.1 我国油气长输管道的发展

长输管道是指产地、储存库、使用单位之间的用于运输商品介质的管道。根据输送介质的不同可以分为输气管道、输油管道等，其中，输油管道又分为原油输送管道和成品油输送管道。

输气管道指主要用于输送天然气、液化石油气、人工煤气的管道。在长距离运输中，输气管道专指输送天然气介质，在城镇中，输气管道指输送天然气、液化石油气、人工煤气等介质。如今在我国运行的主要有中亚天然气管道、中俄天然气管道和"西气东输"工程。

输油管道指用于运送石油及石油产品的管道，是石油储运行业的主要设施之一，也是原油和石油产品最主要的输送设备，与同属于陆上运输方式的铁路和公路输油相比，管道输油具有运量大、密闭性好、成本低和安全系数高等特点。按照运送的油品分为原油管道与成品油管道。

原油输送管道主要是指输送原油产品的管道，如今在我国运行的主要原油输油管道是中俄原油输送管道、中哈原油输送管道和中缅原油输送管道等。

成品油输送管道是长距离输送成品油的管道，如今在我国有多条成品油输油管道已经在运营中或在建中，主要有：兰成渝成品油输送管道、兰郑长成品油输送管道以及湛江－北海成品油输送管道等。

目前，我国油气长输管道（主要指三大油公司级省网公司建设的产地、储存库、使用单位间用于输送商品介质的管道）总里程已达 $13.6 \times 10^4 km$，其中天然气管道约 $7.26 \times 10^4 km$，原油管道约 $3.09 \times 10^4 km$，成品油管道约 $3.21 \times 10^4 km$，占比分别为 54.9%、23.6%、20.5%。2010 年以来，中国油气能源消费对外依存度不断攀升，为保障国家能源消费，中国石油先后开辟了东北、西北、西南、海上四大油气战略通道。其中，西北通道为中哈原油管道、中亚天然气管道；西南通道为中缅油气管道；东北通道为中俄原油管道一线及二线、中俄东线天然气管道；海上通道主要是从非洲、南美、中东、澳洲通过海上运输将能源送至东部沿海一带（见表 4-1）。

表 4-1　中国油气战略通道 - 跨国管道相关数据

管道名称	设计输送能力	状态
中哈原油管道	$2000 \times 10^4 t/a$	投产
中亚天然气管道 A/B/C	$550 \times 10^8 m^3/a$	投产
中亚天然气管道 D	$300 \times 10^8 m^3/a$	在建
中缅天然气管道	$120 \times 10^8 m^3/a$	投产
中缅原油管道	$2200 \times 10^4 t/a$	投产
中俄原油管道	$1500 \times 10^4 t/a$	投产
中俄原油管道二线	$1500 \times 10^4 t/a$	投产
中俄东线天然气管道	$380 \times 10^8 m^3/a$	投产

4.1.2　油气长输管道危险性分析

1. 储运介质危险有害因素

原油、成品油和天然气属于可燃及易燃性物质，并且原油和成品油具有易挥发的特点，油品蒸气、天然气常常在油气储运设施区域弥漫、扩散或在低洼处聚集，在空气中只要较小的点燃能量就会使其燃烧，具有较大的火灾危险性。油品蒸气和天然气与空气组成的混合气体，当体积分数处于爆炸极限范围内时，一旦被引燃，即可能发生爆炸，且油品与天然气的爆炸范围较宽，爆炸下限体积分数值较低，因此，爆炸危险性也较大。

2. 储运工艺危险有害因素辨识

另外，油品挥发蒸气具有毒害性；油品本身具有热膨胀性、静电荷聚集性；部分含水原油具有沸溢性、挥发性、易扩散、流淌性等有害特性；天然气虽属于低毒性物质，但在高体积分数下容易引起人员窒息。

长输管道不仅距离长、输送压力高、工艺复杂、介质量大，而且输送的介质具有易燃、易爆危险性。在设计、施工、运行管理过程中，可能存在设计不合理、施工质量问题、腐蚀、疲劳、管道水击等因素，会造成输油泵、压缩机、储罐、阀门、仪器仪表、管线等设备设施及连接部位泄漏而引起火灾、爆炸事故。

（1）设计不合理

长输管道系统的设计是确保工程安全的第一步，也是十分重要的一步，设计质量的好坏对工程质量有着直接的影响。设计不合理主要表现在：

①工艺流程、设备布置不合理；

②系统工艺计算不正确；

③管道强度计算不准确；

④材料选材、设备选型不合理；

⑤防腐蚀设计不合理；

⑥管线布置、柔性考虑不周；

⑦结构设计不合理；

⑧防雷、防静电设计缺陷等。

（2）施工质量问题

管道施工质量的好坏不仅与管道的使用寿命、系统运行经济效益息息相关，而且直接关系到管道的运行安全。施工质量问题主要表现在：

①管道施工队伍技术水平低、管理失控；

②强力组装；

③焊接缺陷；

④补口、补伤质量问题；

⑤管沟、管架质量问题；

⑥检验控制问题等。

（3）腐蚀失效

腐蚀失效是在役长输管道主要失效形式之一。腐蚀既有可能大面积管道的壁厚减薄，导致过度变形或爆破，也有可能导致管道穿孔，引发漏油、漏气事故。

（4）管道水击

当带压管道中的阀门突然开启、关闭或泵组因故突然停止工作或泵的输出不稳时，使流体流速急剧变化，造成管道内的压力发生大幅度交替升降，压力变化以一定的速度向上游或下游传播，在边界上发生反射，并伴有液体锤击的声音，这种现象叫水击。水击会引起压力升高，可达管道正常工作压力的几十倍或数百倍。另外，水击还会使管内出现负压。压力的大幅波动，可导致管道系统强烈振动，产生噪声，造成阀门破坏、管件接头破裂、断开，甚至造成管道炸裂等重大事故。

（5）疲劳失效

管道、设备等设施在交变应力作用下发生的破坏现象称为疲劳破坏。所谓交变应力即为因载荷作用而产生随时间周期或无规则变化的应力。交变应力引起的破坏与静应力引起的破坏现象截然不同，即使在交变应力低于材料屈服极限的情况下，经过长时间反复作用，也会发生突然破坏。

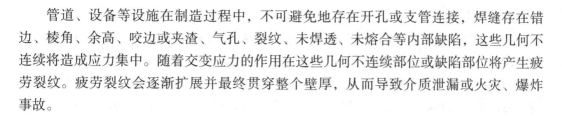

管道、设备等设施在制造过程中，不可避免地存在开孔或支管连接，焊缝存在错边、棱角、余高、咬边或夹渣、气孔、裂纹、未焊透、未熔合等内部缺陷，这些几何不连续将造成应力集中。随着交变应力的作用在这些几何不连续部位或缺陷部位将产生疲劳裂纹。疲劳裂纹会逐渐扩展并最终贯穿整个壁厚，从而导致介质泄漏或火灾、爆炸事故。

4.1.3 油气长输管道事故案例

目前，长输管道已成为世界上主要的油气输送工具，是重要的能源基础设施，具有高压、易燃和易爆的特点，其安全运行事关公共安全和经济安全。石油和天然气运输与国民经济和人民生活息息相关，由于输送介质具有易燃、易爆等特性，且油气管道可能因外部干扰、腐蚀、管材和施工质量等原因发生失效事故，一旦失效，将引发人员伤亡和环境污染等灾难性事故。

1. 美国西弗吉尼亚州天然气管道破裂事故

2012年12月11日下午12时41分许，美国西弗吉尼亚州一条州际埋地天然气管道发生破裂燃烧，扩散面积大约为335.28m×249.936m，其中三间房屋被烧毁，其他几所房屋遭到破坏，未造成人员死亡或严重伤害，造成直接财产损失达868万美元（管道修复花费290万美元，对该管道的改造升级费550万美元，泄漏的天然气为28.5万美元）。该管道SM-80属于哥伦比亚输气公司于1967年铺设并进行压力测试管道的一部分，位于等级为2的高后果区，属于无涂层钢制管道，管材由美国钢铁根据API标准5LX60级制造，直径508mm，壁厚7.1mm，事故发生时，破裂引起点附近的最小实测壁厚为1.98mm（超过70%壁厚损失），工作压力为6.4MPa。

外部腐蚀引起的壁厚严重减薄是SM-80管线失效的主要原因。现场观察发现，破裂的管段包含无防腐的金属裸露区，由于阴极保护作用没有发生外部腐蚀。然而与破裂管段直接接触的土壤是岩石性质，粗岩石回填最容易损坏管道上的外部防腐涂层，并屏蔽断裂附近管道的阴极保护电流致使阴极保护系统失效，致使达2.787m²的管道外表面被严重腐蚀，基于实验室结果和现场破裂区可知：外部保护层损坏，导致水分进入并与管道接触，而且附近管段使用的大块回填岩石屏蔽了流向裸露管道的阴极保护电流，造成管道外表面被腐蚀。

综上可见，导致管道因阴极保护失效而引起管壁严重外腐蚀并未及时发现的原因主要表现在以下方面：一是1988年后没有对该管道进行过检查或测试，导致未能发现腐蚀；二是导致防腐系统不良状况的原因是使用岩石回填管沟；三是导致调度员延迟识别破裂的原因是哥伦比亚输气公司在监控和数据采集系统的警报配置不充足；四是导致隔离破裂延迟的原因是缺乏自动关机或远程控制阀。同时这次事故也暴露出在管道安全管理方面的疏漏，在对SM-80管线的内检测数据评价后，若及时对SM-80管线开展内检测或压力测试，这样可避免在SM-80管线上发生破裂或者减轻破裂位置的严重壁厚损失。

2. 加拿大不列颠哥伦比亚省天然气管道破裂事故

2012 年 6 月 28 日当地时间 23：05，位于加拿大不列颠哥伦比亚省的一条天然气管道发生破裂燃烧事故，造成尼格克里克管道天然气泄漏总量达 $9.55 \times 10^5 m^3$，烧毁区域 $1.6 \times 10^4 m^2$，未发生人员伤亡。该管道是 1960 年按照美国标准协会规范设计建成的，管材 X52，外径 406.4mm，壁厚 6.35mm。事故发生时，管道压力为 6.654MPa，为最大允许运行压力的 96.5%。

事故发生后进行的试验室分析得出：管道破裂是由于已存在的环向裂纹引起沿着管道相连处电阻焊纵向直焊缝的开裂导致的，而环向裂纹产生于管道建设时原电阻焊焊缝。但这次管道破裂是由一连串的事件造成的：首先，管道用低频电阻焊制造，建设时管道公司没有对电阻焊焊管进行无损检测，只是对 10% 的环焊缝随机进行了射线检测。1960 年 11 月，用含硫气进行空气打压试验，试验中发生了几次纵向直焊缝管道连接失效，但没有失效记录，进而增加了在役管道失效风险。在 1986 年至 2004 年期间进行了三次内检测，都未发现缺陷，只是发现了一些外腐蚀并使用外防腐层和阴极保护双重系统进行了修复，已存在的环向裂纹没有被检测到，从而威胁到运行期的管道完整性。事发当日，由于麦克马洪工厂临时关闭而导致含硫气累积骤使压力由 4100kPa 增加到 6656kPa，进而引发电阻焊焊管纵向直焊缝的开裂。其次，管道公司的管道完整性管理程序存在问题，没有明确说明是否包括裂纹或类裂纹缺陷的监测程序或周期性的水压试验程序，而仅仅包括对开挖管道进行表面检测的要求，这成了直接威胁管道完整性的重要潜在危害。最后，由于其他事件相关输入和警报的影响，破裂后发出的警报没有及时得到响应，从而增加了应急响应被延误的风险。

3. 青岛 "11·22" 输油管道爆炸事故

2013 年 11 月 22 日，位于青岛市黄岛区的东营至黄岛输油管道发生泄漏爆炸事故，事故发生后斋堂岛约 1000m² 路面被原油污染，部分原油流入胶州湾，面积达 3000m²，造成 62 人死亡、136 人受伤，直接经济损失 7.5 亿元。事发时，管道输送的原油为埃斯坡、罕戈 1：1 混合油，油品密度 0.86t/m³，饱和蒸气压 13.1kPa，油品中油气爆炸极限 1.76%~8.55%，闭口闪点 −16℃。管道输送原油的出站温度 27.8℃，出站压力 4.67MPa。

事故分析报告指出：事故主要原因是输油管道与排水暗渠交汇处管道因腐蚀引起管壁减薄破裂发生原油泄漏，泄漏的原油流入排水暗渠并反冲到路面，现场处置人员采用液压破碎锤在暗渠盖板上打孔破碎，产生撞击火花，引发暗渠内油气爆炸。同时，此次事故并非仅此原因造成，是多种因素综合导致的结果，其中包括应急处置不力、城市化建设不合理、管道与暗渠交叉、管道腐蚀严重、检测方法受限腐蚀点未被检测到、油品进入暗渠形成爆炸体未及时识别等多个因素，其中最重要的是管道运营商安全生产主体责任不落实，隐患排查治理不彻底，如果其中任何一个因素得到控制，都可以避免此次事故的发生（海因里希法则）。

通过对 "11·22" 事故的分析，在人口密集区进行管道泄漏抢修时，应特别重视以下几方面工作：一是对事故进行全面风险识别，首先弄清楚泄漏点的地下、地上及空中的情况；二是告知当地政府并及时疏散人群；三是对事故区域进行管控，防止发生次生灾害；四是做好全过程的可燃气体检测，确保人员和设备本质安全；五是确定影响范围；六是在抢险过程中，在对暗涵情况不清楚时，不能盲目作业；七是加强维抢修人员技能培训，提高安全防范意识。

4. 不法分子打孔盗油

近年来，由于管道建设所用的设备、材料及施工技术已接近国际水平，操作管理水平也有很大提高。这些因素使设备设施故障、腐蚀、误操作、施工缺陷、疲劳等原因造成的事故大幅度下降，而外力或人为破坏因素所造成的事故有所增加。打孔盗油对管道的危害首当其冲，石油长输管线已是名副其实的"千疮百孔"。打孔盗油造成的破坏作用，不仅给国民经济带来了损失，而且还大大降低了管线的运行寿命；打孔盗油造成的原油泄漏事故，不仅存在火灾爆炸的安全隐患，而且还会造成严重的环境污染，表4-2列出了中国石化管道储运分公司2006年不法分子打孔盗油导致的各种经济损失。

据统计，2002~2009年间，中国石化共遭受打孔盗油1.98万次，累计泄漏油4.7万t；油田发生开井盗油1.21万次，累计泄漏油2.1万t，造成可计经济损失5.3亿元。这不但会导致管道长时间停输或凝管报废，上游关井停产，下游炼厂减产以及成品油、天然气供应中断，而且还会因油品外泄造成环境灾难。

表 4-2　打孔盗油导致的经济损失

时间/月	管道打孔盗油及损失情况				
	打孔盗油数/次	泄漏原油（估算）/t	管道停输/h	直接经济损失/万元	间接经济损失/万元
1	152	127.45	299.29	356.62	612
2	95	96.5	191.37	227.45	353.5
3	90	99.3	169.13	225.64	325
4	102	88.01	208.2	237.87	400.5
5	112	174	210.7	287.27	405.5
6	84	50	190	193.72	297
7	111	124.5	190.79	267.6	375
8	98	384	331.23	293.19	383.5
9	95	13	177.79	210.76	312.5
10	102	129	179.31	257.54	317
11	87	27	179.07	215.52	348
12	68	25	150.92	152.22	283.5
合计	1196	1337.76	2477.8	2925.4	4413

4.2 油气长输管道的腐蚀与防护

4.2.1 油气长输管道的腐蚀失效

腐蚀失效是在役油气长输管道主要失效形式之一。腐蚀既有可能大面积减薄管的壁厚，导致过度变形或爆破，也有可能导致管道穿孔，引发漏油、漏气事故。由于腐蚀而造成的储运设施事故，不仅浪费了宝贵的石油资源，而且污染了环境，严重时会对人民生命安全造成威胁。

油气长输管道一般埋地敷设，埋地的金属管道受所处环境的土壤类型、土壤电阻率、土壤含水量（湿度）、pH 值、硫化物含量、氧化还原电位、微生物、杂散电流及干扰电流等因素的影响，会造成管道电化学腐蚀、化学腐蚀、微生物腐蚀、应力腐蚀和干扰腐蚀等。

1. 电化学腐蚀

金属管道在电解质中，由于各部位电位不同，在电子交换过程中产生电流，作为阳极的金属会被逐渐溶解，这种现象称为电化学腐蚀。通常金属管道的腐蚀主要是电化学腐蚀作用的结果。在潮湿的空气或土壤中，或天然气等介质含水较多时，管道表面会吸附一层薄薄的水膜，由于外界酸碱环境的变化，管道会发生吸氧或析氢腐蚀。

当水膜基本为中性时，钢铁与吸附在管道表面溶有氧气的水膜构成原电池，吸收氧气。

负极 $Fe-2e=Fe^{2+}$ （钢铁溶解）

正极 $2H_2O+O_2+4e=4OH^-$ （吸收氧气）

当水膜为酸性时，钢铁与吸附在管道表面溶有 CO_2 等的水膜构成原电池，析出氢气。

负极 $Fe-2e=Fe^{2+}$ （钢铁溶解）

正极 $2H^++2e=H_2$ （析出氢气）

电化学腐蚀产物为 $Fe(OH)_3$ 和 $Fe_2(OH)_3$ 混合物，在管壁上形成瘤状铁锈。如果除去表面铁锈，则可见表面形态为一个个腐蚀凹坑。

2. 化学腐蚀

金属管道除电化学腐蚀外，还有化学腐蚀，即金属与接触到的化学物质直接发生化学反应而引起腐蚀。这一类腐蚀的化学反应较为简单，仅仅是铁与氧化剂之间的氧化还原反应，腐蚀过程没有电流产生。在一般情况下，电化学腐蚀和化学腐蚀往往同时发生，但化学腐蚀对管道外壁的腐蚀作用比电化学腐蚀小。

3. 微生物腐蚀

直接参与金属管道腐蚀的微生物主要有参与自然界硫、铁和氮循环的微生物。参与硫循环的有硫氧化细菌和硫酸盐还原细菌；参与铁循环的有铁氧化细菌和铁细菌；参与氮循环的有硝化细菌和反硝化细菌等。微生物腐蚀的机理为氧浓差电池腐蚀和代谢产物腐蚀。

（1）由于细菌在管壁表面形成菌落，消耗了周围环境中的氧，加上细菌尸体所吸附的无机盐，沉积物覆盖了局部表面，造成管壁表面氧浓度成梯度分布。这样就使管道表面形成了电位差，即氧浓差腐蚀电池。另外由于原电池腐蚀，阳极区释放的亚铁离子能为铁细菌提供能源，因而吸引了铁细菌在阳极区聚集。一方面加速亚铁氧化成高铁，促进阳极去极化过程；另一方面，细菌在钢铁管壁表面形成结瘤，又促进形成氧浓差腐蚀电池的过程。

（2）微生物的生命活动过程中产生的一些腐蚀代谢产物，如硫酸还原菌的代谢产物，不仅可促进阳极去极化作用，使腐蚀不断进行，而且其电位比铁还低，又形成了新的腐蚀电池。又如氧化硫杆菌在代谢过程中能产生 10%~20% 浓度的硫酸，从而强烈腐蚀管道。此外一些真菌，还能产生有机酸、氨等，腐蚀金属管道。

4. 应力腐蚀

应力腐蚀开裂（SCC）是指金属及其合金在拉应力和特定介质的共同作用下引起的腐蚀开裂。这种开裂往往是突发性、灾难性的，会引起爆炸、火灾等事故，因而是危害最大的腐蚀形式之一，埋地油气长输管道的应力腐蚀形式主要有：管道内硫化物引起的 SCC、管道外壁高 pH 碱性土壤中的 SCC 和管道外壁近中性土壤中的 SCC 等。它们的共同特点是必须同时具备 3 个条件，即腐蚀环境、敏感的管材和拉应力的存在。管道的应力腐蚀还会受到其他外界应力的影响，这些应力主要包含土壤应力、成型残余应力、膨胀应力等。

（1）土壤应力

在应力腐蚀的诸多破坏因素中，最具破坏性的是土壤应力。由于管道运行条件（如压力、温度）及土壤结构变化（如回填、压实、干湿交替、冻融循环、土壤塌陷、滑坡、沉降、倾斜运动及地震等）所引起的管道与环境土壤之间的相对运动，是形成土壤应力的基本原因。土壤应力以剪切应力形式作用于管道外防腐层，导致涂层脱黏或干裂。

（2）成型残余应力

有机材料的一个重要固有特性是其由液态向固态成型过程中会产生体积收缩。当其作为管道外防腐层使用时，受界面黏附力或急冷影响，其体积收缩受阻，形成界面间及涂料层材质内成型残余应力。该应力不仅会降低界面黏接强度，而且受环境因素（如温度、湿度、压力）变化激发，将促进涂层体内微裂纹、界面孔隙等缺陷的扩展，为介质渗透提供条件。

（3）膨胀应力

对管道外防腐层形成膨胀应力的原因主要有二，一是植物根须穿入涂层后，因其生长变粗而形成膨胀应力；二是介质渗透到金属界面后形成底蚀，其腐蚀产物形成膨胀应力。

5. 电流干扰腐蚀

大地中流动的杂散电流或干扰电流对油气长输管道将产生腐蚀，称为电流腐蚀，可分为直流杂散电流腐蚀和交流杂散电流腐蚀两种。

（1）直流电流干扰腐蚀

直流杂散电流腐蚀原理与电解腐蚀类似。直流杂散电流主要来自直流的接地系统，如直流电气轨道、直流供电所接地极、电解电镀设备的接地及直流电焊设备系统等。埋地钢质管道因直流杂散电流或干扰电流造成的腐蚀与一般的宏电池腐蚀一样，具有局部腐蚀的特征，而造成管道腐蚀破坏的原理属电解原理，即在杂散或干扰的电解池中，管道作为阳极，起氧化反应，失去电子，受到腐蚀。

（2）交流电流干扰腐蚀

交流杂散电流主要来自高压输电线路等，其对埋地管道产生电场作用、磁场作用和地电场作用，由于管道防腐层存在漏敷点及其他缺陷，必然造成交流干扰电流进入而出现交流电流干扰腐蚀。一般而言，交流电流造成的干扰腐蚀仅相当于直流电流造成的干扰腐蚀的1%，但其腐蚀孔深可达直流干扰腐蚀孔深的79%。因此，对其腐蚀的集中性和严重性应充分重视。

6. 外防腐层失效

外防腐层与钢制管道的界面黏接状态是保证金属管道长周期安全运行的重要因素。界面黏接状态与表面处理质量（形成活性金属表面）、外防腐层材料分子结构中活性基种类（与金属活性表面形成化学键、物理键的能力）、外防腐层抗介质渗透能力（抑制介质渗到界面的时间）、成型残余应力大小（提高界面黏接强度）以及外防腐层施工质量等有关。

外防腐层失效的物理原因有多石土壤的冲击破坏，动物啃咬破坏，杂散电流引起的阴极区域剥离破坏，运输、吊运、安装中的碰撞、磨损破坏等。

外防腐层失效的化学原因主要有土壤污染、生物降解和材料老化等。

（1）土壤污染

包括泄漏、排污等人为因素造成的污染和土壤酸化、盐碱化等自然界因素造成的污染。土壤中的化学品及烃类物质等对有机涂料具有化学作用，促使涂层化学腐蚀失效。

（2）生物降解

土壤中的微生物，如喜氧菌、厌氧菌形成黏泥菌，产生酸性菌、硫酸盐还原菌、铁细菌等，对有机涂层都具有微生物降解作用。

（3）材料老化

有机材料老化是其固有特性之一，当其作为管道外防腐层使用时，受环境作用（如干湿交替、冻熔循环、土壤载荷、生物降解等）影响，老化进程会加快。

综上所述，管道外防腐层在其材料选择、防腐蚀设计、成型工艺技术选择中，应首先考虑其抗物理腐蚀失效性，兼顾化学腐蚀失效性。

4.2.2　油气长输管道的腐蚀防护

腐蚀是影响系统使用寿命和可靠性的关键因素，是造成油气管道事故的主要原因之一。油气管道，特别是大口径、长距离、高压力油气管道的用钢量及投资巨大，因腐蚀引起泄漏、管线破裂等事故不但损失重大、抢修困难，而且还可能引起火灾爆炸及环境污染。因此，必须针对管道可能出现的腐蚀危害，采取可靠的保护措施。

钢质管道的腐蚀防护方法主要有涂层保护、电化学保护、杂散电流排流保护等。由于管道所处的环境及腐蚀的种类差异，需要根据具体情况采取某种措施或几种措施联合使用。

（1）涂层保护

涂层保护是在金属表面覆以防腐绝缘层，使金属与腐蚀环境隔离，无法构成金属电化学腐蚀条件，从而达到保护目的。

埋地钢质管道所使用的防腐覆盖层主要有石油沥青、煤焦油瓷漆、聚乙烯胶黏带、熔结环氧粉末及复合覆盖层等。好的防腐层具有良好的热稳定性、化学稳定性、生物稳定性及机械强度高、电阻值高、渗透性低等特点。防腐层性能越优良，在保证良好的安装条件和后期管理的前提下，油气管道的防腐情况就越好，使用寿命就越长。

石油沥青防腐层在大多数干燥地带使用良好。煤焦油瓷漆具有较好的抗细菌腐蚀和抗植物根茎穿透能力，施工工艺也较成熟，应用较广。聚乙烯胶黏带具有较好的防腐性、价格便宜，施工工艺方便，质量容易控制。熔结环氧粉末涂层具有较好的黏结力、防腐性及较好的耐温性，因其黏结力强、抗阴极剥离性良好，故能很好地与阴极保护相配合。

常用防护涂料的种类和品种相当多，工程中应根据不同的使用环境、性能和要求，同时考虑涂层寿命、价格、施工条件、环保等因素进行选择。

（2）电化学保护

电化学保护分为阳极保护和阴极保护。

①阳极保护

阳极保护是使被保护金属处于稳定的钝性状态的一种防护方法，可通过外加电源进行极化或添加氧化剂的方法达到防护目的。阳极保护方法要求金属管道在所处腐蚀环境中具有钝化性，仅适用于强酸、强碱腐蚀环境的容器和管道上。

②阴极保护

阴极保护是一种借助外加电源对管道施加电流，使管道成为阴极，从而得到保护的方法。根据提供电流的方式不同，对埋地管线的阴极保护通常有外加电流法、牺牲阳极法两种保护方法。

a）外加电流法

外加电流法是利用外部直流电，通过辅助电极向被保护体施加电流，使被保护体成为电化学反应阴极的阴极保护方法。图4-1所示为外加电流法原理图。

牺牲阳极法是利用活泼的合金与被保护体连接，向被保护体提供电流，使被保护体成为电化学反应阴极的阴极保护方法。图4-2所示为牺牲阳极法原理图。

对于一般的埋地段管线可采用外加电流法的阴极保护，而对于穿越铁路、公路、河流或江河等带有外套管的管道，由于金属套管的屏蔽作用而不宜采用外加电流法时，可

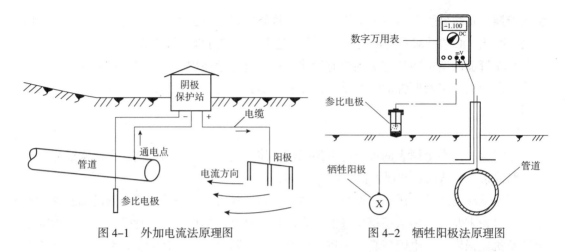

图 4-1　外加电流法原理图　　　图 4-2　牺牲阳极法原理图

采用镁或镁合金、锌或锌合金作阳极的牺牲阳极保护。管道阴极保护方法的优缺点比较见表 4-3。

表 4-3　阴极保护方法的优缺点比较

方法	优点	缺点
外加电流法	单站保护范围大，因此，管道越长相对投资比例越小； 驱动电位高，能够灵活控制阴极保护电流的大小； 不受土壤电阻率限制，在恶劣的腐蚀条件下也能使用； 采用难溶阳极材料，可做长期的阴极保护	一次性投资费用比较高； 需要外部电源； 对邻近的地下金属构筑物干扰大； 维护管理较复杂
牺牲阳极法	保护电流的利用率较高，不会过保护； 适用于无电源地区和小规模分散的对象； 对邻近地下金属构筑物几乎无干扰； 施工技术简单； 安装及维修费用小； 接地、防腐兼顾	驱动电位低，保护电流调节困难； 使用范围受土壤电阻率的限制，对于大口径裸管或防腐涂层质量不良的管道，由于费用高，一般不宜采用； 在杂散电流干扰强烈地区，丧失保护作用； 投产调试工作较复杂

外加电流阴极保护方式需要建立由电源设备和站外设施两部分组成的阴极保护站。其中电源设备是外加电流阴极保护站的"心脏"，它由提供保护电流的直流设备及其附属设施（如交、直流配电系统）构成。站外设施包括汇流点装置、阳极地床、架空阳极线路或埋地电缆、测试桩、绝缘法兰、均压线等构成，站外设施是阴极保护站不可缺少的组成部分。

阳极地床又称辅助阳极，是外加电流阴极保护中的重要组成部分。阳极地床的用途是通过它把保护电流送入土壤，再经土壤流入管道，使管道表面进行阴极极化而防止腐蚀。阳极地床在保护管道免遭土壤腐蚀的过程中自身会遭受腐蚀破坏，因此阳极地床代替管道承受了腐蚀。

阳极地床与管道的距离决定了保护电位分布的均匀程度。阳极地床与管道的距离越远，电位分布就越均匀。一般认为，长输管道阳极地床与管道通电点的距离在 300~500m 较为适宜，在管道较短或管道密集的地区，采用 50~300m 的距离较为适宜。

采用阴极保护的长输管道，保护效果的好坏主要取决于管道沿线防腐绝缘层质量、土壤腐蚀性能、阴极保护参数等因素。油气长输管道和油气田外输管道必须采用阴极保护；油气田内的集输干线管道应采用阴极保护；其他管道和储罐宜采用阴极保护并且阴极保护系统应有检查和监测设施。阴极保护工程应与主体工程同时勘察、设计、施工，并应在管道埋地6个月内投入运行。长输管道的阴极保护是防止管道腐蚀的重要措施，在国内的管道防护中得到了广泛应用。

（3）杂散电流排流保护

杂散电流是指在土壤介质中存在的一种大小、方向都不固定的电流，管道受到的杂散电流腐蚀是由于外界的杂散电流使处于电解质溶液中的金属发生电解而造成的腐蚀。其腐蚀来源有两种，一种是直流杂散电流腐蚀来源：直流电气化铁路、地下电缆漏电、电解电镀车间、直流电焊机等。另一种是交流杂散电流腐蚀来源：高压交流输电线路、交流电气化铁路供电线路等。杂散电流虽然会引起管道的腐蚀，但利用杂散电流也可以对管道实施阴极保护，即排流保护。通常的排流保护有以下三种：

①直接排流保护：当杂散电流的极性稳定时（直流干扰），管道接干扰源的负极，在排流的同时管道得到保护。

②极性排流保护：当杂散电流的极性正负交变时（交流干扰），通过串入二极管将杂散电流正向排回干扰源，保留负向电流作阴极保护。

③强制排流：在没有杂散电流时通过电源、整流器供给管道保护电流，当有杂散电流存在时，利用排流进行保护。

4.2.3 油气长输管道腐蚀检测（监测）技术

1. 油气长输管道的腐蚀检测

适时对埋地管线进行在线检测和现状评价，全面而系统地了解管道外防腐层和金属管道腐蚀的状况，可以为管线防腐层大修整治、管道维修、调整和改进管道的防腐措施等提供决策依据，从而确保减少腐蚀，延长管线的使用寿命，确保管道安全运行。

油气长输管道的腐蚀检测工作内容包括以下几方面：

①检测内涂敷层、外包覆层是否老化、失效或者破损。

②检测并评价管道腐蚀或疲劳损伤状况（定性或定量）。

③确定管道安全运行故障和隐患的空间位置，包括防腐层剥离、老化、破损失效部位，管道腐蚀或疲劳损伤段（点），管道缺陷，以及堵塞、泄漏等运行故障等。

2. 外防腐层检测

埋地管线防腐层由于诸多因素引起劣化，出现老化、发脆、剥离、脱落，最终会导致管道腐蚀穿孔，引起泄漏。防腐层劣化也同样影响阴极保护效能，因为防腐层劣化后，管道与大地绝缘性能降低，保护电流散失，保护距离缩短，使得不到保护的管线腐蚀速度加剧。因此，对地下管道防腐层状况定期评估，并有计划地进行检漏和补漏是预防和避免因防腐层劣化而引发管线腐蚀的重要手段。

（1）防腐层开挖检测

防腐层开挖检测是最直接的检测手段，可以对防腐层性能和管道腐蚀状况同时进行检查。一般的定期抽样开挖检查，通常选择在易发生腐蚀的部位或者怀疑发生腐蚀的部位。挖开后，首先检查防腐层有无气泡、吸水、破损、剥离等现象，测量防腐层厚度，用电火花仪检测漏点分布情况；继而检查管道金属腐蚀状况，观察是否有蚀坑、应力裂纹等腐蚀现象，用测厚仪测量管壁剩余厚度并做出定性描述和量化记录；必要时现场取样送实验室按规定要求进行分析。开挖检测的缺点是评价准确性受采样率的限制，评价难以全面，而且往往成本较高，尤其是在城镇、工矿、厂区等建（构）筑物密集地段难以实施，还常常造成"挖了易腐，越挖越腐"的不良后果。因此，物理检测方法正逐步得到应用。

（2）防腐层物理检测

近年来，国内许多油气田和城市燃气公司采用管道外防腐层检测仪，对埋地管线的外防腐层完好情况进行在线检测，即采用物理检测方法对防腐层进行检测。应用较为广泛的检测技术包括标准管地电位法（简称 P/S 法）、Pearson 法、多频管中电流法（简称 PCM 法）、密间隔电位法（简称 CIPS 法）、直流电位梯度法（简称 DCVG 法）等。

①标准管地电位法（P/S 法）。标准管地电位法是采用万用表电压挡测试 $Cu/CuSO_4$ 参比电极与金属管道表面上某一点之间的电位，用以比较保护电位和自然电位及当前电位和以往电位，从而间接判断涂层状况及阴极保护效果的有效性。由于该方法快速、简单，因此广泛应用于管道涂层及阴极保护日常管理及监测中。其特点是在阴极保护系统运行状态下，沿管道测量测试桩处的管地电位（见图 4-3）。

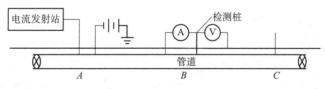

图 4-3 P/S 法工作原理示意图

这种方法无须开挖管道，可直接在每个测试桩上方便地得到电位。但测试数据受许多因素的制约，检测结果会存在一定偏差；阴极保护屏蔽时检测不出准确结果，而被屏蔽的管道常常易于产生局部腐蚀或坑蚀；由于测试桩每 1km 左右设置一个，不能对防腐层状况作连续的检测，防腐层破损点有可能被漏检；计算的防腐层电阻只是平均值，因此不能确定防腐层缺陷大小及精确位置。

② Pearson 法。该方法是通过发射机向管道施加一个交变电流信号（1000Hz），该信号沿管道传播。当管道防腐层存在缺陷时，就会在破损点的周围形成一个交变电场。滤波接收机接收到泄漏点的信号，通过接收信号的强弱来判断防腐层的破损点（见图 4-4）。

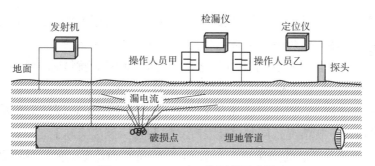

图 4-4　Pearson 法工作原理示意图

该方法在检测过程中不需要阴极保护电流，不受阴极保护系统的影响，能定性判定破损点大小，能检测到微小漏点，检测速度快，在长输管道检测与运行维护中的使用效果较好。但该方法不能指示缺陷的严重程度、腐蚀保护效率和涂层剥离状况，易受外界电磁干扰，常给出不存在的缺陷信息，另外在水泥或沥青地面存在接地难的问题。

③多频管中电流法（PCM 法）。PCM 法是以管内电流衰减法为基础，用专用检测仪完成的改进型防腐层检测方法。其操作简单、定位判断准确、适用性强，在工程上已得到普遍应用，并取得了较好的检测效果。

PCM 系统由 1 台发射仪、多个接收器、A 字架（见图 4-6）及地极构成。检测时，将发射机的一端与管道连接，一端与大地连接，通过大功率发射机向管道发射一特定频率的激励信号，激励信号自发射点开始沿管道向两端传输，管道中的电流强度将随着管道距离的增加而衰减，用便携式接收机在管道上方能检测该特定信号（见图 4-5）。

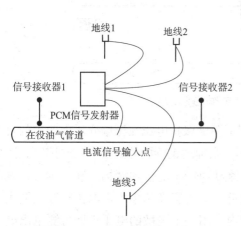

图 4-5　PCM 法工作原理示意图

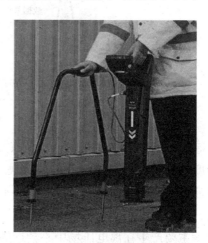

图 4-6　A 字架

当管道防腐层性能均匀时，管道中的电流强度与距离呈线性关系，其电流衰减率取决于防腐层的绝缘电阻。根据电流衰减的大小变化可评价防腐层的绝缘质量。对于同一条管线，电流衰减率越小，防腐层绝缘性越好。若存在电流的异常衰减段，则可认为存在电流泄漏点或管道分支点，经过分析可判断防腐层绝缘性能是否下降或破损部位，再使用 A 字架检测地表电位梯度，可精确定位防腐层破损点。

PCM 法是一种埋地管线防腐层非接触式检测技术，适用范围广，准确率高，适用于不同管径、不同钢制材料、不同防腐绝缘材料及不同环境的石油、天然气、煤气等埋地管线防腐层的检测。但 PCM 法对外加电流干扰、大地磁场干扰敏感，或有其他管道交叉敷设时，易出现盲区，造成检测结果不准确，或难以判断。

④密间隔电位法（CIPS 法）。密间隔电位测量法主要用来评估管道沿线阴极保护状态与受杂散电流干扰情况，同时也能发现涂层漏点。该法实际上是对标准管地电位法的一种改进，由一个灵敏的毫伏级电压表和一个 $Cu/CuSO_4$ 半电池探杖以及一个尾线轮组成。

测量时，在阴极保护电源输出线上串接断流器，断流器以一定的周期断开或接通阴极保护电流。测量从一个阴极保护测试桩开始，将尾线接在桩上，与管道连通，操作员手持探杖，沿管顶每隔 1~5m 测量一个点，记录每一个点在通电和断电情况下的电位。经数据处理后得到相应的通、断电位检测曲线，分析曲线即可确定阴极保护效果的有效性，并找出防腐层缺陷位置，估计缺陷大小（见图 4-7）。

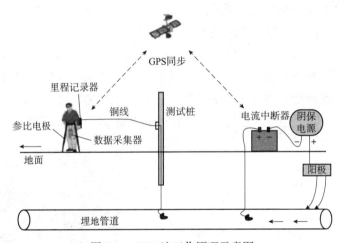

图 4-7　CIPS 法工作原理示意图

⑤直流电位梯度法（DCVG）。该方法测量阴极保护电流在土壤介质中产生的直流电位梯度 IR，并根据 IR 来计算防腐层缺陷大小。当埋地钢管的防腐层存在缺陷时，阴极保护电流通过土壤流向缺陷处，电流在土壤中流动而产生电位梯度场。缺陷越大，电流就越大，产生的电位梯度就越大。距离缺陷越近，电流密度越集中，电位梯度也越大。电位梯度主要产生在离电压场中心较近的区域内，用一个灵敏的电压表即可测量出电位梯度的存在，根据其大小和方向可以精确定位缺陷（见图 4-8）。

DCVG 法是最准确的防腐层缺陷定位技术之一，主要有以下特点：

a）可以在任何地带使用，如管道密集地带、建筑群密集地带、丘陵山区、沙漠等；

b）不受交流电、直流杂散电流的干扰；

c）无须专用发射器，也无须远距离传感器，可由一个人携带并完成检测；

d）缺陷检出率高，缺陷定位误差为 ±15cm，定位精确度高；

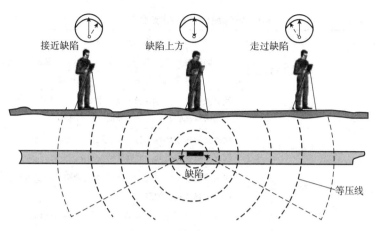

图 4-8　DCVG 法工作原理示意图

e）可判断缺陷面积大小以及破损点管道是否发生腐蚀，误检率低；

f）可检测到防腐层剥离位置；

g）可检测出同沟敷设或相互连接几条管道中的管道泄漏。

但是，该方法不能直接给出破损点处的管地电位；对无阴极保护的管道无法检测；检测数据处理需要大量原始数据支持；*IR* 梯度受许多因素影响，因此，仍有可能造成误判。

⑥变频 – 选频法。变频 – 选频法是向地下金属防腐管道施加一个电信号，通过测量电信号的传输衰耗求出管道防腐层的绝缘电阻值，可用于连续管道中任意长管段绝缘电阻的测量，适用于油气长输管道防腐层质量检测，在阴极保护设计、保护效果评估等方面也是一项实用技术。

计算管道防腐层绝缘电阻需要有金属管道外半径、壁厚、绝缘防腐层厚度和土壤电阻率等参数，以及通过查表可以得到的金属管材电导率、金属管材相对导磁率、绝缘材料介电常数、绝缘材料损耗角正切以及土壤介电常数等参数，计算复杂，通常要用专门软件完成。

⑦电火花检测法。电火花检测法适合于新建油气管道防腐层施工质量的检查和开挖后管道防腐层的漏点检测。其检测原理是利用电火花检测仪器对各种导电基体防腐层表面施加一定量的脉冲高压，当防腐层有质量问题（如针孔、气泡和裂纹）时，脉冲高压经过就会形成气隙击穿而产生火花放电，同时给报警电路送去一脉冲信号，使报警器报警，从而达到检测防腐层的目的。由于是用蓄电池供电，故电火花检测法特别适用于野外作业。该仪器可广泛用于化工、石油行业，是用来检测防腐涂层质量的必备工具。

目前，埋地管道的外检测主要采用不开挖的无损检测技术，以及时了解管道运行的防腐蚀状态，为后面的开挖检测和维修提供依据。常用方法见表 4-4。

表 4-4　管道腐蚀外检测技术比较

检测技术名称	检测内容	检测技术优缺点	精度 /mm
Pearson 法	防腐蚀层破损点	可检测防腐蚀层破损点和金属物体，不能检测破损程度及是否剥离，易受外界电流干扰，检测速度慢	±0.5
直流电位梯度法（DCVG 法）	防腐蚀层缺陷	可计算防腐蚀层大小，抗外界干扰能力强，操作简单，准确。无法检测防腐蚀层是否剥离，检测速度慢	±0.5
多频管中电流法（PCM 法）	防腐蚀层老化	可检测防腐蚀层绝缘性能、管道走向、埋深、功能多，有干扰或土壤电阻率高，准确度低	
标准管地电位法（P/S 法）	阴极保护效率	可快速检测阴极保护效果，不能确定缺陷大小及位置，无法检测防腐层是否剥离	±1.0
密间隔电位法（CIPS 法）	防腐蚀层缺陷和阴极保护效率	可确定防腐蚀层缺陷的位置、大小，并确定破损程度，可检测阴极保护效果，易受外界电流干扰，检测速度慢	±0.5

几种检测技术各有其局限性，为减小单一检测技术的不足，可将几种方法联合使用，优势互补，对防腐蚀层综合状况进行全面检测。

（3）防腐层检修

采用外防腐层检测时，一旦发现异常，应开挖加以确认，在管道检测中发现防腐层缺陷时，要及时进行修补，使其恢复完好状况，修复方法有：

①防腐层更新和管体补强：防腐层老化和局部管体腐蚀时，应及时进行防腐层更新和管体补强。

②换管处理：对管体腐蚀严重、腐蚀面积较大的要进行换管处理。

③管道防腐层大修：如果经过多次检漏，其阴极保护电流逐年上升，保护电位坡降≥0.05V/km 时；或者采用挖测坑的方法做直观检查，防腐层普遍老化、黏结不好、沥青焦化、脆裂、断口无光泽，玻璃布失去拉力和韧性时，表明管道防腐层大面积腐蚀严重，需要进行大修。

3. 内腐蚀检测

油气管道发生全面腐蚀后，表现为整个壁厚减薄，这种减薄可能是均匀的，也可能是非均匀的。当发生局部腐蚀时，管壁局部出现凹坑，壁厚减薄。局部腐蚀常常会造成管道穿孔泄漏。

管道内腐蚀检测是应用各种检测设备，真实地检测和记录包括管道的基本尺寸（壁厚及管径）、管道平直度、管道内外腐蚀状况（腐蚀区大小形状、深度及发生部位）、焊缝缺陷以及裂纹等情况。检测所获取的管道内表面质量的平面及二维信息是指导管道运行、制定管道使用维护决策的重要依据。

管道内腐蚀检测技术主要有光学原理基础上无损检测技术、射线检测技术、脉冲涡流检测技术、漏磁通检测技术、超声波检测技术等。其中，广泛应用的管道腐蚀检测方法是漏磁通检测技术和超声波检测技术。

（1）光学原理基础上的无损检测技术

电子散斑干涉无损检测是目前研究最多的一种光学无损检测技术。该技术原理是静载荷或动载荷会使物体结构损伤处的外表面产生非均匀的表面位移或变形，从而在原来有规则的干涉条纹中会出现明显的如不连续、突变的形状变化和间距变化等异状；通过对这些微小的变化进行测算，就可以对物体内部缺陷及其位置进行确定。

该技术可快速对管道进行无接触的远距离探测，并且大面积检测，该检测直观、安全无毒、无射线危害，结果容易判断管道表面内部的缺陷，根据波纹可实时或瞬时观察缺陷变化情况，精度高、灵敏度高。但是实际应用中也具有一定的局限性，不易探测物体深层缺陷，对专业人员的知识诉求高且具有很强的专业性，对物体表面有一定要求，另外一般需要应力干扰。

（2）射线检测技术

射线检测技术的机理是检测 X 射线、γ 射线等射线穿透物体过程中在工件各部位衰减后的射线强度，根据测试结果判断管道内壁是否存在缺陷。该技术的优点是可以永久性记录，具有较为直观的结果、广泛的辐照范围。但是该技术也存在缺点，就是检测用设备复杂，导致检测成本较高，由于检测的物体容易造成透射不完全，会对工作人员产生射线危害，同时也会对周围环境产生辐射污染，而且难以检测出垂直于射线的缺陷。

（3）脉冲涡流检测技术

近年来，使用脉冲涡流技术进行远场壁厚检测被不断尝试且取得了一定的成绩。脉冲涡流检测技术的基本原理是探头线圈发送脉冲磁场，脉冲磁场可以穿透探头和被测试件之间的任何非磁性材料（如绝缘材料）。脉冲磁场的变化会在被测试件的表面产生涡电流。涡流电流的传播与被测试件的材料组成、性能和壁厚有关。

脉冲涡流检测技术与一般地涡流技术相比，能激发出脉冲涡流。脉冲涡流信号的频谱更宽，可以满足信号穿透保温层、防腐层和壁厚的要求。脉冲涡流传感器对表面缺陷和深层缺陷均可检测，不受趋肤效应影响，具有更高的检测精度。但是脉冲涡流检测技术也有单次检测成本高、设备附件价格高的问题。该法使用的方波激励电流激发所需的线圈尺寸较大，只能适用于线圈尺寸的管件检测，另外检测微小变形的能力不足。

（4）漏磁通检测技术

漏磁通管道检测技术是利用自身携带的磁铁将检测器当前经过的那段管道磁化，由线圈产生交变磁场进入被测管壁。若管壁不存在缺陷，则磁力线绝大部分在管壁中通过；若管壁已受腐蚀减薄或存在裂缝等缺陷，磁力线将发生弯曲，并且有一部分磁力线泄漏出钢管表面（见图 4-9）。检测被磁化钢管表面逸出的漏磁通，即可确定缺陷尺寸、形状和所在部位。漏磁检测有很高的检测速度，对于金属材料，它不仅能提供表面缺陷的信息，还能提供材料裂纹深度的信息。但被检测的钢管壁厚一般要小于 12mm。

（5）超声波检测技术

超声波管道检测技术是目前应用较为广泛的一种无损检测方法，它具有灵敏度高、穿透性强、操作灵活、效率高、成本低等优点，不仅可检测金属及非金属材料中的缺陷（内部和表面的），还可测定材料的厚度。当对管道进行检测时，将超声探头置于被检管道的内壁，探头对管壁发出一个超声脉冲后，探头首先接收到由管壁内表面反射回的脉

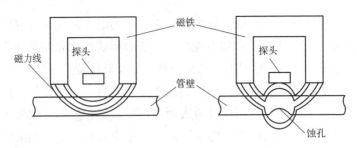

图 4-9　漏磁通管道检测技术原理示意图

冲，然后超声探头又会接收到由管壁外表面反射回的脉冲，这个脉冲与内表面产生的脉冲之间的间距反映了管壁的厚度。超声探头沿管道的圆周方向进行旋转，不断地向管壁发射脉冲，根据脉冲间距的变化，就可检测出管道的变化和腐蚀情况。

　　将检测装置安放在一套移动工具（爬行机）上，随移动工具沿管道运动而自动检测和记录管道状况，就形成了管道智能检测装置。这类装置从结构上可分为有缆型和无缆型两种。

　　有缆型检测装置一般由配有各种检测仪的管内移动部分、设置在管外的遥控装置、电源、数据记录处理器、电缆供给控制装置和连接管内移动部分和管外装置的电缆等组成。电缆主要是用来供电、遥控、传输成像和检测数据等；管内移动部分是管内行走的智能检测爬行机部分。由于有缆型检测装置的电源和数据记录处理器设在管外，因此，其爬行机部分结构紧凑，可以应用于中小管道的检测。另外，这种检测装置还能够同时监测管内移动检测部分的影像数据，因此可对穿越河流、铁路、道路的特殊管道的重要部位进行有选择检测。但其使用范围受电缆长度和管道断面等的限制，而且多用于停运管道的检测。

　　无缆型检测装置在管道内是由液体推动前进的，主要由驱动节（电池仓）、数据记录仓、检测仪器仓等管道内部分，以及管道外的控制主机、数据处理系统和辅助设备等组成（见图 4-10）。

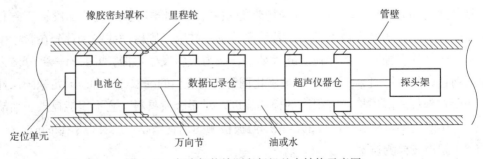

图 4-10　超声智能检测爬行机基本结构示意图

　　在管道内行走的智能检测爬机是一个集机械、控制、检测于一体的高技术系统，通常机身为钢壳，外覆聚氨酯或橡胶，内部装有探头、电子仪器、动力装置等。漏磁爬机和超声爬机的结构相似，一般为一机多节，每一节的前部和后部都设有密封罩杯，以保持与管壁之间的恒定距离和密封，并在管道内形成压力差以推动爬机在管道内前进。机体各段之间以万向节相连，以利于爬机转弯。有些爬机外部还带有叶片，当管道内的压力差过小时，可张开叶片，增大爬机推力，使爬机按预定速度前进。有些爬机还带有自我行走机构，整机可在管道内做竖直或水平双向行走，并且还可在 T 形管道内或阀门处行走。

爬机的第一部分为驱动节，内部装满电池，主要用于爬机供电。通常在高压密封舱的前端还装有跟踪信号发射机和标记信号接收机。后部装有两个里程轮，记录里程。

第二部分为数据记录仪器节，通常装有磁带机或其他大容量记录设备，以对检测器实施自动控制、对数据进行传输、压缩和记录。

第三部分由电子仪器节和探头架组成。超声电子仪器节内装有超声波发生器、接收器、测量单元和微处理器等，其主要功能是向管道发出超声波并接收管壁所反射的超声波。探头架是检测爬机的触角，与管道内壁直接吻合，上面装有超声探头。

爬机检测后存储的数据一般由管道外的计算机来处理，利用相应的功能软件进行数据分析，并生成图形，以供检测人员评定。

在不停止输送作业的情况下，管道智能检测系统借助管道内输送介质的压差推动行走，可连续工作 30~50h，检测行程超过 200km。借助于高精度的漏磁或超声传感器阵列以及先进的信号处理和数据储存系统，配以精密的机械结构使该系统可以检测出管道内 2~3mm 的管道壁厚变化、腐蚀坑、裂纹等，并将缺陷定位在 1m 的误差范围之内。利用地面解释及分析设备可对检测结果进行解读和分析，得出管道内各种缺陷和损伤状态参量的数据。

超声检测系统的辅助设备主要包括液压发送装置和检测定位装置。由于检测爬机尺寸长、质量大，必须要用特殊的液压发送装置才能将停放在拖盘中的爬机顶入发球筒内。并且爬机还需要外定位装置，将其正确定位。

4.3　油气长输管道的泄漏与防护

油气长输管道大多埋设于地下，穿越地区广，地形复杂，土壤性质差别大，容易受到环境腐蚀、各种自然灾害等的伤害。同时油气管道输送压力高，油气又具有易燃、易爆、有毒等特点，再加上日常检测比较困难，潜在危险大，事故发生具有隐蔽性，一旦发生事故，极易引起爆炸、火灾、中毒、污染环境等恶果，尤其是高压输气管道，一旦破裂，高压燃气迅速膨胀，释放出大量的能量，引起爆炸、火灾，造成巨大的损失。油气长输管道泄漏事故的发生，波及范围大，甚至影响区域经济的正常运行，会带来恶劣的社会和政治影响，为此，开展油气长输管道的泄漏与防护工作具有重要意义。

4.3.1　油气长输管道泄漏事故分析

导致管道泄漏的原因有以下几点：

①自然灾害的破坏。主要包括管道上方路面的塌方、洪水和地震等非人力所能制约

的灾害因素。

②第三方的破坏。主要包括管道上方的违章施工作业以及打破管道偷窃油气资源。

③安装问题。即指在管道安装施工过程中的工程质量、管道埋深、焊接等问题。

④设备故障。主要指管道选材质量不过关、管道附件质量及其由于疲劳工作所造成的设备损耗等问题。

⑤腐蚀及土壤等自然因素问题。主要包括阴极保护和防腐层自身失效、土壤成分等问题。

其具体情况见管道泄漏事故树（见图4-11）和事故树基本事件（见表4-5），图中字母 T 为管道泄漏（顶上事件）。

表4-5　长输管道泄漏基本事件表

序号	基本事件	序号	基本事件
A_1	自然灾害	X_{13}	密封问题
A_2	第三方破坏	X_{14}	选材不符合要求
A_3	安装质量	X_{15}	安全附件质量问题
A_4	设备故障	X_{16}	疲劳工作损耗
A_5	腐蚀及土壤因素	X_{17}	阴极保护距离不够
B_1	管道上方施工	X_{18}	阴极保护电位高
B_2	偷油、偷气	X_{19}	阳极材料失效
B_3	设备质量	X_{20}	杂散电流
B_4	阴极保护失效	X_{21}	防腐层因外力受损
B_5	防腐层失效	X_{22}	防腐层黏结力降低
B_6	土壤自然因素	X_{23}	防腐层老化
X_1	洪水	X_{24}	防腐层内部积水
X_2	路面塌方	X_{25}	防腐涂层过薄
X_3	地震	X_{26}	防腐涂层脆性过大
X_4	法律因素	X_{27}	防腐涂层破损
X_5	报警系统故障	X_{28}	防腐涂层脱落
X_6	巡线工作不合格	X_{29}	土壤含细菌量过大
X_7	道德因素	X_{30}	土壤 pH 值低
X_8	焊接问题	X_{31}	土壤含水率高
X_9	管道埋深不够	X_{32}	土壤含硫化物
X_{10}	穿跨越不符合要求	X_{33}	土壤氧化还原电位高
X_{11}	检测控制失效	X_{34}	土壤含盐高
X_{12}	补口质量问题		

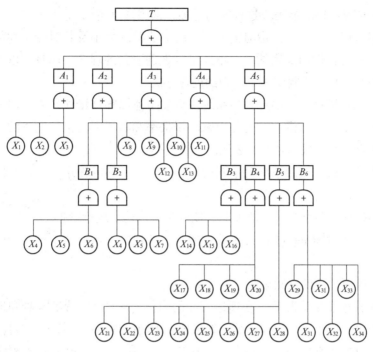

图 4-11 管道泄漏事故树

通过对事故树进行定性分析，即根据事故树结构图进行布尔代数化简，求出最小径集，可以判断出各个基本事件的结构重要度，再根据结构重要度排序可以得出：引起管道泄漏的主要因素为自然灾害（主要为地壳运动）、腐蚀、管道材质、施工原因和第三方破坏。

4.3.2 油气长输管道泄漏检测（监测）技术

随着国内油气长输管道建设及运行管理水平的不断提高，油气长输管道泄漏检测技术也在不断发展。应用管道泄漏检测系统，不仅能够及时发现泄漏位置，而且有利于防止泄漏事故的进一步发展，遏制重大事故的发生，减少事故损失。

泄漏检测是判断泄漏发生、判定泄漏位置、估计泄漏特征及其时变特性的检测方法和技术的统称。

1. 泄漏检测系统的性能指标

油气长输管道泄漏检测系统能否快速、准确、有效地检测出管道泄漏，可从以下几方面对其进行评价：

（1）泄漏检测的灵敏度：泄漏监测系统所能检测出管道泄漏的大小范围，即所能检测到的最小泄漏量。

（2）泄漏位置定位精度：当发生泄漏时，判定的泄漏点与实际泄漏位置的误差。

（3）泄漏检测的实时性：从管道泄漏开始到系统检测到泄漏的时间长短。

（4）正常操作和泄漏的分离能力：指正常的启或停泵（压缩机）、调阀、倒罐等操作和管道泄漏情况的区分能力。这种能力越强，误报率就越低。

（5）泄漏辨识的准确性：指泄漏监测系统对泄漏的大小及其时变特性估计的准确程度，对于泄漏时变特性的准确估计，不仅可以识别泄漏的程度，而且可以对老化、腐蚀的管道进行预测并有助于制定一个合理的处理办法。

（6）误报率和漏报率：误报是指系统没有发生泄漏却被错误地判断出现了泄漏；漏报是指系统出现了泄漏却没有被检测出来。误报率和漏报率是指其发生的次数占总的次数的比例，误报率和漏报率越低，表明准确性越高。

（7）适用性：泄漏监测系统对不同的管道环境、不同的输送介质、不同的操作者或管道发生变化时，所具有的通用性。

（8）可维护性：当系统发生故障时，能否简单快速地进行维护。

（9）性价比：泄漏系统所能提供的性能与系统建设、运行及维护费用的比值，比值越高越好。

2. 油气长输管道泄漏检测方法

油气长输管道发生泄漏后，在埋地管线的内部（流体）、管道本身和地表会有相应的物理状态变化，检测这些物理参数，就出现了不同原理的长输管道泄漏检测方法。

根据测量分析媒介的不同，可分为直接检测法与间接检测法；根据检测过程中检测装置所处位置的不同，可分为内部检测法与外部检测法；根据检测对象的不同，可分为检测管壁状况和检测内部流体状态的方法等。

（1）直接检测方法

直接检测方法有人工巡视、气体浓度检测、噪声监测、放射性示踪、检漏电缆法等。

人工巡视管道与周围环境的方法是由有经验的管道管理人员或者经过训练的动物，对管线进行巡查，通过看、闻、听或其他方式来判断管道是否有泄漏发生。该方法对腐蚀穿孔、施工等造成的泄漏检测或人为打眼偷盗行为均可使用，但该方法工作量很大，而且费用较高，实际效果并不好。

气体浓度检测法是使用便携式可燃气体报警仪对管道沿线空气质量进行检测，当可燃气体浓度达到一定限度时，认为存在漏油可能，进行进一步排查。

噪声监测法之一是通过便携式超声波检测设备沿管道进行检测；之二是沿管道设置若干个噪声监测点，将检测信号发送至检测站进行分析；之三是向管道内发送检测器随油品流动进行检测。由于液体泄漏产生的噪声不大，超声频率和振幅随距离高度衰减，第二种方法的使用性较小。

放射性示踪法是将可溶于油品的放射性指示剂与油品混合成一定比例的液体，泵送入管道进行输送，混合液经过漏点时漏出管外，扩散到土壤中。然后放进隔离球输送纯净油品，把管内残余的指示剂冲洗干净，再放入探测器，当它经过漏点时，探头感受到扩散于土壤中的放射性信号，此信号与计算机进行连接，输出泄漏点位置。

检漏电缆法多用于液态烃类燃料的泄漏检测，电缆与管道平行铺设。当泄漏的烃类物质渗入电缆后，会引起电缆特性的变化。目前已研制的有渗透性电缆、油溶性电缆和

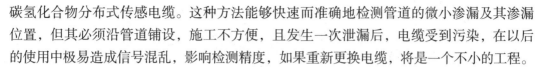

碳氢化合物分布式传感电缆。这种方法能够快速而准确地检测管道的微小渗漏及其渗漏位置，但其必须沿管道铺设，施工不方便，且发生一次泄漏后，电缆受到污染，在以后的使用中极易造成信号混乱，影响检测精度，如果重新更换电缆，将是一个不小的工程。

（2）地面间接检测方法

地面间接检测方法有热红外成像法、探地雷达法、半渗透检测管法、声学法、分布光纤等。

①热红外成像法的原理是：为降低原油的黏性，通常采用加热输送工艺，故当管道发生泄漏时，泄漏的原油会使土壤温度上升，感知这种温度变化所引起的红外辐射即可检测泄漏。检测时，将管道周围土壤正常温度分布图记录在计算机中，用直升机在空中实时采集管道周围土壤温度场情况，通过对两者的比较来检测泄漏。热红外成像的缺点是对管道的埋设深度有一定的限制，具有关资料介绍，当直升机的飞行高度为300m时，管道的埋设深度应当在6m之内。

②探地雷达法（GPR）是将脉冲发射到地下介质中，通过接收反射信号检测地下目标。由于电磁波在介质中的传播与通过介质的电性质及几何形态有关，故通过时域波形的处理和分析可探知地下物体。当管道内的原油发生泄漏时，管道周围介质的电性质会发生变化，从而反射信号的时域波形也会发生变化，根据波形的变化就可以检测到管道是否发生了泄漏。应用探地雷达检测时，物体必须有一定的体积，因此这种方法不适用于较细的管道。而且用探地雷达检测泄漏时，检测结果与管道周围的地质特性有关，地质特性的突变对图像有很大的影响，这也是应用中的一个难点。

③半渗透检测管法是将检测管埋设在管道上方，气体可渗透进入真空管，并被吸到监控站进行成分检测。美国谢夫隆管道公司在天然气管道上安装了这种检测系统（A leakage alarm system for pipe lines，简称 LASP）。LASP 以扩散原理为基础，主要元件是一根半渗透检测管，内有乙烯基醋酸酯（EVA）薄膜。这种膜的特点是对天然气和石油具有很高的渗透率，却不透水。如果检测管周围存在油气，会扩散进去。检测管一端连有抽气泵，持续地从管内抽气，并进入烃类检测器，如检测到油气，则说明有泄漏发生。但这种方法安装和维修费用较高，另外，土壤中自然产生的气体（如沼气）可能会造成假指示，容易引起误报警。

④声学法是利用声音传感器检测沿管道传播的泄漏点噪声来进行泄漏检测和定位的。当管道内介质泄漏时，由于管道内外压力差，使得泄漏的流体在通过漏点时会形成涡流，这个涡流就产生了振荡变化的压力或声波。这个声波可以传播扩散返回泄漏点并在管道内建立声场。其产生的声波具有很宽的频谱，分布在 6~80kHz 之间。

声学法将泄漏产生的噪声作为信号源，由传感器接收这一信号，以确定泄漏位置和程度。传统的声波检测是利用离散型传感器，即沿管道按一定间距布置大量传感器，这种方法成本很高。近年来随着光纤传感技术的发展，已开始采用连续型光纤传感器进行泄漏噪声检测。

⑤分布式光纤传感器检测管道泄漏的原理是根据管道中输送的热物质泄漏会引起周

围环境温度的变化，利用分布式光纤温度传感器连续测量沿管道的温度分布，当沿管道的温度变化超过一定的范围时，就可以判断发生了泄漏。

此外，随着各种分布式光纤传感器的发展，未来可以实现利用一根或几根光纤对油气管线内介质的温度、压力、流量、管壁应力进行分布式在线测量，这在管道监控系统中将极具应用潜力。

（3）水力参数检测

水力参数检测法是通过检测泄漏时的流体流量、压力、流体传输设备参数的异常变化来判定泄漏的，被检测的参数主要有泵压力、电机电流、管道流量、负压力波等。

根据流体力学的原理，当长输管线发生泄漏时，首站的管压及泵压都会有所降低，排量增加，泵负荷变大，电流增大；末站收油压力下降，瞬时收量减小。如果出现以上情况，就是泄漏事故的象征。如在首站和末站设置有流量计和压力计，则可以依据压力和流量计算出泄漏点的位置。但该方法是在稳态条件下进行分析的，小流量泄漏时不易检测。

根据管线首末站流量平衡原理，同一时间段内流进和流出管线的油品流量应当一致，如首末站流量不一致即可能存在泄漏。但是在管道实际运行过程中，由于输送油品温度、密度、地温的变化，也会导致管线进出油品流量出现不相等的现象，因此流量检测法精确性不高。

当管道上某一点突然发生泄漏时，由于管道内外的压差，引起泄漏部位流体迅速流失、压力下降，泄漏点两边的液体由于压差而向泄漏位置补充，这一过程依次向上下游传递，相当于在泄漏位置产生了一个以一定速度传播的压力波，这在水力学上被称为负压波。负压波的传播速度就是声波在管道流体中的传播速度。经过若干时间后，负压波分别传到管道上下游端口。

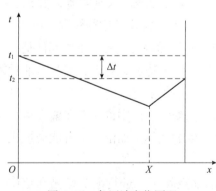

图4-12 负压波定位原理

如果在管道的上下游分别安装压力传感器，检测和记录压力波形的变化，则可判断管道是否发生了泄漏；并可根据负压波传播到上下游的时间差和管道内压力波的传播速度，计算出泄漏点的位置。其定位原理如图4-12所示。

设上、下游压力传感器的间距为 L，假设泄漏位置距离上端传感器的距离为 X，则有

$$X=(L+v \times \Delta t)/2 \qquad\qquad (4-1)$$

式中　v——压力波在管道中的传播速度，m/s；

　　　Δt——上、下游压力传感器接收压力波的时间差，s。

式（4-1）成立的前提条件是压力波的传播速度为常数。考虑到压力波的传播速度与介质密度、压力、比热容和管道材质等有关，压力波的传播速度可修正为

$$v=\left[\frac{K/\rho}{(1+KDC/E/\delta)}\right]^{0.5}$$

(4-2)

式中 C——与管道约束条件有关的修正系数；

K，ρ——流体的体积弹性系数和密度；

D，E，δ——管道的直径、弹性模量和管壁厚度。

因为流体体积弹性系数 K 和密度 ρ 都是温度的函数，因此，在检测压力的同时还要采集管道的温度用来校正压力波的传播速度，以得到更精确的检测效果。

该方法灵敏准确，原理简单，适用性很强，无须建立管线的数学模型。但它要求泄漏的发生是快速突发性的，对微小缓慢泄漏不是很有效。

利用压力波原理的检测方法还有压力点分析法、压力梯度法等。

各种管道泄漏检测方法和检测系统，是及时发现泄漏位置，防止泄漏事故的重要技术手段，但在实时性、检测精度、误报率和费用等方面，仍有发展和提高的空间。

3. 油气长输管道泄漏监测方法

API 1130 中将使用传感器直接监测产品泄漏的方法称为外部监测系统。间接检测或推测产品泄漏的方法称为内部监测系统。内部泄漏监测系统是利用采集的压力、温度、黏度、密度、流速、声速等管道内部监测数据，构建仿真模型，与实际流动数据相比较，推断油气产品的泄漏。外部泄漏监测系统则是利用外部检测设施进行监测。

目前应用较多，技术成熟的泄漏监测系统主要有六种：光纤监测法、次声波泄漏监测技术、负压波泄漏监测技术、质量平衡法、基于实时动态模型的监测方法、信号识别方法。

（1）光纤监测法

光纤监测法是以管道同沟敷设的光纤作为系统的监测元件，当光纤周围发生人员操作、车辆经过、管道机械故障等事件时，其产生的振动信号会使光纤中的传输光的相位及偏振态发生变化，由系统捕捉产生变化的光信号特征并分析，进而报警和定位。

（2）次声波泄漏监测技术

管道在发生泄漏时，在泄漏位置会产生次声波。次声波泄漏监测技术就是利用此原理进行监测和定位的。次声波的传播距离远，容易接收，且经过降噪处理后的次声波泄漏监测系统定位精度较高。

（3）负压波泄漏监测技术

负压波泄漏监测技术的原理为：采集管道在泄漏后，由泄漏位置向两侧传播的负压波，根据负压波的传播速度以及捕捉到负压波的时间差判断泄漏位置。

（4）质量平衡法

质量平衡法是基于质量守恒方程，根据系统的质量守恒关系求得管道系统的泄漏量，即系统单位时间的泄漏量等于所有进入系统和流出系统质量之差减去系统储存量的变化量。

$$M_0^t = \sum M_{in} - \sum M_{out} - \sum_{lines} \frac{\partial}{\partial t}\left[\int_0^L A dx\right]$$

式中　M_{in}——进入系统质量；

　　　M_{out}——流出系统质量，是单个管道的储存质量。

（5）基于实时动态模型的监测方法

根据流体的质量和动量守恒方程建立虚拟管道模型，通过将虚拟管道模型的计算值与实际管道的测量值相比较，根据差值大小，判断管道是否泄漏，再根据偏差特征进行泄漏定位。

（6）信号识别方法

管线正常运行与发生泄漏时，所传递出的信号具有不同的特征。对管道的压力监测信号通过上述六种泄漏监测方法优缺点汇总见表4-6。

表4-6　泄漏监测方法优缺点对比

检测方法	优势	不足
分布式光纤	适应性及安全可靠性强；适用于管道微小泄漏监测与定位	光纤建设成本和后期维护费用高
负压波	对于大泄漏报警及定位准确	对于管道的微小泄漏不敏感；噪声对定位精度会产生比较大的干扰；频繁的工况变化会产生误报、错报
次声波	泄漏监测速度快	工况频繁变化可能引起误报警
质量平衡法	灵敏度高，可靠性高	依赖于现场仪表精度；不能对泄漏位置进行定位
实时模型法	能监测到管道的小泄漏并进行定位	需要准确的数学模型，掌握一定的过程噪声均值和方差等知识；监测和定位精度与模型管道离散长度有关
信号识别方法	定位精度高	需要有大量有效的现场数据，对模型进行训练；对所采集的信号依赖程度较高

4. 不同管线的泄漏监测方法推荐

（1）输油管线

油田集输站场的输油管线介质单一，流动稳定，因此，在数据条件完备的前提下，在选择泄漏监测方法时，应优先考虑投资较少，维护成本低的内部泄漏监测方法，如质量平衡法、负压波和实时模型法或三种方法结合使用。

（2）输气管线

输气管线与输油管线相似，管道内均为单相介质流动，但是由于气体管道波动较大，在采用负压波时会有较多误报，效果不佳，因此应选择质量平衡法、实时模型法或两种方法结合使用。

（3）油气混输管线

油田集输站场的单井管线多为油气混输管线，数据条件较差，实时运行条件的缺失不利于建立内部泄漏监测系统，因此在为混输管线建设泄漏监测系统时，只能采用外部泄漏监测系统，如光纤或次声波泄漏监测系统。但是，光纤泄漏监测系统安装和维护非常昂贵，对敷设条件要求较高，因此若非重要的、危险高的单井管道，一般不建议敷设光纤。

4.4　油气长输管道雷击与静电防护

防雷防静电工作对于油气管道系统安全运行具有重要作用。尽管国内管道企业对此越来越重视，但近年来雷击静电事故仍然频繁发生并造成严重后果。一方面是由于防雷防静电技术及管理还不够完善，另一方面也与生产管理人员防雷防静电专业知识素养、经验及安全意识不足有关。因此系统分析总结易遭受雷击静电的部位及原因，完善相关防护措施及标准，对油气管道雷电静电防护及安全运行具有重要作用。

4.4.1　油气长输管道雷击与静电的产生

1. 油气长输管道雷击

雷电引起的雷击是常见的一种自然现象。其中直击雷和感应雷是最主要的两种形式。直击雷是带电云层（雷云）与建筑物、其他物体、大地或防雷装置之间发生的迅猛放电现象，突出、孤立及高耸物体是易遭受直击雷的主要对象。雷电感应是由于雷电流的强大电场和磁场变化产生的静电感应和电磁感应造成的，导体和电子设备等是易遭受雷电感应的主要对象。因此，油气管道系统中容易遭受雷击的地点和部位包括储罐等突出物、高杆灯等高耸物、管道等金属导体以及电子电气设备。具体部位见表4-7。对于这些部位的防雷应引起足够的重视，不仅要严格执行相关标准落实防护措施，并且要定期检查维护，以保证油气管道运行安全。

表 4-7　管道系统易遭受雷击的部位

序号	类型	部位
1	突出物	露天布置的钢制密闭设备或装置、储罐、汽车槽车和铁路槽车、金属油船和油驳、空旷地区的人
2	高耸物	建筑物屋面、突出屋面的放散管、风管、烟囱以及屋顶风机、高杆灯、工业电视监控杆、卫星天线以及放空管、独立接闪杆、架空接闪线或架空接闪网
3	导体	管路（包括管路的弯头、阀门、金属法兰盘以及护套的金属包覆层等金属件）
4	电子电气	电子信息系统，包括电源线路、过程控制系统以及通信系统、电气装置、变电所

2. 油气长输管道静电的产生

原油是电的不良导体，它的电阻率值很高，在流动、过滤、混合、喷雾、搅拌、晃动等接触分离的相对运动下，如果电荷的产生速度大于静电荷的泄漏速度，静电将不断积聚。油品在管道中流动，液体与管壁摩擦、碰撞，固体管壁表面上吸附一层很薄的固体电荷层；液体内形成较厚的扩散电荷层，形成双电层静电；在密闭输送过程中，因油品不能与空气混合，所以在管道中流动的液体，即使有较高的平均电荷密度，因为管道中没有空气，所以不会引起燃烧和爆炸。但在管道发生泄漏、油品灌装或是放空操作

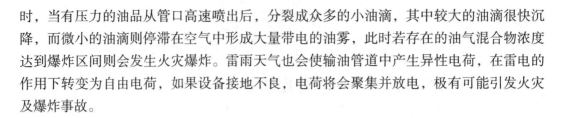

时，当有压力的油品从管口高速喷出后，分裂成众多的小油滴，其中较大的油滴很快沉降，而微小的油滴则停滞在空气中形成大量带电的油雾，此时若存在的油气混合物浓度达到爆炸区间则会发生火灾爆炸。雷雨天气也会使输油管道中产生异性电荷，在雷电的作用下转变为自由电荷，如果设备接地不良，电荷将会聚集并放电，极有可能引发火灾及爆炸事故。

4.4.2　油气长输管道雷击与静电的防护

1. 常用的防雷措施

（1）接闪

接闪就是让在一定程度范围内出现的闪电放电不能任意地选择放电通道，而只能按照设计的防雷系统规定的通道，将雷电能量泄放到大地中去（见图4-13）。接闪装置主要包括接闪杆、接闪带、接闪线以及接闪网等。接闪常用于储罐等大型建构筑物及突出物的防雷。

（2）引流

引流主要是通过引下线将接闪杆接收的雷电流引向接地装置（见图4-14）。引下线一般采用明敷、暗敷或利用建筑物内主钢筋或其他金属构件敷设。引下线可沿建筑物最易受雷击的屋角外墙明敷，建筑艺术要求较高者可暗敷。建筑物的消防梯、钢柱等金属构件宜作为引下线的一部分，其各部件之间均应连成电气通路。例如，采用铜锌合金焊、熔焊、卷边压接、缝接、螺钉或螺栓连接。

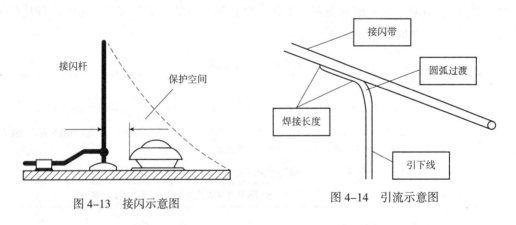

图4-13　接闪示意图　　　　　　　　图4-14　引流示意图

（3）分流分压

分压也称限流或扼流，主要是通过将避雷器与被保护设备串联，没有瞬时过电压时为高阻抗，但随电涌电流和电压的增加其阻抗会不断减小，其电流电压特性为强烈的非线性。相比之下，分流应用更为广泛。

分流是现代防雷技术迅猛发展的重点，是保护各种电子设备或电气系统的关键措施。所谓分流就是在一切从室外来的导体（包括电力电源线、数据线、电话线或天馈线等信号线）与防雷接地装置或接地线之间并联一种适当的电涌保护器（SPD），当直击雷或雷击效应在线路上产生的过电压波沿这些导线进入室内或设备时，防雷器的电阻突然降到低值，近于短路状态，雷电电流就由此处分流入地了，如图4-15所示（内部方框是电涌保护器，波浪线是电涌，电涌直接进入电涌保护器然后进入地面，不走本身方框的线路）。雷电流在分流之后，仍会有少部分沿导线进入设备，这对于一些不耐高压的微电子设备来说是很危

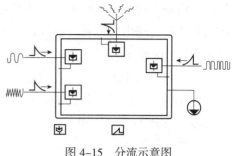

图4-15　分流示意图

险的，所以对于这类设备在导线进入机壳前，应进行多级分流（即不少于三级防雷保护）。采用分流这一防雷措施时，应特别注意避雷器性能参数的选择，因为附加设施的安装或多或少地会影响系统的性能。比如信号避雷器的接入应不影响系统的传输速率；天馈避雷器在通带内的损耗要尽量小；若使用在定向设备上，不能导致定位误差。

（4）接地

接地就是让已经进入防雷系统的闪电电流顺利地流入大地，而不能让雷电能量集中在防雷系统的某处对被保护物体产生破坏作用，良好的接地才能有效地泄放雷电能量，降低引下线上的电压，避免发生反击。除第一类防雷建筑物独立接闪杆和架空接闪线（网）的接地装置有独立接地要求外，其他建筑物应利用建筑物内的金属支撑物、金属框架或钢筋混凝土的钢筋等自然构件、金属管道、低压配电系统的保护线等与外部防雷装置连接构成共用接地系统。当互相邻近的建筑物之间有电力和通信电缆连通时，宜将其接地装置互相连接。

（5）等电位

接闪装置在接闪雷电时，引下线立即产生高电位，会对防雷系统周围的尚处于地电位的导体产生旁侧闪络，并使其电位升高，进而对人员和设备构成危害。为了减少这种闪络危险，最简单的办法是采用均压环，将处于地电位的导体等电位连接起来，一直到接地装置（见图4-16）。室内的金属设施、电气装置和电子设备，如果其与防雷系统的

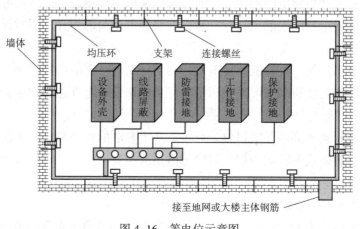

图4-16　等电位示意图

导体，特别是接闪装置的距离达不到规定的安全要求时，则应该用较粗的导线把它们与防雷系统进行等电位连接。这样在闪电电流通过时，室内的所有设施立即形成一个"等电位岛"，保证导电部件之间不产生有害的电位差，不发生旁侧闪络放电。完善的等电位连接还可以防止闪电电流入地造成的地电位升高所产生的反击。为了彻底消除雷电引起的毁坏性的电位差，就特别需要实行等电位连接，电源线、信号线、金属管道等都要通过过压保护器进行等电位连接，各个内层保护区的界面处同样要进行局部等电位连接，并最后与等电位连接母排相连。

（6）屏蔽

屏蔽就是利用金属网、箔、壳或管子等导体把需要保护的对象包围起来，使雷电电磁脉冲波入侵的通道全部截断。所有的屏蔽套、壳等均需要接地。屏蔽是防止雷电电磁脉冲辐射对电子设备影响的最有效方法。

2. 常用的防静电措施

油气储运过程中的静电是不可避免的，但静电引发事故，必须要满足四个条件：一是有静电的产生来源；二是静电能够积累并达到放电的静电电压；三是静电放电的火花能量达到爆炸性混合物的最小引燃能量；四是在静电集聚区存在爆炸极限范围内的油气混合物。同时满足以上条件才可能发生火灾或是爆炸。所以在油气储运过程中应控制静电的产生、加速静电的泄漏和中和能够有效消除静电的危害。

（1）避免

为了防止产生静电，可以采取以下措施：

①控制液体流速。油品的流速、管道内壁粗糙度、管径的大小、管路中阀门、过滤器、弯头的数量均能影响静电的产生。油品在管道中流动产生的静电量与油品流速的平方成正比，速度越高，产生的静电量越大。因此控制油品的流动速度，可有效控制静电量。

②禁止在输油站站内、外高压段管道进行取样作业。

（2）抑制

对于不可避免产生静电的物体和场所，可以采取增湿措施、采用抗静电添加剂、静电消除器或使用导电材料或静电耗散材料，控制静电电荷的累计，同时促使静电电荷从物体上自行消散。

①加抗静电添加剂。抗静电添加剂是特制的辅助剂，有的添加剂加入产生静电的绝缘材料以后，能增加材料的吸湿性或离子性，从而增强导电性能，加速静电泄漏；有的添加剂本身具有较好的导电性。

②采用导电材料或静电耗散材料。对于易产生静电的机械零件尽可能采用导电材料制作。在绝缘材料制成的容器内层，衬以导电层或金属网络，并予以接地；采用导电橡胶代替普通橡胶等，都会加速静电电荷的泄漏。

（3）引流

引流就是通过适当的方式将物体上已经产生的静电引导至安全的地方，以消除物体上的电荷。其中接地是最为常用的引流方法。接地主要用来消除导电体上的静电，不宜用来消除绝缘体上的静电。如果是绝缘体上带有静电，将绝缘体直接接地反而容易发生火花放电。

①凡用来加工、储存、运输各种易燃液体、气体的设备、储存池、储存缸以及产品输送设备、封闭的运输装置等都必须接地。

②由于油气储运过程中管线、过滤器、油罐等都会产生静电，因此，管线、过滤器、油罐等必须接地，如图 4-17 所示。静电接地是最有效、最基本的消除静电的措施，能有效阻止静电的积聚。其通过金属导线将设备设施与大地连接，形成通路，使管道上的电荷加速泄漏，或是设备间用金属导线跨接，消除设备间的电位差，形成等电位，降低火花放电的可能

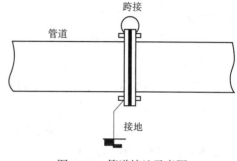

图 4-17　管道接地示意图

性。SH/T 3097—2017《石油化工静电接地设计规范》规定长距离管道应该在始端、末端、分支处及每隔 100m 处接地一次。当平行管道净距离 <100mm 时，应每隔 20m 加装跨接线，当管道交叉且净距离 <100mm 时，应加跨接线。

4.5　油气长输管道维修作业安全

油气长输管道维修作业是消除管道运行缺陷、提高管输效率、延长管道设备生命周期的技术措施。按照维修作业的背景条件，可分为正常维修和管道抢修。正常维修是依据管道运营和工艺技术的要求，在管道停止输送介质的条件下，按预先安排的维修计划，对管道及管输设备施行的作业，管道抢修则是指在管道运行过程中，因管道或管输设备出现异常状况，必须紧急处理，以防止事故发生或减轻事故损失时，而对管道及管输设备施行的作业。

油气长输管道维修作业与一般机电设备维修作业相比，由于作业环境存在油气这种易燃易爆介质，其作业过程除具有一般维修作业共同的作业风险外，其最大的特点是易发生火灾爆炸事故。主动采取防火防爆措施，是保证维修作业安全的关键。

4.5.1　油气长输管道抢修作业安全

输油、输气管道事故主要为管道穿孔、破裂、蜡堵、凝管和伴随上述事故引起的泄漏、火灾及爆炸事故，因此，应配备相应规模的抢修队伍及抢修机具。常用的抢修机具和器材有管线封堵设备、堵漏补板、堵漏套筒、各种管卡、氧乙炔切割设备、电焊机、发电机组、管道切割机、内外对口器、吊装机具、必要的车辆及消防器材和检测仪器等。

对这些设备要定期进行维护保养，保证各种设备灵活好用。对各种抢修器材，要根据抢修队伍所管辖的管道管径大小配备相应的型号，其数量要能满足抢修的需要。同

时，还要严格按照动火程序和抢修方案，对管道进行抢修。

1. 停输抢修程序

管道的停输抢修用于管道出现破裂、断裂造成管内介质大量外泄时的抢修和管道出现堵塞事故时的抢修。停输抢修应遵循下述程序进行：

（1）当输油泵站（或压气站）值班人员或巡线人员发现管道破裂或断裂时，应及时通知值班领导及管理调度部门，由调度部门下令管道停输并通知抢修队伍赶赴事故地点。同时调度部门应立即向上级调度部门汇报，并请求其协调管道上下游各有关企业的供油和用油。

（2）管道抢修队接到抢修命令后应立即赶赴事故现场。在事故现场应根据事故严重程度制定事故现场防护措施，设立警戒区，防止闲杂人员进入事故现场。

（3）确定管道封堵点，在该点周围进行油气浓度测定，制定动火措施，并按动火程序审批后进行管线封堵作业。

（4）管线封堵成功后，在油气浓度检测合格的前提下，完成管道的修补或更换管段的工作。

（5）清理事故现场的油污，恢复地貌。

2. 不停输抢修程序

对于管道的微小泄漏、小裂缝等事故可以采用不停输抢修作业。同时对于管输介质物性不允许停输的管道事故，也必须采用不停输抢修。

不停输抢修程序和停输抢修程序基本相同，只是在封堵设备的选用上必须采用不停输型管道封堵设备。对于管道的微小泄漏，也可以采用修补法直接进行管道的抢修作业。值得注意的是，对不停输管道的抢修作业，在抢修前应查明事故点所在站段的纵断面高程、管道动态、压力、流速及管道壁厚。

3. 抢修安全操作注意事项

油气管道的抢修是在可能接触油气状态下进行的施工作业。在安全上除应注意一般管道施工中的安全问题外，还应注意以下几点：

（1）抢修人员必须穿戴合适的劳保用品，特别是在带油（气）作业场合，作业人员不得穿有任何化纤织物（包括内衣裤），以防产生静电火花引起事故。

（2）抢修队伍到达抢修现场后，应迅速查明油（气）泄漏情况，根据泄漏介质类别、泄漏量的大小、事故地点的风速及风向确定抢修现场的警戒范围。在该范围内，应避免一切闲杂人员进入。同时，在未探明油气扩散区内油气浓度以前，一切可能产生火花的设备、车辆一律不应进入警戒区。

（3）在对管道进行施焊作业前，必须进行焊点周围可燃气体浓度的测定和作业动火安全可靠性的鉴定。确定无爆炸危险后方可进行管道施焊作业。在施焊过程中，应对焊点周围可能出现的泄漏进行跟踪检查和连续检测，发现异常情况及时停止施焊，待危险因素排除后方可重新进行施焊作业。

（4）抢修时作业坑应按要求开挖，坑的两侧必须设有阶梯式上下安全通道，坑的边

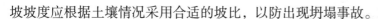

坡坡度应根据土壤情况采用合适的坡比，以防出现坍塌事故。

（5）抢修封堵作业时，若需要更换封堵隔离段的管线，应注意落实好"清"和"堵"措施。

（6）抢修时应配备足够的消防器材。如石棉被、干粉灭火机、泡沫灭火机和消防车辆等。

（7）抢修设备应严格按照设备的操作规程使用，防止因设备操作使用不当而使抢修失败的现象发生。

4.5.2　油气长输管道动火作业方法

在油气管道的动火施工中，由于施工安全措施涉及的因素较多，施工现场的情况又千变万化，而且施工的手段和条件也存在着差异，所以具体的施工动火方法要根据实际情况而定，在实际施工中较为常见的动火方法有带油直接动火、管道内封堵隔离动火、惰性气体置换动火等，其基本原理是"无油气"或"油气与空气隔离"后再动火。

1. 带油直接动火

带油直接动火法就是在输油管道原油满管，且未经惰性气体置换或管道未经排空和未采取有效隔离的情况下而直接进行动火作业的方法。该方法适合管道腐蚀穿孔后的施焊修补。

在输油生产中，管道由于腐蚀等因素而发生穿孔漏油，在修补前管道无法及时采取排空蒸洗、置换等措施，或者根本无法排空、置换，而其他的补漏方法又难以实施，为此，在输油管道停输降压后对其直接进行动火施焊修补，但此种修补方法的前提是，必须确定管道是处在原油满管的特定情况下（管道内未进入空气）才能采用。

带油直接动火常用的有木楔堵塞、打"卡"、胶囊封堵等施焊修补方法。

木楔堵塞施焊修补是在管道停输降压后，先用木楔（见图4-18）把漏油孔堵死，然后带油外焊加强板。该方法一般适用于水平敷设或高差不大的输油管道，且停输后无压力或压力很小的情况。当输油管道高差较大，在停输后漏油处有一定压力显示时，应采用打"卡"施焊修补，或采用胶囊式封堵器。

打"卡"施焊修补是在管道停输降压后，将一块与漏油管道曲率相同内衬有耐油胶垫的钢板，用卡具在管道上卡紧，经检查确认不漏后再实施补焊。

胶囊式封堵器是一种专用的管道抢修器材，适用于漏点相对较大的情况。胶囊式封堵器由胶囊和钢罩组成，胶囊放在钢罩内，钢罩链条采用丝杠顶丝的方法固定在钢管上，通过露在钢罩外的气芯充气使胶囊增压封堵漏油处，然后再把钢罩焊在管道上（见图4-19）。

2. 管道内封堵隔离动火

在输油输气管道上施工动火之所以比较危险是因为施工动火处存在着易燃易爆物，火源与其相遇就容易发生事故。要解决这个矛盾就要采取措施不让火源与易燃易爆物接触，这样主要矛盾得到转化，即让"带油气动火"变成了"无油气动火"。

图 4-18　木楔堵塞

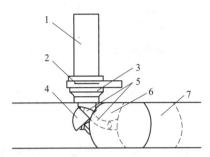

图 4-19　胶囊式封堵器工作示意图
1—收囊筒；2—夹板阀；3—封堵法兰；4—导向板；
5—连接胶管；6—封堵胶囊；7—正常胶囊位置

管道内封堵隔离动火的一般作业程序是清、堵、查、焊。

清：所谓"清"就是将动火的管道内及施工现场的易燃易爆物清理干净。"清"的措施主要有排空、水洗、水扫、吹扫、置换、擦拭等。对于原油管线，在管道停输后，先将隔离管内的原油经开孔的放空排放口放空、并做好污油的处理工作。再用扫线的方法将该动火管道的余油全部排除（具备条件的可用蒸汽和热水冲洗管道），然后按要求选用气动或电动隔爆型割管机进行切管，切除拆除段，再将敞口管道两端的原油、结蜡层清除干净。对于输气管线，在管道停输后，先将隔离段管道内的天然气经开孔的放空口接放空管，点火放空，再用氮气置换；切开管线的两端后，应将管线里面的凝析油擦拭干净，对于含硫的天然气管线应将管壁上的硫化铁清理干净。

堵：所谓"堵"就是采取措施将易燃易爆物堵在动火点外，使其与火源隔离。"堵"的措施有关闭阀门、加装盲板、黄油墙封堵（根据经验确定黄油与滑石粉配合比为1：1~1：2.5）、黄土封堵等。以黄油墙封堵为例，施工时，在敞口管道两端分别堆砌隔离墙（呈梯形结构，如图 4-20 所示），"堵"住两端的来液。施工所堆砌的隔离墙物料是用滑石粉与钙基黄油掺和而成，将它做成长条砖的形状，沿管轴向堆砌，并且使其夯实、严密，保护长度不小于 600mm，管道敞口距隔离墙以 600~800mm 为宜。施工时严禁在管段上用铁器敲打和碰撞，防止隔离墙震裂漏气。当然，如在急需情况下施工现场没有滑石粉时，也可以采用经过滤后的细腻黏土替代，但也必须使所填充的黏土夯实、密封，其保护长度不小于 800mm。

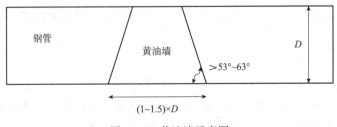

图 4-20　黄油墙示意图

查：即最后用可燃气体报警器对管口进行检测，确认达到动火条件后，再对所安装的物件进行施焊作业。

实践证明，采用隔离墙（黄油墙和细黏土墙）封堵，在充实的情况下有着很好的严密性，动火安全可靠，而且封堵物在流程切换以后，在原油的冲击下会很快松散，不会造成管道或流量计、泵等设备的堵塞，只是在某些情况下需要对过滤器进行清理。

3. 惰性气体置换动火法

惰性气体置换动火法就是当输油管道经扫线将原油排除后，用惰性气体将管道内的可燃气体混合物置换出来，使管道内的含氧量几乎为零或使其油气浓度远远低于其爆炸下限时所采取的一种动火方法。输油管道氮气置换动火施工示意图如图4-21所示。

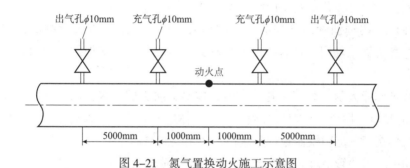

图 4-21　氮气置换动火施工示意图

动火前，首先关闭上下游工艺阀门，然后将管道泄压并将原油全部排出，再往充气孔中充入氮气（充气前必须对氮气瓶确认检验），当出气口经可燃气体报警器检测达到动火条件后，即可在动火点进行施工动火作业。动火时必须保证充气压力不小于0.05~0.1MPa。

该方法也适用于动火管道相对较长，而且管道两端连接有阀门和容器，同时动火管道又被其他管道所局限无法使用割管机切割或者没有带压开孔设备的情况（见图4-22）。

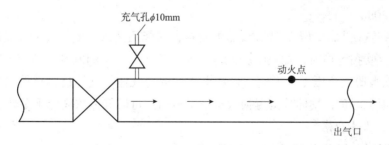

图 4-22　氮气置换和保护动火施工示意图

该类动火在动火前，将管道泄压并将原油全部排出后，在管道动火点前后1000mm处各钻一个充气孔，孔径为ϕ10mm，在距充气孔5000mm处再各钻一个出气孔。每段管道的保护距离为5000mm。

4.5.3　油气长输管道动火作业安全措施

1. 输油管道动火作业安全措施

在动火施工操作前及操作过程中应注意落实以下安全措施。

（1）在动火前必须清理干净施工现场周围的污油，对埋地管道的施工动火，还要根据实际情况预先挖好操作坑。

（2）在割管机切割过程中，要用冷却水对刀具进行连续冷却，防止产生切削火花和局部高温。

（3）在动火作业过程中，监护人员应注意观察现场，每隔5~10min要用可燃气体报警器检测焊口及周边环境，观察有无可燃气体泄漏，如遇异常立即停止动火。

（4）流程控制阀要有专人监护，不允许在动火期间切换流程。

（5）在对站内输油管道施焊前，应对动火管道的对地电阻进行测试，如电阻大于10Ω，应由管道管理部门处理合格后方可动火。接地装置的接地线与动火管道采用卡具固定法固定。

（6）特种作业人员（焊工）在动火时，应穿戴防火服，佩戴防护面具；在修口作业（修整管道的端口，以使焊口对接准确）时，身体应避开管口，以防发生烧伤事故。

（7）严禁在管段上用铁器敲打和碰撞，防止隔离墙震裂失效。

（8）动火施工的管道堆砌隔离墙后，应一次完成动火作业。

（9）应准备好充足的氮气，氮气掩护压力不低于0.1MPa，并应有专人负责，及时更换氮气瓶。更换氮气瓶时应停止动火，再次动火前应对焊口及周边环境重新进行可燃气检测。

2. 输气管道动火作业安全措施

输气管道在动火施工操作前及操作过程中应注意落实以下安全措施。

（1）泄压放空时，天然气放空应先点火后开气，放空位置设置在动火点下风向。当采用多点放空时，处于低洼处的设备管道先放完，高处的放空点后放完，放空点距离动火点不小于30m。

（2）吹扫置换时，动火管线、设备的置换，只能用蒸汽、氮气等惰性气体，不能用空气。用蒸汽吹扫置换时，加热吹扫流速不大于5m/s，应不间断补充蒸汽，防止因负压（蒸汽冷凝成水造成负压）吸入空气形成爆炸性混合气体。气体检测点严格按动火方案执行，无缺项、漏项，气体检测置换数据记录清晰。可燃气体浓度低于爆炸下限的10%（体积分数），方为合格。

（3）切断时，与动火点相连的工艺管线、排污管线、电气仪表等全部断开。断开处可能因移动、滑动、坠落而造成搭接的，应采取固定措施。动火方案要求关断的阀门应上锁挂牌，防止误动。为防止静电、杂散电流，法兰卡开处用阻燃材料（石棉板或橡胶板）进行有效隔离，固定可靠。

（4）隔离时，隔离措施设施选用不燃或难燃材料；隔离措施到位，能防止动火作业环境天然气、凝析油等危险物质的流动、扩散，及气割、电焊作业时火花、焊渣的飞溅；涉及储罐区动火，拟实施动火作业的储罐要与相邻储罐进行有效隔离。

（5）封堵时：

①已断开的工艺管线封堵可靠；

②距离动火点 30m 内所有的漏斗、排水口、各类井口、排气管、管道、地沟等封严盖实；

③气储罐液压安全阀、机械呼吸阀、透光孔、空气泡沫产生器及腐蚀穿孔等封堵措施可靠；

④工艺管线动火点两侧防止物料泄漏的封堵措施可靠；

⑤采用惰性气体封堵时，动火点如在管道容器下凹处，应采用比可燃气体重的惰性气体；动火点如在管道容器上凸处，应采用比可燃气体轻的惰性气体；

⑥采用胶球封堵时，胶球与动火点之间保持 3~5m 的距离；

⑦采用膨润土封堵时，管道内压力不得超过 30kPa。管道内的有效填充长度不小于 3 倍管径，最短不小于 300mm。已封堵的管段不得人为捶击；

⑧采用干冰封堵时，管道管径不大于 250mm，封堵长度不小于 300mm，与动火点的距离不小于 600mm。

总之，输油输气管道的施工动火危险性虽然较大，但只要以科学、严谨的态度对待，方法得当、措施到位，就能确保动火施工全过程的安全。

第五章　油（气）库安全技术

凡是接收、储存、发放原油或石油产品的单位和企业都称为油库，油库是协调原油生产、原油加工、成品油销售和运输的纽带，是石油及其产品储存、供应的基地，一旦发生火灾爆炸事故，将会给人民生命财产带来巨大损失，因此，油库安全技术研究具有重要意义。

油库安全技术是为了控制和消除油库中各种潜在的不安全因素，针对油库生产作业环境、设备设施、工艺流程以及作业人员等方面存在的问题而采取的一系列技术措施，是油库安全生产工作的重要组成部分。作为一门综合性学科，油库安全技术的研究涉及机械、电子、电气、系统工程、管理工程等广泛的知识领域，其研究对象包括人（生产作业人员）、物（油料及其与储运、加注、维修、化验等相关的设备设施）、环境（油库内外部环境）等各个对象及其有关的各个环节。

5.1 油库概述

5.1.1 油库的分类、分级、分区

油品的危险性是由其化学组成及理化特性所决定的，分析油品的特性，可知油品具有蒸发性、燃烧性、爆炸性、带电性、膨胀性、流动性、漂浮性、渗透性、热波性、毒害性等特性，这些特性决定了石油及产品在生产、储存、加工、运输等过程具有易燃易爆、有毒有害等特点。油品的毒性和燃烧特点，给油库带来了诸多的不安全因素，使其环境具有相当的危险性。

1. 油品的火灾危险性分类

依据 GB 50074—2014《石油库设计规范》，石油库储存液化烃、易燃和可燃液体的火灾危险性分类见表 5-1。

2. 油库的分类

油库按管理体制和业务性质分为独立油库和附属油库两大类型（见表 5-2）。

表 5-1 石油库储存液化烃、易燃和可燃液体的火灾危险性分类

类别		特征或液体闪点 F_t/℃	举例
甲	A	15℃时的蒸气压力大于 0.1MPa 的烃类液体及其他类似的液体	液化乙烯、液化乙烷、液化丁烷
	B	甲 A 类以外，$F_t<28$	原油、汽油
乙	A	$28 \leqslant F_t < 45$	喷气燃料、灯用汽油
	B	$45 \leqslant F_t < 60$	轻柴油、环戊烷
丙	A	$60 \leqslant F_t \leqslant 120$	重柴油、$20^\#$ 重油
	B	$F_t > 120$	润滑油、$100^\#$ 重油

表 5-2 油库按管理体制和业务性质分类表

独立油库	民用油库	储备油库
		中转油库
		分配油库
	军用油库	储备油库
		中转供应油库
		野战油库
附属油库		油田原油库
		炼油厂原油库、成品油库
		机场油库、港口油库
		农机站油库
		其他单位和企业附属油库

3. 油库的等级划分

油库的主要储存物是易燃易爆的石油及其产品，对油库的安全威胁很大。油库的容量越大，发生事故造成的损失也越大。因此，从安全角度出发，根据国家有关规定，按照事故条件下可能造成的损失和后果，以及操作和业务的繁简等情况，将油库等级按容量划分为六个等级（见表 5-3）。

表 5-3 石油库的等级划分

等级	石油库储罐计算总容量 TV/m^3
特级	$1200000 \leqslant TV \leqslant 3600000$
一级	$100000 \leqslant TV < 1200000$
二级	$30000 \leqslant TV < 100000$
三级	$10000 \leqslant TV < 30000$
四级	$1000 \leqslant TV < 10000$
五级	$TV < 1000$

注 1：表中 TV 不包括零位罐、中继罐和放空油的容量。

注 2：甲 A 类液体储罐容量、Ⅰ 级和 Ⅱ 级毒性液体储罐容量应乘以系数 2 计入储罐计算总容量，丙 A 类液体储罐容量可乘以系数 0.5 计入储罐计算总容量，丙 B 类液体储罐容量可乘以系数 0.25 计入储罐计算总容量。

4. 油库的功能分区

油库内的建筑物（构筑物）与设施可按照其功能划分为4个区域，分区情况见表 5-4。

表 5-4　油库的功能分区

序号	分区		区内主要建（构）筑物或设施
1	储罐区		储罐组、易燃和可燃液体泵站、变配电间、现场机柜间等
2	易燃和可燃液体装卸区	铁路装卸区	铁路罐车装卸栈桥、易燃和可燃液体泵站、桶装易燃和可燃液体库房、零位罐、变配电间、油气回收处理装置等
		水运装卸区	易燃和可燃液体装卸码头、易燃和可燃液体泵站、灌桶间、桶装液体库房、变配电间、油气回收处理装置等
		公路装卸区	灌桶间、易燃和可燃液体泵站、变配电间、汽车罐车装卸设施、桶装液体仓库、控制室、油气回收处理装置等
3	辅助生产区		修洗桶间、消防泵房、消防车库、变配电间、机修间、器材库、锅炉房、化验室、污水处理设施、计量室、柴油发电机间、空气压缩机间、车库等
4	行政管理区		办公用房、控制室、传达室、汽车库、警卫及消防人员宿舍、倒班宿舍、浴室、食堂等

另外，油库按主要储油方式可分为地面油库、隐蔽（覆土）油库、山洞油库、水封石油洞库、水下油库等；按运输方式可分为水运油库、陆运油库、水陆联运油库；按经营油品可分为原油库、润滑油库、成品油库等。

不同类型的油库其业务性质和作业特点不同，对安全技术及安全管理有不同的要求和不同的侧重面。

5.1.2　石油战略储备

石油不只是工业生产的能源物资和人民生活的基本材料，而且是一种关乎国家战争安全和经济安全的战略物资，对于石油进口国尤其重要。建立国家石油战略储备是应对国际原油供应市场波动，保障石油安全的战略举措。1974年，第一次能源危机时，国际能源机构（IEA）号召会员国备足90天的石油储备。

石油战略储备基地的储罐是单个容积达10万 m^3 的超大储罐，总库容在百万立方米以上的超大规模，如果防火防爆措施不当，一旦某个储罐发生火灾，导致火烧连营，其后果不堪设想，因此，石油战略储备基地的防火防爆工作，具有非常重要的意义，"预防第一"是关键。

1. 美、日的石油战略储备

美国战略石油储备（SPR）由美国能源部管理。在路易斯安那州和得克萨斯州两个州内沿墨西哥湾一带有5个地下储备基地，维持约7亿桶原油储备。在1973~1974年石油禁运后，美国于1975年启动了石油储备，以应对未来的供应中断。由于美国SPR总量位居全球第二（日本第一），美国政府也会根据市场情况销售SPR石油干预市场平抑油价。截至2020年4月17日，美国SPR储备了6.35亿桶石油，目前批准的上限为7.135

亿桶，石油储备已经达到了 139 天。换句话说就是，即使所有的石油进口线路都被切断，即使不依靠国内的石油生产，光是存储量就可以供美国国内连续使用 139 天。

日本的石油储备始于 1972 年的石油企业民间储备，1975 年制定《石油储备法》，规定石油企业有义务储备石油。1983 年，位于青森县的小川原国家石油储备基地建成，开始由国家储备基地储存石油。除了国家石油储备基地，日本政府还从民间租借了大量石油储备设施，目前，日本拥有 7000 万 t 战略石油储备，足以满足全国使用 184 天，是所有发达国家中战略石油储备最丰富的国家。

2. 中国石油战略储备

随着我国国民经济的快速发展，石油消费需求也逐年快速递增，使我国由石油出口国很快变成了石油净进口国，目前原油对外依存度近 70%，天然气对外依存度超过 40%。由于我国经济发展和人民生活对石油的需要，更迫于海湾战争后国际原油市场供应和价格波动剧烈，为保障国内石油安全，于 2000 年启动了国家石油战略储备基地和商业储备基地的建设。目前，已建成和在建的石油战略储备基地主要有 10 个。

（1）天津石油储备基地

该基地包含 500 万 m^3 的国家战略石油储备罐，和超过 500 万 m^3 的商业石油储备罐，总库容 1000 万 m^3。预计可储备超过 600 万 t 以上的石油，有望成为中国规模最大的石油储备基地。

（2）鄯善石油储备基地

总投资 65 亿元，规划建成 800 万 m^3 的库容。2008 年底，该基地库容规模为 100 万 m^3 的一期工程建成投产，来自哈萨克斯坦的原油同时开始注库储备。

（3）舟山石油储备基地

2010 年通过验收，当时总库容为 500 万 m^3。2009 年获批增加 250 万 m^3 的储备容量，作为中国第二期石油储备基地建设计划的一部分，规划总库容为 750 万 m^3。

（4）独山子石油储备基地

2009 年 9 月开工，标志着中国第二期石油储备基地建设全面展开。规划总库容 540 万 m^3，投资额 26.5 亿元。

（5）镇海石油储备基地

2007 年 12 月 19 日通过国家验收，成为首批战略石油储备基地中第一个交付使用的储备基地，也是一期工程中最大的储备基地。建设规模 520 万 m^3，共 52 座储油罐，目前已全部储存原油。

（6）惠州石油储备基地

规划库容为 500 万 m^3，投资约 38 亿元。该基地采取地下水封洞库，基地建成后将主要以中东和非洲原油作为油源。

（7）青岛石油储备基地

基地主体工程包括 32 台单体罐容为 10 万 m^3 的双盘式浮顶油罐及系统配套工程，总库容为 320 万 m^3，2008 年 11 月正式投产运营。

（8）大连石油储备基地

设计拥有 30 个 10 万 m^3 储油罐，建设总投资 25.1 亿元，总库容 300 万 m^3。

（9）兰州石油储备基地

项目总投资 23.78 亿元，基地主要包括 30 座 10 万 m^3 的石油储罐，总库容 300 万 m^3。

（10）锦州石油储备基地

拟在锦州开发区建设国家石油储备基地锦州地下水封洞库工程项目，设计库容 300 万 m^3，计划投资 22.6 亿元。

5.1.3 油库安全技术

安全生产是企业生存与发展的前提条件，这就要求企业在生产过程中保障人身安全和设备安全，也即通过采取积极的措施预测危险并消除危险，保证企业生产的正常进行。通常，安全生产工作包括安全管理和安全技术两方面。安全管理是为了实现系统安全目标而进行的有关决策、计划、组织和控制等方面的活动。采取的主要手段是通过贯彻国家及上级的安全生产法规、标准、条例等，从管理上和组织体制上采取的一系列措施。对于安全技术而言，则是为了控制和消除各种潜在的不安全因素，针对生产环境、生产设施设备、工艺过程及生产工人等方面存在的问题，而采取的一系列技术措施。其采用的主要手段是通过对生产过程中各种事故的分析研究，控制现存潜在事故的可能性，从而达到最佳安全状态。

安全技术是一门涉及范围广、内容丰富的综合学科。具有政策性强、涉及面广、技术复杂的特点。涉及机械、电气、建筑、自动控制等多门学科，以及数学、物理、化学、生物、天文、地理、材料力学、劳动卫生等各种科学知识。

安全技术的基本内容主要包括以下 3 个方面。

（1）预防工伤事故和其他各类事故的安全技术；

（2）预防职业性伤害的安全技术；

（3）制定和完善安全技术规范、规定、条例和标准。

具体来讲，主要是采取以下安全技术措施：改进生产工艺和设备，变不安全的生产流程、操作方法为安全的流程和操作；设置防护装置、保险装置、信号系统等安全措施以消除人为的或机械、物质的危险因素；进行预防性试验，如机械强度试验、防爆炸试验、电气绝缘破坏试验、灵敏性试验等，预先发现系统可能存在的潜在危险；设置安全间距和防火通道等安全隔离措施；研制个体防护用具；研制和应用先进灵敏的检测仪器仪表等。

总之，安全技术措施应立足于预防事故的发生，即应把事故消灭在萌芽状态。因此，安全技术必须贯穿于生产的全过程，并作为生产技术的重要组成部分，随着生产技术的发展而发展。

1. 油库安全技术研究的目的

总的来讲，油库安全技术研究的目的，就是认真贯彻执行国家有关的方针、政策及法律、法规、标准，分析研究油库建设及生产过程中存在的各种不安全因素，采取有效的技术措施，控制和消除各种潜在的不安全因素，防止事故的发生，保证职工的人身安全和健康及国家财产安全。因此，在研究中必须坚持"安全第一，预防为主，综合治理"的安全生产方针，同时，油库必须建立、健全各种规章制度，自觉遵守国家及有关部门颁布的规范、标准和条例等，力求使安全工作法制化、规范化。

2. 油库安全技术研究的主要内容

油库安全技术是一门综合性的边缘学科，它的研究内容，从横向来看，应包括对油库的人、物、环境等对象采取的安全技术措施；从纵向来看，又涉及到油库设计、施工、验收、操作、维修、储存、运输以及经营管理等诸多环节中的安全技术问题。具体来讲，主要有以下几方面的内容。

（1）油库安全设计。主要包括油库库址选择的安全要求；总平面布置的安全要求；油库工艺流程的安全设计与评价；油库设备设施的安全设计；油库建筑防火防爆设计；安全设计的审核与评价等内容。

（2）油库设备设施的安全技术管理。主要包括油库储油设备、输油设备、泵房设备、加温设备、电气设备、通风设备以及装卸油设施的安全操作、安全检查与维护和常见事故及预防措施等内容。

（3）油库检修安全技术。主要包括油库动火作业、罐内作业、高处作业、动土作业、涂装作业、清洗作业的安全技术以及检修作业常用机具的安全使用。

（4）油库防静电技术。

（5）油库建（构）筑物防雷技术。

（6）油库环境保护。

（7）油库劳动保护。

（8）油库灭火技术。

（9）油库事故预测与分析技术。

3. 油库安全技术的研究现状及发展

通过数十年的建设和对油库管理经验的科学总结，目前我国油库安全技术取得了较大的发展，主要表现在以下几方面。

（1）各种技术规范、标准和规程日益完善，安全工作逐步走向法规化、科学化轨道。这些规范、标准和规程从油库的设计建造、施工验收、操作管理、防火灭火以及环境保护和劳动保护的各个方面，为油库安全生产提供了重要的法规保障，对保障油库安全起到了重要的作用。

（2）改进和完善了油库安全装置，利用各种新技术、新材料，研制了一些先进的安全装置。如油罐全天候呼吸阀的研制、新型波纹阻火器的应用、输油管路的水击控制、输油管路的内涂装技术、油罐内壁防静电涂料、油库自动化监控系统、各种自动化报警及灭火系统及先进的灭火器材等。

（3）事故预测技术的研究有了一定进展。油库事故的预防，不仅仅局限于过去就事论事、事后追查的模式，而且还注重对各种事故的统计分析，找出油库事故发生的普遍规律，用于指导油库安全工作。同时，对如何将各种安全理论如安全系统工程、灰色预测理论、人机工程学、劳动心理学、人体测量学、生物医学等应用于油库事故预防也进行了有益的探索。

（4）《油库安全工作评价标准》及《油库安全度评估标准》为全面、合理、客观地评价油库安全工作成绩和科学、统一、规范化地考核油库安全可靠程度，加强对事故的预防预测，提高科学管理水平，提供了可靠、规范的依据，对于促进油库安全技术的发展，起到了很大的推动作用。许多研究成果已在实际工作中发挥作用，如油库安全系统工程的研究，系统安全分析方法、事故树分析方法、事件树分析方法，此外，应用人机工程学、人体测量学、事故心理学以及系统安全分析方法等安全理论，对油库设备的安全操作、作业人员的安全管理和工艺流程的安全分析等方面的研究也逐见成效。

今后，油库安全技术将朝着各种先进科技成果应用于安全技术领域的方向发展，油库安全监控、防护、报警、灭火装置的可靠性及技术先进性必将大大提高。同时通过应用各种安全理论，探索事故发生和发展的规律，对各种事故和潜在的危险性进行科学预测，对生产系统的安全可靠性进行定性的和定量的分析、评价，以便采取有效的预防措施，防止事故的发生和扩大。事故预测预防理论的研究将更加深入，并将逐步在实践中加以应用。

5.2　油库防火防爆技术

油库是储存各类油品的地方，尤其是汽油、煤油、柴油，都具有很大的火灾危险性，具有易燃性、易爆性、静电聚集性、最小点燃能量低等特点。因此，油品在储存和运输过程中稍有不慎便很容易发生跑、冒、滴、漏、混、爆炸、失火、中毒等恶性事故。

通过对油库各类事故的统计分析，可将油库事故划分为着火爆炸、油品流失、油品变质、设备损坏和其他五类，其中着火爆炸事故占42.4%，在油库事故中占有很大的比例。

5.2.1　案例分析

2005年12月11日英国邦斯菲尔德油库火灾爆炸事故是欧洲迄今为止最大的一次工业火灾爆炸事故，当时油库中汽油、柴油和航空煤油的储备量是 $3500 \times 10^4 L$，火灾共烧毁大型储罐20余座，受伤43人，无人员死亡，事故造成直接经济损失2.5亿英镑（约合35亿人民币）。此次火灾事故给油库周围环境、商业和居民生活造成了极大的影响。

1. 事故概况及经过

2005年12月11日6时许，英国邦斯菲尔德油库的912号储罐正在接收无铅汽油，由于该储罐的计量系统存在故障，液位报警系统未能启动自动联锁以切断进油，导致大量油料从储罐顶部的人孔、通气孔等溢出，溢出的油料受到罐体加强圈、罐顶边缘板的阻挡，在储罐周围形成巨大的油料瀑布，由于汽油的挥发性很强，储罐周围迅速形成了大量的油气混合物，同时溢出的油料在防火堤内大量聚集，防火堤内装满油料后，油料又从防火堤溢出向低洼处流动，很快整个罐区内迷漫着高浓度的油气混合物，在爆炸前，912 号储罐大约有超过 300t 油料溢出罐外，油气混合物的扩散面积达 $80000m^2$，油气混合物最大深度达 7m。

体积巨大的油气混合物遇到点火源后发生了数次剧烈爆炸，并燃起大火，最剧烈的爆炸冲击波约为 700~1000mbar，周围建筑物的结构遭到严重破坏，在距离爆炸点 2km 处，冲击波降低至 7~10mbar，当地房屋的玻璃被震碎。事故发生后，油料燃烧产生的大量烟尘向英国南部和其他地方扩散，在数公里之外即可看到飘散的烟尘。

爆炸引起的大火整整持续了 60h，直到 12 月 15 日大火才被扑灭，共有 25 台水泵、20 台辅助消防车和 180 名消防队员在事故现场执行灭火和救援任务，灭火工作总共消耗了 $786 \times 10^3 L$ 泡沫原液和 $68 \times 10^6 L$ 水（$53 \times 10^6 L$ 清洁水和 $15 \times 10^6 L$ 循环水）。

2. 事故原因分析

英国邦斯菲尔德油库的火灾爆炸事故尽管未造成重大环境污染和人员死亡，但是给油库自身带来了毁灭性的打击，给周围地区的商业活动和居民生活造成了严重影响。通过对库区和周围环境的调查分析，邦斯菲尔德油库火灾事故暴露出如下几个比较突出的安全问题。

（1）储罐罐体的结构设计不合理

邦斯菲尔德油库的溢油储罐能迅速在整个罐区形成大范围的高浓度油气混合物，这与立式储罐的结构设计有密切关系。该储罐顶部设有边缘板，使得溢出的油料不能沿罐壁缓慢流下，而是油料与罐体分离，倾泻而下。罐体中间还设有凸出的加强圈，使得下落的部分油料与加强圈直接碰撞，强大的撞击力强化了流体的破碎，破碎的液滴在储罐周围形成了体积更大的油气混合物。

（2）储罐的监控系统失效

邦斯菲尔德油库储罐的液位超高报警系统和储罐计量系统连接在一起，液位超高报警系统通过储罐计量系统来获取液位超高的信息，912 号储罐的自动计量系统在储罐收油过程发生故障，随着储罐液位的升高，液位指示却停止在储罐的 2/3 液位处，不能正常指示储罐的液位变化。因此，在储罐液位超高后，报警系统未能正常启动，最终导致储罐溢油，这是导致此次事故的直接原因。

（3）防火堤的密闭性不良

溢油储罐发生爆炸火灾事故后，防火堤墙体的连接处和管道与墙面的穿越处出现多处泄漏点，主要原因是防火堤的连接处和穿越处的密封剂在火焰长时间烘烤下熔化，致使防火堤的墙体出现裂缝，同时，防火堤的地面也出现了多处渗漏点，导致防火堤内大量的油料和泡沫液流失到堤外，大量污染物还渗入地下，大大扩大了库区的污染范围。

（4）应急预案低估库区火灾风险

邦斯菲尔德油库在编制应急预案时，认为油库的最大火灾风险是防火堤内形成池火，未充分认识到大面积油料蒸气云爆炸的潜在后果；英国油库（如邦斯菲尔德油库）管理者认为汽车罐车装卸站台油料泄漏蒸发形成蒸气云的风险远高于储罐泄漏形成油料蒸气云的风险。因此，在编制储罐区应急预案时，未对储罐泄漏形成油料蒸气云的火灾爆炸风险予以足够重视。

5.2.2　油库防火防爆技术

1. 防火防爆基本原理

避免或消除引发火灾、爆炸的条件，从而防止或消除火灾、爆炸事故。

2. 防火防爆措施

（1）预防性措施

使可燃物、氧化剂与点火（引爆）能源没有结合的机会，从根本上杜绝着火（爆炸）的可能性。预防性措施是最理想、最重要的措施，也是防火防爆工作的重点。

（2）限制性措施

该措施是指通过设置专门的装置、设施等，使得在一旦发生火灾爆炸时，能够起到限制火灾爆炸事故蔓延、扩大的作用。例如，在设备上或者在生产系统中安装阻火、泄压装置；在建筑物中设置防火墙等，采取限制性措施能够有效地减少事故损失。

（3）消防设施

按照法规或规范的要求，采取的灭火措施。一旦火灾初起，就能够将其扑灭，避免发展成大的火灾事故。

（4）疏散性措施

预先设置安全出口及安全通道，使得一旦发生火灾爆炸事故时，能够迅速将人员或者重要物资撤离危险区域，以减少损失。如在建筑物中或者车辆上设置安全门、疏散通道等。

3. 消除导致火灾爆炸事故的物质条件

（1）尽量不使用或少使用可燃物

较为常见情况是，以不燃或难燃溶剂代替可燃或者易燃溶剂。一般说来，沸点较高（110℃）的液体，常温（20℃）下不会达到爆炸极限浓度，使用起来比较安全。

（2）生产设备及系统尽量密闭化

正压设备或系统要防止泄漏；负压设备或系统要防止空气的渗入。

（3）采取通风除尘措施

对于因某些生产系统或设备无法密闭或者无法完全密闭，可能存在可燃气、蒸气、粉尘的生产场所，要设置通风除尘装置以降低空气中可燃物浓度。要确保将可燃物浓度

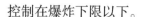

控制在爆炸下限以下。

（4）在可能发生火灾爆炸危险的场所设置可燃气（蒸气、粉尘）浓度检测报警仪器。一旦浓度超标（一般将报警浓度定为气体爆炸下限的25%）即报警，以便采取紧急防范措施。

（5）惰性气体保护

惰性气体有氦、氖、氩、氪、氙等，常用的是氮气和水蒸气，有时还可以用烟道气。

在存有可燃物料的系统中，加入惰性气体，使可燃物及氧气浓度下降，可以降低或消除燃爆危险性。

（6）对燃爆危险品的使用、储存、运输等都要根据其特性采取有针对性的防范措施。

4. 消除或控制点火源

（1）防止撞击、摩擦产生火花

机器上转动部件的摩擦，钢铁的相互撞击或钢铁与水泥地面的碰撞，带压管道或钢铁容器瞬间破裂时，物料高速喷出与容器壁摩擦等，都可能产生高温或者火花，成为火灾、爆炸的起因。

在危险区域可采取的措施有：严禁穿钉鞋进入；严禁使用能产生冲击火花的工具；在机械设备中，凡可能发生撞击、摩擦的部分应采用不同的金属（如钢与铜，钢与铝等）。

（2）防止因可燃气体绝热压缩而着火

主要由于可燃气体绝热压缩而使温度急剧上升而自燃着火。如氢气或者乙炔气等从钢瓶泄漏喷到空气中时，因喷气流猛撞空气，其一瞬间受到绝热压缩，温度上升而引起自燃着火。

（3）防止高温表面引起着火

工业生产中的加热装置、高温物料容器或者管道以及高温反应器、塔等，表面温度都比较高。其他常见的高温表面还有通电的白炽灯泡、因机械摩擦导致发热的转动部分、烟筒烟道、熔融金属等。如果可燃物与这些高温表面接触或接近时间较长，就可能被引燃。

为防止发生这类火灾，高温表面应当保温或隔热，可燃气排放口应远离高温表面，禁止在高温表面烘烤衣物等。此外，应注意清除高温表面的油污，以防其分解、自燃。

（4）防止热射线（日光）

直射的太阳光通过凸透镜、弧形、有气泡或者不平的玻璃灯，都会被聚焦形成高温焦点，可能会点燃可燃物。为此，有爆炸危险的厂房及库房必须采取遮阳措施，如将门窗玻璃涂上白漆或采用磨砂玻璃。

（5）防止电气火灾爆炸

由于电气方面的原因引起的火灾爆炸事故，在火灾爆炸事故中占相当大的比例。

（6）消除静电火花

静电指的是相对静止的电荷，是一种常见的带电现象。

（7）预防雷电

预防雷电的方法包括尽量安装避雷设施，包括避雷针、网、带等；经常对避雷设施进行维护保养；雷电环境下，应尽量避免使用电气设备。

（8）防止明火

明火主要是指生产过程中的加热用火、维修焊割用火及其他火源，它是导致火灾爆炸最常见的原因。

5. 生产过程中的明火控制

（1）加热用火的控制

加热可燃物时，应避免采用明火，宜采用水蒸气、热水或者其他热载体（导热油、联苯醚等）间接加热。如果必须采用明火加热，加热设备应当严格密闭；燃烧室应当与加热设备分开设置；设备应定期检查，特别是注意防止可燃物的泄漏。

生产装置中加热设备的布置，应当按照规定，与可能发生可燃气体（蒸气、粉尘）的工艺设备和罐区保持足够的安全距离，并应布置在容易散发可燃物料设备、系统的上风向或侧风向；两个以上的明火加热装置，应当将它们集中布置在生产装置的边缘，并与其他设备、系统保持安全距离。

（2）维修用火

维修用火主要指焊接、切割以及喷灯作业等。在油库作业中，因维修用火引发的火灾爆炸事故较多。因此，对于维修用火一般都制定了严格的管理规定，必须严格遵守。

（3）其他火源

对于其他出现明火的设备要经常检查，防止烟道蹿火等。例如，沥青熬炼设备，要注意烟囱飞火，注意选择适当的熬炼地点，并应指定专人看管，严格控制加热温度。

5.3　油库防雷技术

雷电是发生在大气中的声、光、电的物理现象。据统计，全世界每年约有10亿次雷暴发生。雷电危害举世瞩目，据美国20多年的石油火灾统计，其中55%是由雷电引起的，油库是储存易燃易爆物质的场所，一旦遭受雷击，可能导致严重的火灾炸事故，雷电是油库火灾爆炸事故重要的点火源，我国近年来由雷电引起的油库火灾爆炸事故也屡有发生，据初步统计从1972~1999年，国内共发生较大的油罐雷击着火爆炸事故20多起，造成了较大的经济损失。特别是1989年8月12日，山东黄岛油库雷击火灾爆炸事故，造成了重大的人员伤亡和财产提失，我国2006~2007年连续发生了数起储罐雷击着火事故，如仪征输油站雷击着火事故、镇海国家储备库两次雷击着火事故、镇海炼化雷击着火事故、白沙湾输油站雷击事故等。油库建（构）筑物的防雷具有其特殊性，因此，加强对油库防雷特殊规律的研究，是油库安全技术研究的内容，也是保证油库安全生产的重要技术措施。

5.3.1 案例分析

以 1989 年 8 月 12 日黄岛油库火灾事故为例进行说明。

1. 事故概况

1989 年 8 月 12 日 9 时 55 分，黄岛油库老罐区 2.3 万 m^3 原油储量的 5 号混凝土油罐爆炸起火，大火前后共燃烧 104h，烧掉原油 4 万多 m^3，老罐区和生产区的设施全部烧毁，这起事故造成直接经济损失 3540 万元。在灭火抢险中，10 辆消防车被烧毁，19 人牺牲，100 多人受伤。其中公安消防人员牺牲 14 人，负伤 85 人。

8 月 12 日 9 时 55 分，2.3 万 m^3 原油储量的 5 号混凝土油罐突然爆炸起火，罐里的原油随着轻油馏分的蒸发燃烧，形成速度大约每小时 1.5m、温度为 150~300℃ 的热波向油层下部传递。当热波传至油罐底部的水层时，罐底部的积水、原油中的乳化水以及灭火时泡沫中的水被加热汽化，使原油猛烈沸溢，喷向空中，洒落四周地面。

下午 3 时左右，喷溅的油火点燃了位于东南方向相距 5 号油罐 37m 处的另一座相同结构的 4 号油罐顶部的泄漏油气，引起爆炸。炸飞的 4 号罐顶混凝土碎块将相邻 30m 处的 1 号、2 号和 3 号金属油罐顶部震裂，造成油气外漏。约 1min 后，5 号罐喷溅的油火又先后点燃了 3 号、2 号和 1 号油罐的外漏油气，引起爆燃，整个老罐区陷入一片火海。18 时左右，部分外溢原油沿着地面管沟、低洼路面流入胶州湾。大约 600t 油水在胶州湾海面形成几条十几海里长、几百米宽的污染带，造成胶州湾有史以来最严重的海洋污染。

2. 火灾扑救

事故发生后，社会各界积极行动起来，全力投入抢险灭火的战斗。青岛市全力投入灭火战斗，党政军民 1 万余人全力以赴抢险救灾，山东省各地市、胜利油田、齐鲁石化公司的公安消防部门，青岛市公安消防支队及部分企业消防队，共出动消防干警 1000 多人，消防车 147 辆。黄岛区组织了几千人的抢救突击队，出动各种船只 10 艘。全国各地紧急调运了 153t 泡沫灭火液及干粉。北海舰队也派出消防救生船和水上飞机、直升机参与灭火，抢运伤员。经过 5 天 5 夜抢险灭火，13 日 11 时火势得到控制，14 日 19 时大火扑灭，16 日 18 时油区内的残火、地沟暗火全部熄灭。

3. 事故原因及分析

直接原因总体上说是由于非金属油罐本身存在缺陷，遭受对地雷击产生感应火花而引爆油气。具体分为以下两点：

（1）混凝土油罐先天不足，固有缺陷不易整改

黄岛油库 4 号、5 号混凝土油罐始建于 1973 年。当时我国缺乏钢材，是在战备思想指导下，边设计、边施工、边投产的产物。这种混凝土油罐内部钢筋错综复杂。透光孔、油气呼吸孔、消防管线等金属部件布满罐顶。在使用一定年限以后，混凝土保护层脱落，钢筋外露，在钢筋的捆绑处、间断处易受雷电感应，极易产生放电火花，如周围油气在爆炸极限内，则会引起爆炸。

混凝土油罐体极不严密，随着使用年限的延长，罐顶预制拱板产生裂缝，形成纵横交错的油气外泄空隙。

混凝土油罐多为常压油罐，罐顶因受承压能力的限制，需设通气孔泄压，通气孔直通大气，在罐顶周围经常散发油气，形成油气层，是一种潜在的危险因素。

（2）混凝土油罐只重储油功能，大多数因陋就简，忽视消防安全和防雷避雷设计，安全系数低，极易遭雷击

罐顶部装设了防感应雷屏蔽网，因油罐正处在使用状态，网格连接处无法进行焊接，均用铁卡压接。这次勘察发现，大多数压固点锈蚀严重。

间接原因如下：

（1）黄岛油库区储油规模过大，生产布局不合理

黄岛油库和青岛港务局油港两家油库区分布在不到 1.5km^2 的坡地上，早在 1975 年就形成了 34.1 万 m^3 的储油规模。出事前达到 76 万 m^3，从而形成油库区相连、罐群密集的布局。

黄岛油库老罐区 5 座油罐建在半山坡上，输油生产区建在近邻的山脚下，这种设计只考虑利用自然高度差输油节省电力，而忽视了消防安全要求，影响对油罐的观察巡视。而且一旦发生爆炸火灾，首先殃及生产区。这不仅给黄岛油库区的自身安全留下长期隐患，还对胶州湾的安全构成了永久性的威胁。

（2）消防设计错误，设施落后，力量不足

油库 1 号、2 号、3 号金属油罐设计时，是 5000m^3，而在施工阶段，仅凭一位领导的个人意志，就在原设计罐址上改建成 10000m^3 的罐。这样，实际罐间距只有 11.3m，远远小于安全防火规定间距 33m。

罐顶上的消防设施不能使用。库区油罐间的消防通道是路面狭窄、坎坷不平的山坡道，且为无环形道路，消防车没有掉头回旋余地，阻碍了集中优势使用消防车抢险灭火的可能性。

（3）油库安全生产管理漏洞频出

油库原有 35 名消防队员，其中 24 人为农民临时合同工，由于缺乏必要的培训，技术素质差，在 7 月 12 日有 12 人自行离库返乡，致使油库消防人员严重缺编。

青岛市公安局十几年来曾 4 次下达火险隐患通知书，要求限期整改，停用中间的 2 号罐。但直到这次事故发生时，始终没有停用 2 号罐。此外，对职工要求不严格，工人劳动纪律松弛，违纪现象时有发生。

5.3.2 油库雷击危害分析

1. 雷电的危害性

雷电具有很大的破坏力和多种破坏作用。雷电对油库的危险性可归纳为直接雷击、雷电副作用、雷电波侵入、反击 4 种形式，其破坏作用主要表现为放电时所显示的各种物理效应和作用。

（1）电效应

落地雷具有数万甚至数十万、数千万伏的冲击电压，足以烧毁电力系统的发电机、变压器、断路器等设备及电气线路，引起绝缘击穿而发生短路，导致可燃、易燃物的着火和爆炸。

（2）热效应

落地雷的电流一般为数十至数千安培，有的峰值电流高达数万安培至 10 万 A。当这种强大的"雷击电流"通过导体时，在极短的时间内转换为大量的热能。雷电通道中的这种热能可使金属熔化或气化，往往酿成火灾。

（3）机械效应

雷电的热效应将使物质和各种结构缝隙里的气体剧烈膨胀，同时使水分和其他物质分解为气体，造成雷击物内部出现强大的机械压力，致使雷击物遭受严重破坏或爆炸，砖、石、混凝土、木结构建筑物和构筑物毁坏，油罐胀裂或凹陷等。

（4）静电效应

油库金属设备较多，当这些金属设备处于雷云和大地间的电场之中时，金属物上会感应大量电荷。雷云放电后，云与大地之间的电场消失，但金属物上的感生电荷却不能立即逸散，产生很高的对地静电感应电压。静电感应电压往往高达几万伏，可以击穿数十厘米的空气间隙而发生火花放电，这对油库安全威胁很大。

（5）电磁感应

具有很高电压和很大电流、发生时间极短的雷电，在它周围空间将产生强大的交变磁场，处于这一磁场中的导体感生出较大的电动势，还会在闭合回路的导体中产生感应电流。如导体回路中有地方接触电阻较大时，就会局部发热或发生火花放电。这对储存易燃、可燃油品，易于积聚爆炸性混合气体的油库来说是很危险的。

（6）雷电波侵入

当雷击架空电力线路、金属管路时，产生的冲击电压使雷电波沿着线路或管道迅速传播。当侵入建筑物内时，可造成配电装置和电气线路绝缘击穿而产生短路，或者使建筑物内的易燃、可燃油品燃烧、爆炸。此种雷电灾害占整个雷电灾害的 50%~70%。

（7）反击

当建筑物、构筑物、防雷装置等遭受雷击时，其内外的电气线路、金属管道等具有很高的电压，如其间距较近时，可产生火花放电，这种现象叫作反击。反击可能引起电气设备绝缘破坏，金属管路烧穿，甚至造成着火和爆炸事故。

2. 雷电对油库的危害性

油库中储存的油品具有易挥发、易流失、易燃烧、易爆炸等性质，石油产品的蒸气与空气的混合比例达到爆炸浓度范围时，遇火花即能爆炸，从而引发火灾爆炸事故。雷电对石油储罐的主要威胁是雷击所产生的火花，可引起油气混合物爆炸起火，酿成火灾。直击雷、感应雷、感应静电势、雷电反击及球雷都可能引起石油储罐起火爆炸。

（1）直击雷危害

雷云和大地之间的放电称为直击雷，直击雷产生的雷电流峰值高达数十至数百千安，其热效应可以在雷击点局部范围内产生高达 6000~10000℃ 的高温和 5000~6000N 的强大冲击性机械力。强大的电流、灼热的高温和剧烈的冲击性机械力，可以导致被击物体结构性破坏、损毁、燃烧、熔化、爆炸。金属油罐罐顶遭受直击雷时，电能迅速向热能转换，此时雷击点产生强烈电弧，熔化的金属火花四处飞溅，可以点燃由呼吸阀或透气管散发出的油气，当油罐内的油气浓度达到着火混合比时，进入油罐内的火花可使整个油罐爆炸起火。直击雷的破坏作用主要是电效应破坏、热效应破坏和机械效应破坏。

（2）感应雷危害

当雷云之间或雷云与大地之间放电时，在放电通道周围会产生电磁感应，储罐及其附件遭受感应雷时，会在罐体的金属导体上产生感应电势，如果在这些导体上有某一点未连通，在该点处就会产生感应电火花，从而引起油罐爆炸起火。储罐从外部引入与系统设备连接的各类电源线和控制信号线，为雷电入侵的主要通道。

（3）感应静电势

当雷云对地面放电后，云端与大地间的电场突然消失，使储油罐体上来不及流散的正电荷成为自由静电荷，因而对地产生很高的静电势，俗称"静电感应电压"，它能使导体的间隙处产生静电感应火花，从而引起油罐爆炸起火。

（4）雷电反击

当防雷装置接受雷击时，在接闪器、引下线和接地体上都会产生很高的电位差。如果防雷装置与附近的金属构筑物或金属管线的绝缘距离不够，它们之间就会产生雷电反击而放电，从而引起油罐爆炸起火。

（5）球雷

球雷是雷电放电时形成的发红光、橙光、白光或其他颜色光的火球。自天空落下沿地面水平移动或滚动的球雷对地下式、半地下式储油罐威胁很大，当它与罐顶上的任何金属附件（如机械式呼吸阀、液压安全阀、透气管、量油孔、人孔、避雷针等）相遇就会爆炸，从而引起油罐爆炸起火。

通过对国内油罐雷击事故资料的统计分析可知，雷电产生的火花引燃油气是导致油库火灾爆炸的主要原因

5.3.3 油库雷击事故的预防与控制

通过对大量油库雷击事故资料的分析研究，从历次油库重大雷击事故的惨痛教训中，可以得出油库雷击事故的主要原因如下：

（1）未安装防雷装置。

（2）防雷装置安全性能不合格，如部分油库防雷装置中的引下线偏窄且腐蚀严重。

（3）防雷装置的设计、安装不符合法规和技术标准的要求，如断接卡设计不合理、浮顶罐的密封装置设计不合理等。

（4）防雷安全知识缺乏、意识淡薄、责任意识不强。

（5）防雷安全管理工作存在漏洞。

开展油库雷击事故的预防与控制，其主要依据是相关的国家法律、法规、标准、规范，目前我国相关的防雷标准主要有 GB 50057—2010《建筑物防雷设计规范》、GB 15599—2009《石油与石油设施雷电安全规范》、GB 50156—2012《汽车加油加气站设计与施工规范》、GB 50160—2008（2018 版）《石油化工企业设计防火标准》、GB 50074—2014《石油库设计规范》、GB 50183—2015《石油天然气工程设计防火规范》等。

安全管理理论中关于事故预防与控制的一个重要理论就是"3E"理论，即从安全技术（Engineering）、安全管理（Enforcement）和安全教育（Education）3 个方面采取综合措施，防止事故的发生。

1. 油库防雷安全技术措施

雷电预警周期短、难度大，而瞬间影响剧烈、灾害十分严重。因此，油库防雷减灾必须坚持"预防为主、防治结合"的方针，事先采取工程性技术措施，科学有效设防，才能最大限度地避免和减少雷电灾害。

防雷装置是利用高出被保护物的突出位置，把雷电引向自身，然后通过引下线和接地装置把雷电引入大地，以保护设备免遭雷击。油库防雷设施应符合石油石化行业防雷标准的技术规范要求。

（1）油库储油罐防雷技术规范要点

①钢储罐顶板钢体厚度不小于 4mm，且装有呼吸阀和阻火器时，可不装设避雷针。但油罐应有良好接地，大型储罐接地体应采用耐腐蚀且导电性能优良的材料。接地点不小于两处，并应沿罐周均匀或对称布置，其罐壁周长间距不大于 30m，接地体距罐壁的距离应大于 3m，引下线采用不小于 4mm×40mm 热镀锌扁钢。宜在距离地面 0.3~1.0m 之间装设断接卡，断接卡应采用 4mm×40mm 不锈钢材料，用 2 个型号为 M12 的不锈钢螺栓加防松垫片连接，宜将储罐基础自然接地体与人工接地装置相连接，其接地点不应少于两处，冲击接地电阻不应大于 10Ω。

②铝顶储罐顶板厚度小于 7mm 和钢储罐顶板厚度小于 4mm，虽装有呼吸阀和阻火器，也应在罐顶装设避雷针，且避雷针与呼吸阀的水平距离不应小于 3m，保护范围高出呼吸阀不应小于 2m。

③浮顶罐（包括内浮顶油罐），由于密封严密，可不装设避雷装置，但浮顶与罐体间应采用两根截面积不小于 50mm² 的扁平镀锡软铜复绞线或绝缘阻燃护套软铜复绞线进行可靠的电气连接，其连接点不少于两处。宜采用有效的、可靠的连接方式将浮顶与罐体沿罐周做均布的电气连接，连接点沿罐壁周长的间距不应大于 30m。连接点用铜接线端子及 2 个 M12 的不锈钢螺栓连接并加防松垫片固定。

④金属储罐的阻火器、呼吸阀、量油孔、人孔、切水管、透光孔等金属附件应等电位连接。

⑤与金属储罐相接的电气、仪表配线应采用金属管屏蔽保护。配线金属管上下两端

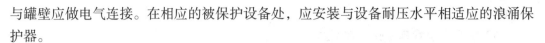

与罐壁应做电气连接。在相应的被保护设备处，应安装与设备耐压水平相适应的浪涌保护器。

（2）山洞易燃油品油罐预防高电位引入技术要求要点

①地上或管沟敷设的金属管道在雷击或雷电感应时，会将高电位引入洞内。所以，进出洞内的金属管道从洞口算起，当其洞外埋地长度超过$2\sqrt{\rho}$ m（ρ 为埋地电缆或金属管道处的土壤电阻率，$\Omega \cdot m$）且不小于 15m 时，应在进入洞口处做一处接地。当其洞外部分不埋地或埋地长度不足$2\sqrt{\rho}$ m 时，除在进入洞口处做一处接地外，还应在洞外做两处接地，接地点间距不应大于 50m，接地电阻不宜大于 20Ω。

②雷击时，高电位可能沿电力、信息架空线路进入洞内造成危害。因此，电力和信息线路应采用铠装电缆埋地引入洞内。洞口电缆的外皮应与洞内的油罐、输油管道的接地装置相连。由架空线路转换为电缆埋地引入洞内时，从洞口算起，当洞外埋地长度超过$2\sqrt{\rho}$ m 时，电缆金属外皮应在进入处做一处接地。当埋地长度不足$2\sqrt{\rho}$ m 时，电缆金属外皮除在进入洞口处做一处接地外，还应在洞外做两处接地，接地点间距不应大于 50m，接地电阻不宜大于 20Ω。电缆与架空线路的连接处，应装设过电压保护器。过电压保护器、电缆外皮和瓷瓶铁脚，应做电气连接并接地，接地电阻不宜大于 10Ω。

③当洞外金属呼吸管和金属通风管在遭受直击雷、感应雷的高电位时，会通过管道引入洞内，就可能在间隙处放电引燃油气造成爆炸着火。因此，金属通气管和金属通风管的露出洞外部分，应装设独立避雷针，其保护范围应高出管口 2m，独立避雷针距管口的水平距离不应小于 3m。爆炸危险 1 区应在避雷针的保护范围以内；避雷针的尖端应设在爆炸危险 2 区之外（我国防爆标准与 IEC 一样，对爆炸性气体危险场所划分为 3 个区域，即 0 区、1 区、2 区。0 区：在正常情况下，爆炸性气体混合物连续的、短时间频繁地出现或长时间存在的场所（1000h/a）；1 区：在正常情况下，爆炸性气体混合物有可能出现的场所（10~1000h/a）；2 区：在正常情况下，爆炸性气体混合物不可能出现，仅在不正常情况下偶尔短时间出现的场所（10h/a 以下）。

（3）信息系统防雷要求

①为减少雷电波沿配线电缆传入控制室，将信息系统击坏，装于地上钢油罐上的信息系统的配线电缆应采用屏蔽电缆。电缆穿钢管配线时，其钢管上、下两处应与罐体做电气连接并接地。

②为防止雷电电磁脉冲过电压损坏信息装置的电子器件，油库、加油站内信息系统的配电线路首末端需与电子器件连接时，应装设与电子器件耐压水平相适应的过电压保护（电涌保护）器。

③为了尽可能减少雷电波侵入，避免发生雷电火花引发事故，油库、加油站内的信息系统配线电缆，宜采用铠装或屏蔽电缆，电缆敷设宜埋于地下。电缆金属外皮两端及在进入建筑物处应接地。当电缆采用穿钢管敷设时，钢管两端及在进入建筑物处应接地。建筑物内电气设备的保护接地与防感应雷接地应共用一个接地装置，接地电阻值按其中的最小值确定。

④为防止信息装置被雷电过电压损坏，油罐上安装的信息系统装置，其金属外壳应与油罐作电气连接。

⑤因电信系统连线存在电阻和电抗，若连线过长，电压降过大，会产生反击，将信息系统的电子元件损坏。因此，油库、加油站的信息系统接地，宜就近与接地装置连接。

（4）其他爆炸危险区域防雷要求

①易燃油品（甲，乙类油品）厂房、泵房（棚）防雷

a）易燃油品厂房、泵房（棚）属于爆炸和火灾危险场所，应采用避雷带（网）。网格为均压分流，降低反击电压，将雷电电流顺利泄入大地。避雷带（网）的引下线不应少于2根，并应沿建筑物四周均匀对称布置，其间距应不大于18m。网格不应大于10m×10m或12m×8m。

b）为防止过电压进入危险场所，进出厂房、油泵房（棚）的金属管道、电缆的金属外皮、所穿管道或架空电缆金属槽，在厂房、泵房（棚）外侧应当做一处接地，接地装置应与保护接地装置及避雷带（网）接地装置合用。

②可燃油品（丙类油品）厂房、泵房（棚）防雷

a）可燃油品厂房、泵房（棚）属于火灾危险场所，防雷要求低于易燃油品泵房（棚）。在平均雷暴日大于40d/a的地区，厂房、油泵房（棚）宜装设避雷带（网），其引下线不应少于2根，间距不应大于18m。

b）进出厂房、油泵房（棚）的金属管道、电缆的金属外皮、所穿管道或架空电缆金属槽，在厂房、泵房（棚）外侧应做一处接地，接地装置应与保护接地装置及避雷带（网）接地装置合用。

③装卸易燃油品鹤管和油品装卸栈桥防雷

a）露天装卸油作业设施，雷雨天不允许作业。没有作业就不存在爆炸危险区域，所以不装设避雷针（带）。

b）在棚内进行装卸油作业的设施，雷雨天也可能进行作业，这样就会存在爆炸危险区域。因此，在棚内进行装卸油作业的，棚设施应装设避雷针（带），避雷针（带）的保护范围应为爆炸危险区域1区。

c）油品装卸作业区是爆炸危险场所，装卸油品设备（包括钢轨、管路、鹤管、栈桥等）应作电气连接并接地，冲击接地电阻应不大于10Ω。

④在爆炸危险区域内的输油（气）管道防雷

a）输油（气）管道可用其自身作接闪器，其弯头、阀门、金属法兰盘连接处的过渡电阻大于0.03Ω时，连接处应用金属线跨接，连接处应压接接线端子。对有不少于5根螺栓连接的金属法兰盘，在非腐蚀环境下可不跨接，但应构成电气通路。

b）管路系统的所有金属件，包括护套的金属包覆层，应接地。管路两端和每隔200~300m处，以及分支处、拐弯处均应有接地装置，接地点宜在管墩处，其冲击接地电阻不得大于10Ω。

c）可燃气体放空管路应安装阻火器或装设避雷针，当安装避雷针时保护范围应高于

管口 2m，避雷针距管口的水平距离不应小于 3m。

d）埋地管道上应设接地装置，并经隔离器或去耦合器与管道连接，接地装置的接地电阻应小于 30Ω。

e）埋地管道附近有构筑物（高压线杆塔、变电站、电气化铁路、通信基站等）时，宜沿管线增设屏蔽线，并经去耦合器与管道连接。

f）为防止平行管道之间产生雷电反击火花，平行敷设于地上或管沟的金属管道，其净距离小于 100mm 时，应用金属线跨接，跨接点的间距不应大于 30m。管道交叉点的净距离小于 100mm 时，其交叉点应用金属线跨接，这样可使管道之间形成等电位，就不会产生雷电反击火花了。

2. 油库防雷的安全教育措施

油库防雷工作直接关系到人民生命财产安全，关系到经济的发展与社会的稳定。因此，加强宣传教育，增强防雷意识，提高各级人员对防雷减灾工作必要性和重要性的认识，是油库、加油站防雷工作的一项重要内容。

目前，我国已颁布了一些国家防雷标准，要加强对防雷规范的宣传教育，以增强油库各级人员的防雷意识和防雷技术水平。宣传教育活动要形式多样，常抓不懈，做到防雷工作年年讲、月月讲、天天讲，警钟长鸣。同时还要加强对各级领导的宣传教育力度，使其了解、熟悉、掌握有关防雷的法律、法规、规范、标准等相关内容，提高对防雷减灾管理工作重要性的认识，切实加强对防雷减灾管理工作的领导。认真落实"谁主管，谁负责"的安全工作行政首长负责制，坚持"安全第一，预防为主，防治结合"的原则，履行好防雷减灾的各项社会管理职能。

3. 油库防雷的安全管理措施

（1）加强对油库防雷工作的监督管理，确保防雷工作有效开展

雷电是自然火种，从油库选址开始，到设计、施工、生产管理的各个环节都要注意防雷。油库新（改、扩）建工程应当依法安装防雷装置，防雷装置由防雷工程专业单位设计、施工，确保防雷装置的设计、施工符合国家标准和技术规范。防雷工程设计、施工单位和防雷检测单位实行资质管理，实行油库防雷装置建设、维护纳入档案管理制度，推行油库雷电灾害监测、预警制度，实施雷电灾害和事故责任追究制度。

（2）加强对油库防雷设施的安全检查，及时发现事故隐患

每年雷雨季节之前，应检查、维修防雷电设备和接地。主要检查项目包括：检查防雷设备的外观形貌、连接程度，如发现断裂、损坏、松动应及时修复，运行 15 年及以上，腐蚀较严重区域的接地装置宜进行开挖检查，发现问题及时处理；检测防雷装置接地电阻值、等电位连接接触电阻，如发现不符合要求，应及时修复；清洗堵塞的阻火芯，更换变形或腐蚀的阻火芯，并应保证密封处不漏气。

接地电阻测量方法主要有以下 3 种。

① 电流表 – 电压表法

欧姆定律是测量接地电阻的基本原理，按 $R_E = U_V / I_A$ 进行相关计算，采用交流电源给

测量电路供电。

通常在测量过程中，常选用圆柱形金属导体作为辅助电极 C（一般为多根，长度不小于 2.5m，直径为 50mm），选用圆柱形金属导体作为辅助接地极（电压极）P（一般选取长度不小于 1m，直径约 25mm）。两个辅助接地极与接地电阻要放置在一条直线上，且辅助接地极 P、C 之间的距离为辅助接地极 C 与接地电阻 E 之间距离的一半（其中 E 和 P 之

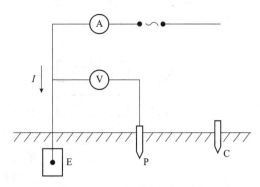

图 5-1 I-V 法测量电路示意图

间距离应不小于 20m）。需要将误差降到最小，依据误差原理，可以将辅助接地极 C 进行左右移动，并多次测量，将最大和最小值剔除掉，求得的平均值可以作为最终测量结果。0.618 布极法通常应用于大型的圆形或矩形接地网，D 为圆形接地网直径或矩形接地网的对角线长，辅助接地极 P 距被测接地网距离为 $0.618 \times 2D \approx 1.24D$ 处。

②三极法

三极法的三极是指图 5-2 上的被测接地装置 G、测量用的电压极 P 和电流极 C。图中测量用的电流极 C 和电压极 P 离被测接地装置 G 边缘的距离为 $d_{GC}=（4~5）D$ 和 $d_{GP}=（0.5~0.6）d_{GC}$，D 为被测接地装置的最大对角线长度，点 P 可以认为是处在实际的零电位区内。为了较准确地找到实际零电位区，可把电压极沿测量用电流极与被测接地装置之间连接线方向移动三次，每次移动的距离约为 d_{GC} 的 5%，测量电压极 P 与接地装置 G 之间的电压。如果电压表的三次指示值之间的相对误差不超过 5%，则可以把中间位置作为测量用电压极的位置。

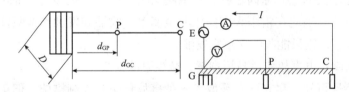

图 5-2 三极法的原理接线图

元件：G—被测接地装置；P—测量用的电压极；C—测量用的电流极；E—测量用的工频电源；
A—交流电流表；V—交流电压表

把电压表和电流表的指示值 U_G 和 I 代入式 $R_G=U_G/I$ 中，得到被测接地装置的工频接地电阻 R_G。

当被测接地装置的面积较大而土壤电阻率不均匀时，为得到较可信的测试结果，宜将电流极离被测接地装置的距离增大，同时电压极离被测接地装置的距离也相应地增大。

在测量工频接地电阻时，如 d_{GC} 取（4~5）D 值有困难，当接地装置周围的土壤电阻率较均匀时，宜 d_{GC} 取 $2D$ 值，而 d_{GP} 取 D 值；当接地装置周围的土壤电阻率不均匀时，宜 d_{GC} 取 $3D$ 值，d_{GP} 值取 $1.7D$ 值。

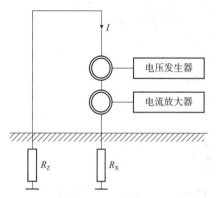

图 5-3   钳形接地电阻测量原理示意图

使用接地电阻测试仪进行接地电阻值测量时，宜按选用仪器的要求进行操作。

③非接触测量法

采用钳形接地电阻测量仪进行测量是当前最主要的非接触测量法，它是依据欧姆定律与电磁感应原理来测量闭合回路的电阻。而采用该方法进行测量时，一般要采用辅助电极来配合测量，可以使辅助电极与接地电阻之间形成闭合回路。图 5-3 为钳形接地电阻测量原理示意图，其中 R_X 为被测接地电阻，R_Z 为辅助接地极电阻，钳形接地电阻测量仪则是利用电磁感应原理来测出钳口上面的电流值和电压值，然后根据欧姆定律计算出接地回路的总电阻值。当 R_Z 远小于 R_X 时，则可以近似地认为计算出的回路总电阻就是被测接地电阻。

（3）加强对雷雨天气时输油作业的管理

油罐在收发油品作业时，空间油气浓度变化相当大。收油时，油罐呼出量很大，大量油气外排，可在呼吸阀周围形成较大范围的爆炸危险性环境，遇火源可引发爆炸。油罐在发油时，随着油料输出液位下降，罐中气体空间增大，罐内气体压力变小，大量空气补充进入罐内，当达到爆炸极限时，遇火即发生爆炸；同时油料输出使罐内形成负压，罐外燃烧的火焰较易吸入罐内，使罐内油气爆炸。

而对于内浮顶罐，因浮顶和液面之间不存在空间，罐内不易积聚油气，也大大减少了收发油时的呼吸量，因此选用内浮顶罐有利于收发油品作业安全。

雷击是油罐起火的主要原因之一，在油罐雷击事故中，较多的是非金属油罐，而金属油罐雷击事故少。因此在雷雨天应停用非金属罐，收油和发油作业只能使用金属浮顶罐，对金属拱顶罐，则只能收油而不宜发油。

（4）制定油库雷电事故应急救援预案，减少事故损失

从事故的特性可知，尽管已经采取了各种事故预防和控制措施，但仍然存在着发生事故、造成损失的可能。特别是对于雷电这种难以完全预防和控制的危险源，一旦油库发生雷击爆炸事故，就会造成重大的经济损失和人员伤亡。因此，制定出科学、合理的油库雷电事故应急救援预案是各级油库管理人员，特别是高层管理人员所必须充分考虑并予以实施的重要工作，也是油库安全管理工作的主要手段之一。

5.4　油库防静电技术

石油及其产品在储、运、灌、注的过程中，不可避免地会发生搅拌、沉降、过滤、摇晃、冲击、喷射、飞溅、发泡，以及流动等接触、摩擦、分离的相对运动而产生、积聚静电，当静电积聚到一定程度时，就可能因放电而引发着火爆炸事故。静电是油库着

火爆炸事故的主要点火源之一，油库因静电放电引发的着火爆炸事故时有发生。因此，研究静电的危害，采取工程技术手段和管理对策，是预防和避免静电危害的一项重要任务。

5.4.1　案例分析

事故 1：2003 年 4 月 7 日，美国俄克拉荷马州 Glenpool 油库一座 12719m³ 的储油罐在装入柴油过程中爆炸起火，大火燃烧 21h，造成另外两座储罐受损，经济损失达 235.7×10⁴ 美元。

事故 2：2002 年 12 月 20 日，某公司环烷酸装置进行催化汽油碱渣进料作业，V201、V203 罐相继爆炸着火，罐顶飞出 20m，罐体倾斜损坏，无人员伤亡。

事故 3：2005 年 3 月 3 日，某炼油厂装运车间进行污油回收作业，一座污油罐爆炸，导致 2 人死亡。

事故原因分析：

事故 1 的原因是油罐内浮顶不居中，罐壁与弹性密封间隙一侧约 10cm，另一侧紧密压实在罐壁上，装油作业加剧罐壁和浮顶间形成易燃油气混合物；装油管道高流速（2.3~3m/s，推荐最高速度 1m/s）和集油池区域产生的湍流导致静电电荷的产生、积累和释放。

事故 2 的原因是 V201 罐采用上部进料方式，距罐底 7.8m，罐内液位 3.3m，物料喷溅产生静电火花，引爆罐内可燃气体。

事故 3 的原因是向污油罐注油过程中，胶管出口未插入液面以下，喷射泄油产生静电，引爆罐内气体。

5.4.2　油库静电危害的特点

静电对油库的最大危害是可能导致燃烧、爆炸事故，主要有下述特点：

（1）静电危害涉及的范围较广。油库是储存易燃易爆危险品的场所，一旦因静电危害而燃烧、爆炸，往往不是造成某一设备受损，而是造成某一场所、某一区域受损，甚至整个油库的安全都会受到威胁。

（2）静电危害的危险大。油库内许多场所属于爆炸危险场所，在这些场所，发生静电危险的条件比较容易形成，有时仅仅一个火花就能使一个场所遭受严重破坏。

（3）静电对油库的危害是在瞬间完成的，人们只能采取预防措施。

鉴于上述特点，要杜绝静电危害，就必须以预防为主，落实各种防静电危害措施。

5.4.3　形成静电危害的条件

静电危害是在一定条件下造成的，引起静电危害的条件可归纳为 4 点，即：

（1）有静电产生的来源；

（2）静电得以积累，并达到足以引起火花放电的静电电压；

（3）静电放电的火花能量达到爆炸性混合物的最小引燃能量；

（4）静电火花周围有足够的爆炸性混合物存在。

上述 4 个条件，任何一个条件不具备时，都不会引起静电危害。

5.4.4　防静电危害措施

在油库作业中，防静电措施主要有 3 个方面：减少静电产生、促进静电流散和避免静电放电。油库预防静电火灾的措施如图 5-4 所示。

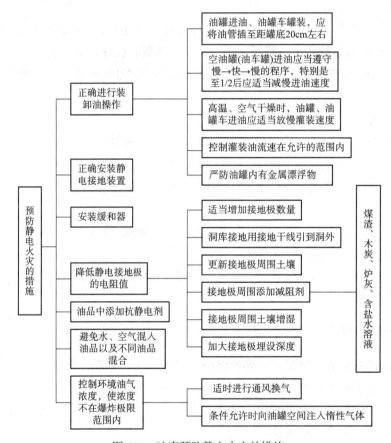

图 5-4　油库预防静电火灾的措施

1. 减少静电产生

减少静电产生的措施有以下 6 个方面。

（1）控制流速是减少静电产生的有效方法。大多数国家都把灌装油最初速度限在 1m/s 左右，待油管出口被浸没以后，可逐步提高流速，但最大流速不应超过 7m/s。

（2）减少轻油与高起电材质剧烈摩擦（除过滤器外）。禁止在加油管口、加油枪口加装绸套进行过滤，也不要在漏斗里加过滤绸过滤轻油；输送油品前，注意排放输油系统的水分和杂质；吸入系统的连接和填料应密封，不让空气吸入；不要用高起电材质制作轻油储油容器和轻油输油管，不能用非导电的塑料桶装汽油。

（3）避免喷溅式灌装油。采用潜流式灌装油代替喷溅式灌装油，以减少冲击、喷溅。

（4）避免其他形式的摩擦起电。如不拉塑料管、尼龙管上油罐，使用导静电传动皮带，风机和风管连接的柔性软管应使用防静电织物，不用化纤织物、泡沫塑料擦拭油罐等。

（5）减少人体静电。在0级、1级爆炸危险场所，不应在地坪上涂刷绝缘油漆，不用橡胶板、塑料板、地毯等绝缘物铺地；工作人员需要穿着防静电工作服和工作鞋，现场不准脱衣服、鞋、帽、梳头、拍打衣服等类似行为。作业前应先释放掉人体所带静电并做好外来人员的静电防护。禁止用化纤和丝绸类纱布擦拭油罐口、量油口等。

（6）注意转换灌装油品。所谓转换装油就是给曾经装过轻质油料的油罐车改装重油。转换装油时，应排净残留的油品和爆炸性混合气体，最好进行清洗。

2. 促进静电流散

提高介质导电率和提供静电流散通道是促进静电流散的两个途径，通常采用如下办法来加快静电流散。

（1）设备接地

金属储罐、泵房工艺设备、输油管线、鹤管等均应可靠接地，有利于带电油品的静电流散。需要接地的设备应与接地干线或接地体直接相连，不得彼此串联。各生产工艺系统的总泄漏电阻都应在 $1 \times 10^6 \Omega$ 以下，各专设的静电接地体的接地电阻不应大于 100Ω，直径大于2.5m或容量大于 $50m^3$ 油罐接地点不应少于两处；带螺旋钢丝或内嵌铜丝编织的胶管，在胶管的两端应将钢（铜）丝与设备可靠连接，并接地；移动设备的接地可采用电池夹头、鳄鱼夹钳等连接器做临时性连接，但不应用连接不可靠的缠绕方式；油罐测量孔应有接地端子，以供采样器、测温盒、导电绳子等接地。

（2）其他导静电措施

①当油罐内壁采用导静电型防腐蚀涂料时，应采用本征型静电防腐蚀涂料或非碳系的浅色添加型导静电防腐蚀涂料，涂层的表面电阻率应为 $10^8\sim10^{11}\Omega$；

②在装油管路的过滤器之后，设置足够的缓和长度，以增加流散时间（以30s为宜）；

③储油罐进口设缓和室；罐内设接地隔板；绝缘罐（涂有良好绝缘涂层）内，在进口的油流方向设置裸露金属板，并与绝缘罐进油口的管接头进行电气连接，使带电油品进罐后，充分连接接地体；

④喷气燃料加抗静电添加剂。根据试验，喷气燃料加抗静电添加剂是加速静电流散的有效方法，具有显著的消静电效果；

⑤进油管出口采用45°切口或其他易减少静电产生的形式；

⑥场地喷水，增加湿度。场地喷水，增加湿度适用于能被水浸湿，或者在表面能形成导电水膜的情况。如水蒸气能湿润衣服和地面，以降低人体静电；

⑦在可能产生静电危险的爆炸危险场所的入口处设置静电释放器，以消除人体静电；

⑧汽车油罐车采用导电橡胶拖地带，以消除油罐车运输途中产生的静电；

⑨在油罐车装卸系统安装消静电器。

带电油品进入消静电器绝缘管后，由于对地电容变小，使内部电位提高，在管内形成高电压段，使电离针端部具有高电场，其内堆积的电荷被吸入油品中和，或者因高场强使油品部分电离发生中和作用，达到消除部分静电的效果。

3. 避免静电放电

静电产生也往往伴随着静电逸散，如果是自然逸散就不会形成危害，如果以火花放电的形式逸散，就具有很大的危险性，可能引起着火爆炸。

避免形成或减少放电的机会，主要采用以下方法：

（1）金属设备进行电气连接并接地，相邻设备形成等电位。

（2）防止静电放电间隙形成。清除罐内能聚集油面电荷的金属漂浮物或悬挂金属物。对不能撤除的油面计量浮子等，必须用导线与油罐壁进行电气连接并接地，使之成为油面静电流散的通道，而不能成为危险的电荷收集体。

（3）灌装油后静置一定时间。轻质油品进入油罐、油轮、油舱、油罐车后，经过一定的静置时间，使静电自然逸散，方可检尺、测温、采样。

（4）正确使用测温盒和采样器。测温盒和采样器必须用导静电的绳索，并与油罐体进行可靠连接；油罐的测量口应当设置铜（铝）护板、导尺槽、接地端子；检尺时，测尺应沿导尺槽下放上提，测量过程中应将护板盖好；严禁使用化纤布擦拭测量、取样、测温器具。

（5）储油、运油容器清洗。禁止用高压水、压缩空气冲洗轻油（含原油）油罐、油轮、油舱；严禁用汽油等易燃液体清洗设备、器具、地坪；严禁用压缩空气清扫装过轻质油料的管线、油罐；严禁用化纤和丝织物及泡沫塑料擦拭储油、输油设备；严禁用汽油、煤油洗涤化纤和丝织物；严禁用非导电塑料桶灌装易燃油品；在作业现场使用的一切胶管、软管等必须采用防静电制品。

5.4.5　防静电接地

我国现行的 GB 50074—2014《石油库设计规范》、GB 50156—2012《汽车加油加气站设计与施工规范》和 YLB 3002A—2003《军队油库防静电危害安全规程》等相关标准、规范对油库、加油站设备设施防静电接地进行了明确规定。

1. 防静电接地范围

除已做了防雷电措施的设施无须再做静电接地外，还应考虑其他设施、设备的防静电接地：

①金属油罐、输油管线、泵房工艺设备；

②钢质栈桥、鹤管、铁路钢轨；

③铁路油罐车、汽车油罐车、油轮（驳）；

④零发油工艺设备、灌桶设备、加油枪（嘴）；

⑤非金属油罐的外露金属构件、附件；

⑥洗桶设备；

⑦人体静电排放。

2. 防静电接地的要求及具体做法

根据油库防静电接地规定，结合油库工程实际和使用情况，对防静电接地做法的一般要求如下所述：

（1）洞库防静电接地系统做法

储油洞库内的油罐、油管、油气呼吸管、金属通风管（非金属通风管的金属件）、管件等都应用导静电引线（$\phi 8mm$ 或 $\phi 10mm$ 钢筋）连接。主巷道内应设置导静电干线（一般用 40mm×4mm 扁钢），用引线和干线连接形成导静电系统。干线引至洞外，在适当位置设静电接地体。如有两个以上洞口，最好向两个口引出接地干线，每个口设置一组接地体。

（2）油罐防静电接地做法

金属油罐外壁，应设置防静电接地点，容量大于 $50m^3$ 的油罐，其接地点应不少于两处，对称设置，且间距不大于 30m，并连接成环形闭合回路。非金属油罐应在罐内设置防静电导体引至油罐外接地，并应与油罐的金属管线连接。卧式油罐静电接地装置示意图、立式地面油罐防静电接地装置示意图如图 5-5 和图 5-6 所示。另外，油罐测量孔附近应设置接地端子，以便采样器、测温盒的导电绳和测量工具接地。当油罐内壁采用导静电型防腐蚀涂料时，应采用本征型静电防腐蚀涂料或非碳系的浅色添加型导静电防腐蚀涂料，涂层的表面电阻应为 $10^8 \sim 10^{11} \Omega$。

（3）输油管路的防静电接地做法

地上、管沟敷设输油管路的两端、分岔、变径、阀门等处，以及较长管道每隔 200m 左右都应接地一次；输油用胶管外壁应有金属绕线；所有管件、阀门的法兰连接处都应设置导静电跨接；平行敷设的管线之间在管道支架（固定座）处应设置导静电跨接，平

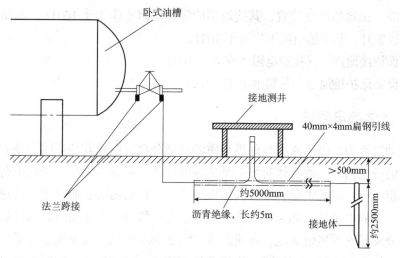

图 5-5　卧式地面油罐接地装置示意图

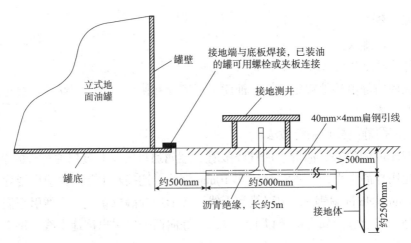

罐壁

接地端与底板焊接,已装油
的罐可用螺栓或夹板连接

立式地
面油罐

接地测井

40mm×4mm扁钢引线

罐底

>500mm

约500mm

约5000mm

沥青绝缘,长约5m

接地体

约2500mm

图 5-6　立式地面油罐接地装置示意图

行敷设的地上管线之间间距小于 1m 时,每隔 50m 左右应用 40mm×4mm 扁钢跨接;输油管线已装阴极防护的区段,不应再做静电接地。

（4）自动化计量设备的接地

一是凡使用称重式计量仪表的油罐,均应采用金属导管,并安装牢固;自动计量在油罐内设置的金属物应做好接地连接。二是液位计仪表及部件必须和油罐做可靠的电气连接。三是自动灌装设备的预防溢油、静电的联锁装置必须可靠、完好。

（5）导静电扶手

在油库爆炸危险场所出入口处,如储油洞库出入口处、油罐室出入口处、油泵房及装卸油作业栈桥梯下等,应设置导静电扶手。扶手体应用引线与接地体相连。另外,爆炸危险作业人员应穿着防静电服、鞋;内衣不应穿着两件或两件以上的化纤材质服装;袜子应为纯棉材料,不应穿着尼龙、腈纶袜;严禁穿着泡沫塑料、塑料底的鞋子。

（6）接地电阻值要求

①仅作静电接地的接地装置,其接地体的接地电阻不应大于 100Ω ;与防感应雷接地装置共同设置时,其接地电阻不应大于 10Ω 。

②防雷保护接地点,其接地电阻不应大于 10Ω 。

③电气设备保护接地点,其接地电阻不应大于 4Ω 。

5.4.6　人体静电预防

人在活动过程中,由于衣服与外界介质的接触分离,以及其他原因会使衣服、鞋底带有一定量的静电荷。人的身体对静电是良好的导体,衣服等局部所带的电荷通过静电感应使人体带上了一定的电位,形成人体周身带电。以后随着衣服局部电荷逐渐流散到全身表面,达到静电平稳。如人在橡胶板或地毯等绝缘地面上走路时,因鞋底与地面不断的接触、分离而发生接触起电,可使人体带上 2~3kV 电位;穿尼龙、羊毛、混纺衣服从人造革面座椅上起立时,人体可产生近万伏高压电;冬天脱毛衣服时有静电,这是因为身穿的衣服之间经长时间的充分接触和摩擦而起电；当将尼龙纤维的衣服从毛衣外面脱下时，人体可带 10kV 以上的高压静电；手拿干布擦绝缘桌面，也可以使人带电。在一定的条件下，可以带 4~5kV。这些人体静电都会给油库安全造成威胁，因此，必须重视人体静电的预防。

油库作业中防止人体静电危害应从以下几个方面着手。

①确保人体可靠接地。在爆炸危险场所的入口处（如储存轻质油品的库门口、油泵房门口、半地下储油罐、覆土储油罐地下入口、地面油罐旋梯的进口处等），应设置静电释放器，并可靠接地。也可直接利用接地的金属门栏杆、金属支架等作为人体手握接地体。作业人员进入作业场所之前，应徒手或戴防静电手套触摸接地体，以导除人体所带静电荷。

在 0 级、1 级爆炸危险场的工作人员严禁穿泡沫塑料、塑料底鞋，应穿防静电鞋。在罐车、储油罐上测量和泵房收发作业时，必须穿防静电鞋。在穿防静电鞋时，不应同时穿着尼龙、腈纶袜子。防静电鞋的质量、标志和检验应符合 GB 21146—2007《个体防护装备职业鞋》的规定。

在 0 级、1 级爆炸危险场所，不宜在地坪上涂刷绝缘油漆，严禁用橡胶板、塑料板、地毯等绝缘物质铺地，以便人员通过时不致升高人体的静电电位。

②作业人员应注意着装。在 0 级、1 级爆炸危险场所，作业人员应穿防静电工作服。在罐车、储油罐上测量和泵房收发作业时，必须穿防静电服。穿防静电服时，内身不应穿着涤纶、腈纶、尼龙等化纤材质衣服，不应穿尼龙袜。防静电服装的质量、标志和检验应符合 GB 12014—2019《防护服装防静电服》的规定。

③注意在爆炸危险场所的行为。在爆炸危险场所，严禁穿脱任何服装，不得梳理头发、拍打衣服和互相打闹拥抱，不宜坐用人造革之类的高电阻材料制作的座椅，以防增加人体的带电量。

④尽量使用抗静电用品。在易燃易爆危险场所作业时，应着防静电工作服、鞋等，必要时可戴防静电腕带。这些抗静电用品由抗静电纤维织物、抗静电橡胶和抗静电塑料等材料制成。

5.4.7　油库防静电安全管理措施

1. 加强防静电危害安全教育

油库必须对全体工作人员进行防静电危害安全教育，在每年的业务训练中安排相应训练内容。油库规章制度、设备检查、安全评比都要有防静电方面的具体内容。

油库技术部门应了解油库所储油品的静电特性参数，并掌握测量方法。了解静电危害的安全界限及减少静电产生的措施。

2. 建立防静电设施和检查测试档案

应建立油库静电接地分布图，详细记载接地点的位置，接地体形状、材质、数量和埋设情况等。所有防静电设施、设备必须有专人负责定期检查、维修，并建立设备档案。静

电防护用品应符合国家有关规范规定，不得使用伪劣、无合格证号或过期失效产品。

3. 建立检测仪表和检查测试档案

油库必须配备静电测试仪表，根据不同环境条件及对象，进行静电产生状况普查和检测，并针对实际存在的问题，制定整改及预防措施。

每年春、秋季应对各静电接地体的接地电阻进行测量，并建立测量数据档案。若接地电阻不合格，应立即进行检修。

及时检查、清除油罐（舱）内未接地的浮动物。

在爆炸危险场所，作业人员必须使用符合安全规定的防静电劳动保护用品和工具；严禁在爆炸危险场所穿、脱、拍打任何服装，不得梳头和互相打闹。

5.5 储气库安全技术

5.5.1 概述

在天然气供应与消费之间，一直存在着可靠、安全、平稳、连续供气与消费需求量、季节、昼夜、小时不均衡性的固有矛盾。解决这一矛盾的主要措施是实行天然气储备。

与地面球罐等方式相比较，地下储气库具有以下优点：储存量大，机动性强，调峰范围广；经济合理，虽然造价高，但是经久耐用，使用年限长达 30~50 年或更长；安全系数大，安全性远远高于地面设施。不同类型储备方式比较见表 5-5。

表 5-5　不同类型储备方式比较

序号	储备方式	描述	优点	缺点
1	地下储气库	利用油气藏、含水层和岩穴等地下构造进行储备调峰	容积大，储气压力高，占地面积小，受气候影响小，安全可靠性高	受限于地质构造，建库周期长
2	LNG	利用 LNG 设备调峰	不受地质条件的限制，有限空间的天然气储量大，动用周期短，常用于日、小时调峰	投资大，能耗高，在现行价格体制下，竞争性差
3	气田调峰	通过放大或缩小产量来实现	规模大，可用于季节调峰	容易造成地层能量消耗过快、边底水入侵、气井出水出砂等情况
4	管道气调峰	利用管道气进行调峰	管网于各类用户群、气田、储气库、接收站直接贯通，调峰能力释放最简单直接	容易导致无序下载和违约

地下储气库在欧美发达国家已经有近一个世纪的历史，已经形成了天然气工业体系中不可或缺的重要组成部分。据统计，全世界已建成地下储气库 600 多座，总容量达 5400 亿 m^3。由于地下储气库在调峰和保障供气安全上具有不可替代的作用，因而地下储气库的建设受到许多国家的重视。欧美国家都在不断加大储气库的建设力度，增大储气量，除了常规的调峰应急外，已经开始建立天然气的战略储备。

我国地下储气库起步较晚。20世纪70年代在大庆油田曾经进行过利用气藏建设储气库的尝试，而真正开始研究地下储气库是在20世纪90年代初，随着陕甘宁大气田的发现和陕京天然气输气管线的建设，才开始研究建设地下储气库以确保北京、天津两大城市的安全供气。为保证北京和天津两大城市的调峰供气，在天津市附近的大港油田利用枯竭凝析气藏建成了3个地下储气库，即大张坨地下储气库、板876地下储气库和板中北储气库。为确保京津地区的安全稳定供气，相继建成了华北油区的京58、京51、永22、苏桥等储气库群。为保证"西气东输"管线沿线和下游长江三角洲地区用户的正常用气，在长江三角洲地区建设了金坛地下储气库（盐穴型储气库）和刘庄地下储气库（碳酸盐岩枯竭油气藏型储气库）我国在役地下储气库如表5-6所示。

我国天然气正处在大发展阶段，巨大的国内天然气市场需求将大大推动天然气管道及配套储气库的发展。根据我国天然气资源与市场的匹配及未来积极利用海外天然气的战略部署，将可能形成四大区域性联网协调的储气库群：东北储气库群、长江中下游储气库群、华北储气库群、珠江三角洲LNG-地下储气库群。

中国正在不断发展，随着发展的深入，能源所起的作用越为重要。由于我国污染问题严重，所以对于煤炭能源的利用开始逐步减少，对于天然气使用逐步增多。为了天然气管道的稳定和经济运行，需要配套建设储气库。各个储气库的稳定安全运营，会直接影响员工生命、企业财产、居民生活、企业生产。因此，储气库安全管理一直都是储气库管理的重点。

表5-6　我国在役地下储气库明细表

名称	类型	座数	设计参数		注气能力/（m³/d）	采气能力/（m³/d）	投产年份
			库容量	工作气量			
大港库群	油气藏	6	69.6	30.3	1300	3400	2000
金坛	盐穴	1	26.4	17.1	900	1500	2007
京58库群	油气藏	3	15.4	7.5	350	628	2010
刘庄	油气藏	1	4.6	2.5	110	204	2011
文96	油气藏	1	5.59	2.95	200	500	2012
苏桥	油气藏	5	67.4	23.3	1300	2100	2013
双6	油气藏	1	41.3	16	1200	1500	2013
相国寺	油气藏	1	42.6	22.8	1400	2855	2013
呼图壁	油气藏	1	117	45.1	1550	2800	2013
板南	油气藏	3	10.1	4.3	240	400	2014
陕224	油气藏	1	10.4	5.0	230	417	2015
合并		24	410.39	176.85	8780	16304	

5.5.2　地下储气库的分类

世界上典型的天然气地下储气库类型有4种：枯竭油气藏储气库、含水层储气库、盐穴储气库、废弃矿坑储气库。储气库的适用性对比和示意图分别见表5-7、图5-7。

表 5-7　地下储气库类型及适用性对比

	枯竭油气藏储气库	含水层储气库	盐穴型储气库
优点	利用现有的地理构造和生产设备,地质资料详细,投资小,建设周期短	构造完整,储气量大,钻井完井一次到位	物性好,压缩性好,调峰能力强,利用效率高,采气能力大,垫底气用量少
缺点	受制于地质构造	勘探难度大,垫底气量大,投资费用高,建设周期长	受制于地质构造,投资高,建设周期长
适用类型	季节调峰,战略储备	季节调峰,战略储备	战略储备,日调峰

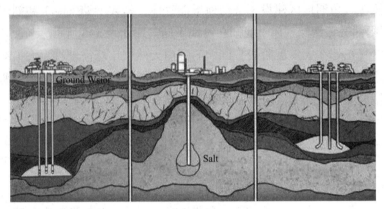

图 5-7　三种储气库示意图

(从左至右分别为枯竭油气藏储气库、盐穴型储气库和含水层储气库)

1. 枯竭油气藏储气库

枯竭油气藏储气库利用枯竭的气层或油层而建设,是最常用、最经济的一种地下储气形式,具有造价低、运行可靠的特点。全球共有此类储气库逾 400 座,占地下储气库总数的 75% 以上。

2. 含水层储气库

用高压气体注入含水层的孔隙中将水排走,并在非渗透性的含水层盖层下直接形成储气场所。含水层储气库是仅次于枯竭油气藏储气库的另一种大型地下储气库形式。全球共有逾 80 座含水层储气库,占地下储气库总数的 15% 左右。

3. 盐穴储气库

在地下盐层中通过水溶解盐而形成空穴,用来储存天然气。从规模上看,盐穴储气库的容积远小于枯竭油气藏储气库和含水层储气库,单位有效容积的造价高,成本高,而且溶盐造穴需要花费几年的时间。但盐穴储气的优点是储气库的利用率较高,注气时间短,垫层气用量少,需要时可以将垫层气完全采出。世界上有盐穴储气库共 44 座,占地下储气库总数的 8%。

4. 废弃矿坑储气库

利用废弃的符合储气条件的矿坑进行储气。这类储气库数量较少,主要原因在于大量废弃的矿坑技术经济条件难以符合要求。

5.5.3 天然气战略储备

1. 天然气战略储备的作用

（1）调峰：天然气储备用于调峰，满足冬季采暖等季节性高峰用气需求。

（2）应急：应急是应对影响时间短的、由于设备自身故障及人为操作失误造成的，一般 3~7 天就可解决的事故。

（3）战略保障：战略保障是应对影响时间长的、由于供应国家或地区罢工、政治局势动荡等造成的停产；以及长时期洪水、地震、风暴、战争造成的输运环节中断；LNG 国际贸易中断等。持续时间一般在数十天的供应中断。

（4）平抑气价：在天然气放松管制的国家为提高市场交易效率还利用天然气储备平抑气价。由于西方国家特别是美国对天然气行业已经放松管制，因此成本－效益受到关注。放松管制的一个重要结果是天然气价格交得更加变化莫测，对市场参与者意味着更高的价格风险。储备可以通过在期货市场低价购进，高价卖出的方式平抑价格，还可出租储备设施提高天然气储备设施的利用效率。

2. 天然气战略储备的必要性

天然气是实现中国能源供应优质化、清洁化、多样化的主要途径之一，加快中国天然气储备将对石油有重要的替代和补充作用，是确保经济增长向着"又好又快"方向迈进的重要因素。

天然气是优化中国能源结构的重要途径，加快天然气战略储备，提高在一次能源消费结构中的比例是能源优质化的必由之路。

世界各国天然气储备迅速发展的趋势也要求我国建立健全的天然气战略储备，不仅能够起到季节性的调峰作用，而且能够对将来突发的状况起到平抑作用。世界储气库数量及储气能力占比如图 5-8 所示。

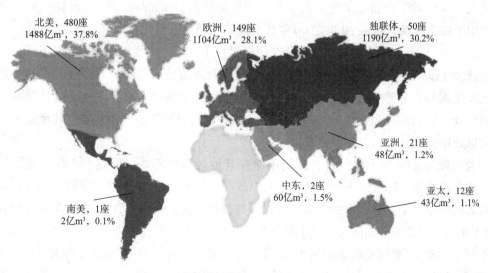

图 5-8 世界储气库数量及储气能力占比图

5.5.4　盐穴型地下储气库事故案例

根据文献统计，世界范围内盐穴地下天然气储库共发生过 7 起事故，见表 5-8。

表 5-8　盐穴地下天然气储库事故概览

储气库所在地	事故发生时间	事故描述	事故原因
美国得克萨斯州	2004 年 8 月	火灾及爆炸，360 人紧急疏散，约 $169.9 \times 10^6 m^3$ 天然气泄漏并燃烧殆尽	注采井管柱破裂，由此产生的井内压力冲击波类似水击作用，致使地表腐蚀管段破裂，气体泄漏并燃烧，造成井口装置失效，直至事发第 2 日防喷器才成功安装
美国路易斯安那州	2003 年 12 月	约 $9.9 \times 10^6 m^3$ 天然气泄漏，30 人紧急疏散	套管失效，盐穴上方注采井套管断裂
美国堪萨斯州	2001 年 1 月	火灾及爆炸，2 人死亡，1 人受伤，紧急疏散人数超过 250 人	注气环节发生套管失效并损坏，运营商被处以 525 万美元罚金
美国得克萨斯州	20 世纪 90 年代	气体泄漏	盐穴失稳，储库完整性遭到破坏
美国密西西比州	20 世纪 80 年代初	气体泄漏，无伤亡报道	固井质量存在问题，导致 2 口井泄漏
美国密西西比州	1972 年 4 月	盐腔容积收缩，储气能力下降。20 世纪 80 年代曾因此关停。而后发现容积恢复，继续运行至今	盐岩蠕变，由于操作压力过低所致
法国 Tersanne	1970~1979 年	盐腔容积收缩，储气能力下降，但继续使用。而后发现容积有所恢复	盐岩蠕变

对于盐穴地下天然气储气库，就全球盐穴地下储气库总数（67 座）而言，事故发生率约为 11%，且全部发生在天然气的储存和注气环节。报道的事故中，总计死亡 2 人，受伤 1 人，紧急疏散 640 人。由表 5-8 可知，造成人员伤亡或疏散的事故有 3 起，约占事故总数的 43%。美国为储库事故高发区，共计 6 起，约占事故总数的 86%。唯一一起造成人员死亡的事故备受关注，发生在美国堪萨斯州 Hutchinson 的 Yaggy 储气库，该库最初用于储存丙烷，后在 20 世纪 90 年代早期改为储存天然气，拥有 70 口注采井。

2001 年 1 月 17 日，S-1 号注采井在注气过程中，压力监测发现压力异常下降，随后在距该井 11km 处发生气流喷涌并引发爆炸，殃及周边地区。次日紧接着又在另一处居民区发生爆炸，导致 2 人丧生，1 人受伤。当地居民紧急疏散直至 3 月份险情解除后才返回住处。事后调查表明该起事故由注采井套管失效所致，气体从破损处泄漏并沿断层向远处迁移上升至地表，最终发生爆炸。

盐穴除用于储存天然气外，还用于储存其他烃类如乙烷、丙烷、乙烯、城镇燃气等，而在该类地下储气库中，文献报道的事故数共计 19 起，事故发生率约为 28%，且事故后果较严重。据统计，事故造成的死亡人数总计 5 人，受伤人数 47 人，紧急疏散人数达 5470 人。事发地分别位于美国堪萨斯州（1 起）、美国得克萨斯州（8 起）、美国密西西比州（1 起）、美国亚利桑那州（1 起）、美国俄克拉荷马州（1 起）、美国路易斯安那（3 起）、德国（2 起）、加拿大（1 起）以及法国（1 起）。对于该类储气库而言，美国依然为储气库事故高发区，共计 15 起，约占事故总数的 79%。而得克萨斯州事故数高居首位，占事故总数的 42%。并且值得关注的是，造成人员死亡，影响最为恶劣的 2 起事故均发生在该州。

此外，1980 年 9 月 17 日，美国得克萨斯州 Mont Belvieu 地区一个储存液化石油气的盐穴注采井出现事故，气体通过套管腐蚀处泄漏，并沿断层以及疏松的土壤迁移，最终在附近的一个居民区积聚并由于电器打火点燃发生爆炸。该事故幸未造成人员伤亡，但迫使 75 户家庭迁徙半年之久，直至泄漏危险源消除。然而 1985 年 11 月 5 日在该区同样由于注采井套管失效发生了更为严重的火灾爆炸事故，导致 2 人死亡，当地居民 2000 余人紧急疏散。储气库方圆 250m 内 200 余户家庭以及当地教堂事后出于安全考虑而迁徙他处。

1992 年 4 月 7 日，位于美国得克萨斯州奥斯丁西北的 Brenham 盐丘发生了一场严重的爆炸事故。事故是由于储存在盐穴内的 LPG 注气过多而溢出，通过注采井涌进邻近盐井并最终泄漏到地表引起的。LPG 在地面迅速汽化，因密度大于空气而形成大范围散布的低处气云，继而因汽车引擎点火导致爆炸发生。事故造成 3 人死亡，23 人受伤，爆炸区方圆 1.5 英里内的 26 处房屋损毁，50 人紧急疏散。事后虽然这个盐穴通过了机械完整性检测，鉴于事故的恶劣影响，事故调查专家仍然勒令运营商永久关停储库，盐穴空置，储库地面系统后来改为输气管线的泵站。

上述事故促使得克萨斯州针对在盐穴地下储库中储存轻质烃类和天然气制定了全面的安全制度和运行规范。

综上所述，对于盐穴地下储气库，事故发生率约为 39%，事故共造成 7 人死亡，48 人受伤，6110 人紧急疏散。统计的 26 起事故中，除 1 起事故原因不明外，盐穴失效、注采井失效以及储气库地面设施失效的事故数分别为 10 起、11 起以及 4 起。导致人员死亡的事故共计 3 起，均是气体泄漏所致，并且都发生在美国，2 起是注采井套管失效导致气体泄漏，1 起则由于注气过多导致气体溢出。不难看出，储气库气体泄漏的失效后果严重，需要加以特别关注。

盐穴地下储气库主要由地面和地下两大系统组成。地面系统包括输气干线、压缩站以及脱水站等；地下系统包括储存盐穴、注采气井以及观察井（监测井）等。储气库地面系统与输气管道体系相近，而地下系统与二氧化碳地下封存设施（出于降低温室效应的目的而建）构造相类似，因此，对于盐穴地下储气库而言，可借鉴输气管道和二氧化碳地下封存设施在风险研究方面成熟的研究成果。

国际管道技术委员会（PRCI）曾将输气管道体系的风险因素分为 9 个大类、22 个小类；而英国的 Quintessa 全面分析了二氧化碳地下封存设施的所有风险因素，并建立了相关数据库。

借鉴上述分类方法，结合盐穴地下储气库自身特点和以往事故统计分析，盐穴地下储气库具有腐蚀、设备失效风险、侵蚀、地质构造风险、操作失误风险、机械破坏风险以及自然灾害风险等 7 种共性风险。在此基础上，具体可将风险因素划分为 12 个大类、35 个小类（见表 5-9）。

表 5-9　盐穴地下储气库的风险因素分类

类别	共性风险	风险因素名称	小类名称
1	腐蚀	外腐蚀	外腐蚀
2		内腐蚀	内腐蚀
3		细菌腐蚀	细菌腐蚀
4		应力腐蚀	应力腐蚀
5	设备失效风险	制造缺陷	管体缺陷
			管焊缝缺陷
			井口组装缺陷
			井口阀门缺陷
6		焊接、施工缺陷	环焊缝缺陷
			施工缺陷
			螺纹、接头缺陷
			管内壁皱褶变形
7		设备缺陷	O 形垫圈失效
			控制 / 泄放阀失效
			固井水泥、封隔器或套管失效
			密封、泵密封垫失效
			注采管柱失效
			中央分离器失效
8	侵蚀	侵蚀	内部沙粒及盐屑侵蚀（盐岩蠕变）
9	地质构造缺陷	地质构造缺陷	断层
			废弃井
			含水层
10	操作失误风险	误操作	注气量超负荷
			运行压力超高
			维护操作失误
11	机械破坏风险	第三方 / 机械破坏	第三方活动造成的破坏
			管材的延滞失效
			人为故意破坏
		机械疲劳、振动	压力波动金属疲劳
12	自然灾害风险	气候 / 外力作用	极端温度（如寒流）
			狂风（裹挟岩屑）
			暴雨、洪水
			雷电
			大地运动、地震
			未知因素

盐穴地下储气库的设计及工作人员可参考此表，并根据实际情况，有针对性地选择并分析储气库。风险评价过程中，为便于应用历史数据以及简化工程模型应用，具体的风险因素可合并为如表 5-9 所列的七大共性风险。

上述风险因素与时间关系可分为 3 种类型：

①依赖时间，随时间变化；

②不随时间变化，即稳定不变；

③与时间无关，表现为随机出现。

对于各类风险因素的交互作用，通常需要加以考虑。例如，地质构造缺陷和套管、封隔器等设备缺陷往往彼此起协同加强作用，已有事故为证。

在对盐穴地下储气库风险因素进行初步分类的基础上，可采用事故树分析（Fault Tree Analysis）的风险评价方法，排查并分析造成储气库事故的主要风险因素，该过程称之为风险识别。风险识别是风险评价和风险控制的基础，对一项工程进行风险评价，识别主要风险因素是其首要工作。

以往事故统计分析表明，按照失效机理划分，盐穴地下储气库主要包括 3 个事故类型：盐穴失效、注采井失效以及储气库地面设施失效。

风险识别过程就是分别分析造成这 3 种类型失效的风险因素。针对这 3 种事故类型，盐穴地下储气库主要的风险因素共有 13 种，如图 5-9 所示。

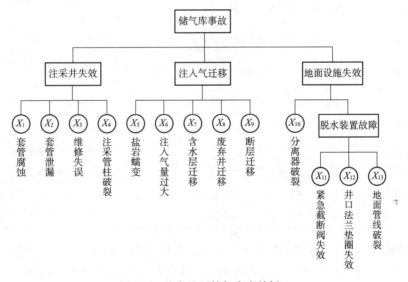

图 5-9　盐穴地下储气库事故树

上述事故类型可导致盐穴地下储气库的两种失效后果：泄漏以及供气能力下降。泄漏按照泄漏途径可细化为地下泄漏以及地面泄漏等，由此产生相应的后果。同样，供气能力下降也可细化为供应中断以及供应损伤（流量或储气能力降低）等，导致的后果亦不同。

根据事故树分析，盐穴地下储气库的主要风险因素得以识别，在此基础上可进一步开展定量风险评价研究，建立相关的事故模型，进而判断其失效概率以及计算失效后果，最终确定储气库的主要风险以及相应的风险控制措施。

5.5.5 枯竭油气藏型地下储气库事故案例

根据文献报道，全球枯竭油气藏型地下储气库共发生过16起事故，如表5-10所示。

表5-10 枯竭油气藏型地下储气库事故概览表

储气库所在地	事故发生时间	事故描述	事故原因
美国科罗拉多州	2006年10月	气体泄漏，储气库运行中断，当地13户家庭（共计52人）紧急疏散	注采井泄漏，固井质量存在问题
英国北海南部	2006年2月	爆炸及火灾，2人受伤，31人紧急疏散	脱水装置中的冷却机组失效，引发爆炸
美国伊利诺伊州	1997年2月	爆炸及火灾，3人受伤	油田在储气库区勘探钻井过程中气体迁移
德国巴伐利亚	2003年	注采井井筒环空压力升高	固井质量存在问题
美国加利福尼亚州	2003年4月	气体泄漏约25min，并发生油气混合	压缩机组阀门破裂
美国加利福尼亚州	1975年	气体从气藏转移至邻近区域并泄漏至地表	气体首先迁移至浅表地层，地表橡树砍伐后泄漏至地面
美国加利福尼亚州	1950~1986年	储气库气量损耗	储气库气体在注气过程中发生迁移，1986年停止注气，2003年关停储库
美国加利福尼亚州	1940年至今	储气库气体迁移	地质构造存在断层，导致储气库气体迁移至邻近地区
美国加利福尼亚州	1993年10月	爆炸，造成200万美元的经济损失	气体处理装置发生爆炸
美国路易斯安那州	1980~1999年	注气量超负荷，注入气体发生迁移	储气库气体在注气过程迁移，储库仍维持运行
美国加利福尼亚州	1974年	爆炸，火灾持续16d，气量损耗	事故原因未明
美国加利福尼亚州	20世纪70年代	注气量超负荷，气体在注气过程迁移	注入气归属其他公司，2003年关停储库
美国加利福尼亚州	20世纪70年代	气体迁移	气体由储气库迁移至地表，已关停储库
美国加利福尼亚州	不详	注采井损毁	地震导致注采井损毁
美国加利福尼亚州	不详	套管泄漏，注采井损坏	套管泄漏修复过程中注采井不慎损坏
美国加利福尼亚州	不详	套管腐蚀，注采井损坏	腐蚀套管修复过程中注采井不慎损坏

第一起被报道的枯竭油气藏型地下储气库人员受伤事故发生在1997年，而气体迁移事故自20世纪40年代起在美国加利福尼亚州的储气库就已存在。全球枯竭油气藏型地下储气库的事故发生率约为3%，且全部发生在天然气储存和注气环节。由表5-10可知：造成人员受伤或疏散的事故有3起，约占事故总数的19%。美国为储库事故高发区，共计14起，约占事故总数的88%，而发生在加利福尼亚州的事故高达11起，占总数的69%。

美国加利福尼亚州地下储气库事故频繁发生，与其地理位置及历史有着密不可分的关系。自19世纪后半叶至20世纪早期，该地区油气勘探开发活动密集，仅洛杉矶盆地就有 70 余个油田，并且大多数油井井位紧密相邻。以 PDR 枯竭油田为例，改建而成的地下储气库距洛杉矶盆地大约 64km，其间遍布数百口油井。如今大多数油井已废弃，但未经妥善处理，位置亦难以探明，从而为储气库气体迁移提供了有利条件，埋下了安全隐患。油田进行新井开发或二次开采时提高了该区块的地层压力（或者储气库运行压力过高时）迫使地下储气库气体迁移离开储层，沿着固井不良或套管锈蚀的老井上升，最终泄漏到地表。这些老井周边大多新建了住宅，因此气体迁移事故极易造成人身伤亡或财产损失等严重后果。此外，加利福尼亚州正处于地震活动期，该区域承受板块构造引起的挤压力，其大小通常与构造作用力有关。在此过程形成的背斜使得大片地层发生断裂。众多断层为地下储气库气体提供了良好的泄漏通道，是除了废弃老井之外，造成气体迁移事故的另一主因。

文献报道的 16 起事故中，除 1 起事故原因不明外，按照失效机理，枯竭油气藏型地下储气库事故类型可分为 3 大类。

1. 注采井或套管损坏

此类事故共计 5 起，约占事故总数的 31%。事故发生地分别在美国加利福尼亚（3 起），美国科罗拉多（1 起）以及德国巴伐利亚（1 起）。美国加利福尼亚 2 起事故是套管维修环节操作失误导致注采井损坏，另一起则是地震导致注采井变形损坏。补救措施均是采取水泥塞封堵损坏井段，而后定向钻井绕开该段，联通下部井段。美国科罗拉多发生的事故是储气库 26 号注采井井下 1600m 处套管破裂，气体泄漏至地下含水层并沿周边水井上升至地表。储气库紧急关停 1 周后恢复运行，然而补救措施并未报道。德国巴伐利亚发生的事故是储气库 21 号注采井出现压力异常，表明发生气体泄漏。通过采用光纤温度测量手段确定具体泄漏点位于井下 586m 处，由注采井管柱接头损坏所致。随后及时采取补救措施，通过更换密封进行泄漏修复，由于处理得当，该事故并未酿成严重后果。

2. 注气过程中气体迁移

造成此类事故的主要原因有注气量超负荷、储层存在废弃老井或断层等。此类事故所占比例最大（约 43.8%），且大多发生在美国加利福尼亚。注气量超负荷为工作人员操作失误所致，属于管理问题；而储层存在废弃老井或断层等则属于地质构造原因。

3. 储气库地面设施失效

此类事故共计 3 起，约占事故总数的 18.8%。气体脱水处理装置失效爆炸导致的事故有 2 起，均造成了严重后果。1993 年 10 月发生在美国加利福尼亚的事故爆炸波及范围达 1.6km，造成车、船等财产损失 5 万美元，储气库损失近 200 万美元；而 2006 年 2 月发生在英国北海南部的事故导致 2 名员工烧伤，储库被迫暂时关停。压缩机组失效导致的事故有 1 起，2003 年 4 月发生在美国加利福尼亚，阀门破裂致使天然气急剧喷出长达 25min，气柱高达 30m，并与油混合形成棕色雾云，对当地环境造成污染，所幸未起火造成人员伤亡。

表 5-11　枯竭油气藏型地下储气库的危险因素分类表

类别	与时间关系	危险因素名称	小类名称
1	依赖时间	外腐蚀	外腐蚀
2		内腐蚀	内腐蚀
3		细菌腐蚀	细菌腐蚀
4		应力腐蚀	应力腐蚀
5		机械疲劳、振动	压力波动金属疲劳
6	稳定不变	制造缺陷	管体缺陷
			管焊缝缺陷
			井口装置缺陷
7		焊接、施工缺陷	环焊缝缺陷
			施工缺陷
			螺纹、接头缺陷
8		设备缺陷	管内壁褶皱变形
			O 形垫圈失效
			控制阀失效
			固井水泥、封隔器或套管失效
			密封失效
			气体脱水处理装置换热器失效
			气体脱水处理装置冷却器失效
			压缩机组失效
9		地质构造缺陷	断层
			废弃井
10	与时间无关	误操作	注气量超负荷
			运行压力超高
			维护操作失误
11		第三方机械破坏	第三方活动造成的破坏
			管材的延滞失效
			人为的故意破坏
12		气候、外力作用	极端天气（如寒流）
			狂风（携裹岩屑）
			暴雨、洪水
			雷电
			地震

　　表 5-11 为枯竭油气藏型地下储气库风险因素初步分类表，在此基础上，可采用事故树分析的风险评价方法，排查并分析造成事故类型失效的风险因素，此过程称之为风险识别。对一项工程进行风险评价，首要工作即是识别其风险因素。

如前所述，枯竭油气藏型地下储气库的事故类型主要为注采井或套管损坏、注气过程中气体迁移和储气库地面设施失效 3 种。针对这 3 种事故类型，储气库的风险因素共有 11 种，整个系统的事故树如图 5-10 所示。

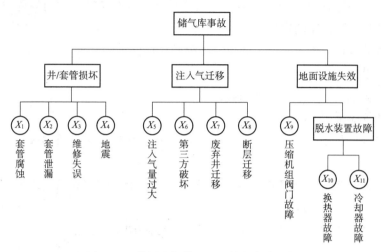

图 5-10　枯竭油气藏型地下储气库事故树

对于不同的风险因素，可在风险识别的基础上开展定量风险评价研究，建立相关事故模型，进而判断其失效概率、计算失效后果，最终确定主要风险及其控制措施。

5.5.6　储气库安全措施

通过案例结合危险、有害因素分析可知，不同类型的地下储气库，存在的安全隐患大致是相同的，均潜在井喷失控、天然气泄漏导致火灾爆炸的危险性以及噪声和毒性危害性。

在建库时可能发生的重大危险事故是井喷。因此，应从钻井设计、施工作业、设备与安全管理等方面制定对策措施，消除事故隐患（此部分内容本书不作详细介绍，请参考钻井专业相关书籍）。

（1）注采井钻井设计：

钻井设计应包括但不限于以下内容：

①储气库井组宜选择丛式井组，完井后的井场应满足后期井下作业、抢维修作业及 GB 50183 的相关要求。

②各层套管下深应保证各阶段钻井安全需要，有效封隔储气目的层和其他各渗透层。

③套管柱设计应进行三轴应力校核，并考虑注采井生产过程中温度及交变应力等引起的附加载荷影响。

④生产套管及主要附件应选择气密封螺纹。

⑤各层套管固井水泥都应返至井口，生产套管以及封固盖层的技术套管，其固井质

量胶结合格段长度不小于 70%，且盖层的固井质量连续优质水泥段不小于 25m。

⑥生产尾管及盖层段套管固井水泥浆体系的选择应考虑温度及交变应力等引起的附加载荷影响。

⑦钻井设计时应根据地质设计对可能钻遇的地层及复杂井段进行风险分析，提出防止井喷、井漏和井壁坍塌的措施。

⑧钻井液的设计应满足防漏、防塌、防喷及储层保护的要求。

（2）完井设计：

完井设计应包括但不限于以下内容：

①生产油管应采用气密封螺纹。

②完井管柱应配置封隔器、井下安全阀等工具，管柱应考虑监测仪器下入和带压作业的要求。

③完井管柱与生产套管环空应加注套管保护液，上段宜填充氮气缓冲温度效应对环空压力的影响。

④井下工具材质的抗腐蚀性能应不低于生产套管抗腐蚀性能。

（3）注采系统：

注采系统应符合以下要求：

①注采井各井应设置自动高、低压紧急截断阀，进、出井场的管道宜设自动截断阀（带手动功能）。

②各井应设计量装置，井口应采取防冻堵措施。

③输送天然气的管道、设备位于压力等级分界点的切断阀应设双阀，并设置超压报警、放空等装置。

④注、采气系统宜采用危险与可操作性分析（HAZOP）等方法进行工艺安全分析。

⑤排水井地面设计应考虑排水井气窜可能造成的影响和相应设计措施。

（4）注采井：

注采井应符合以下要求：

①应对套管头做防腐处理，定期进行腐蚀检查。

②应制定环空压力管理制度，监测各层套管间环空压力，适时进行环空压力释放、压力恢复测试，寻找压力来源，进行风险评估，并采取相应消减措施。表层套管环空压力高于表层套管抗内压强度的 30% 或内套管抗挤强度的 75% 时，应进行压力密闭泄放；其他套管环空压力高于本层套管抗内压强度的 50% 或内管抗挤强度的 75% 时，应进行压力密闭泄放。

③新建注采井投产后首次进行技术检测的周期应不超过 10 年；含硫化氢和（或）二氧化碳的注采井首次进行技术检测的周期应不超过 5 年。

④应定期对井下安全阀及地面控制系统进行功能测试。

⑤当油管壁厚小于油管最小强度要求厚度，或井下封隔器、井下安全阀等失效时应进行油管柱更换作业。

⑥注采井需要采取封堵措施时，封堵应保证储气目的层与其他层段、井筒间的有效封隔。

（5）井口技术方面安全对策措施

①采用硅基防塌钻井液体系，用双向屏蔽暂堵技术对储层进行保护，防止在钻井完井期间对产层造成较大伤害。

②采用耐腐蚀材料生产的管柱，并且油套环空充填防护液。

③井口布置方案采用丛式井组，井口采气树采用法兰式连接双翼双阀结构。

④选用的地面信号采集控制系统具有如下功能：

a）在发生火灾情况下，可以自动关井；

b）在井口压力异常时，可以自动关井；

c）在采气树遭到人为毁坏和外界破坏时，可以自动关井；

d）在发生以上意外，自动关井没有实现时，或者其他原因需要关井时，可以在近程或远程实现人工关井；

e）能够实现有序关井，保护井下安全阀。

⑤开井前必须先检查流程，重点检查分离器、安全阀和压力表，进站前要确保井和站内的各项联系，同时各设备、仪表、流程必须保证完好、准确、灵活、可靠及畅通。

⑥气井在未进行清水或泥浆压井时，严禁在井口装置无控制部位动火及进行维修作业。

⑦井口放空管道必须固定后方可使用。

（6）站场平面布置严格按照有关规定及法规执行，满足防火防爆安全要求，各种检测仪表、自控仪表、报警设施要确保运行安全可靠。

（7）防静电接地：场区内所有的容器、机泵、设备、管线的始末端及分支处以及直线段每隔100m均设防静电接地装置。

（8）防雷接地。场区内工艺容器及塔器均利用设备壳体自身做接闪器，并与接地装置相连。天然气压缩机厂房为二类防雷建筑，屋顶设避雷带保护。

（9）所有压力容器均设安全阀，可对容器进行超压保护。

（10）单井井口、集注站应设有ESD，一旦出现紧急情况，可自动联锁关断并放空。

（11）对硫化氢等有害气体可能对人员、管线和设备的伤害，应制定意外情况下人员急性中毒或窒息的应急预案，现场应配备必要的防护设施。

（12）站场设备噪声应满足国家有关规范法规要求，一般主要噪声源有天然气注气压缩机组、节流阀组、分离器、各种机泵、放空系统以及钻井过程中使用的大功率柴油机等，主要分布在井场及集注站内。噪声作用于人体能引起听觉功能降低甚至造成耳聋，或引起神经衰弱、心血管病及消化系统等疾病的发病率升高。另外，噪声干扰影响信息交流，使人员误操作率上升，影响安全生产。因此，应尽可能选用低噪声设备，同时应将噪声源与值班室保持适当距离，并按相关标准配备个体防护用品。所有工艺管线及放空管线均经严格计算，防止流速过高产生振动和噪声。

（13）所有较高设备及框架平台均应设有安全保护设施，平台设有护栏及双梯，并涂有明显标识色。

（14）站场内有毒物质甲醇和乙二醇，虽不是厂区内生产过程的产品，而是为防止天然气水合物形成的；在站场内一些管线上设甲醇和乙二醇注入点，甲醇和乙二醇注入系统、乙二醇再生系统均采用可靠的密封技术，不会造成泄漏，对该系统的操作、维修、排放处理及补充甲醇和乙二醇等生产活动必须制定严格的规章制度，还应配置人员保护用具，诸如防毒面具、胶皮手套等。加强生产人员安全意识，而且还应设置印有"小心"字样的标识物。

（15）集注站消防道路完整、畅通，宽度能满足消防要求，有回车场地。站内沿主要道路设环状消防管网。

5.6 LNG 接收站安全技术

5.6.1 概述

1. 背景

天然气是指蕴藏在地层内的可燃性气体，主要是低分子烷烃的混合物，可分为干气天然气和湿天然气两种，干气成分主要是甲烷，湿天然气除含大量甲烷外，还含有较多的乙烷、丙烷和丁烷等。

液化天然气（Liquefied natural gas）的主要成分是甲烷，还有少量的乙烷和丙烷。液化天然气无色、无味、无毒、无腐蚀性，天然气在常压和 –162℃左右可液化，液化天然气的体积约为气态体积的 1/625，液化天然气的质量仅为同体积水的 45% 左右。液化天然气燃烧后对空气污染非常小，而且放出的热量大，所以液化天然气被公认是地球上最干净的化石能源。

液化天然气是天然气经压缩、冷却至其凝点（–161.5℃）温度后变成液体，通常液化天然气储存在 –161.5℃、0.1MPa 左右的低温储存罐内。在常压下，LNG 的密度约为 430~470kg/m³（因组分不同而略有差异），燃点约为 650℃，热值为 52MMBtu（1MMBtu=2.52×10^8cal），在空气中的爆炸极限（体积分数）为 5%~15%。天然气液化是天然气储存方式之一。用专用船或油罐车运输，使用时重新气化。20 世纪 70 年代以来，世界液化天然气产量和贸易量迅速增加。在连续六年的增长中，2019 年液化天然气贸易增长了 13%，达到了 3.547 亿 t。

近年来，在天然气消费量高速增长的背景下，天然气管道建设周期长、供应辐射范围有限、输气量无法快速增加等缺点逐渐显现，再加上国产气增储上产尚需时日，LNG 资源有望成为补充需求缺口和能源消费"转型升级"的重要抓手。

2. LNG 接收站的主要工艺流程

LNG 通常由专用运输船从生产地输出终端运到 LNG 接收站码头后，经过码头卸到接收站的储罐中。LNG 进入储罐所置换出的蒸发气（BOG）通过回气管道输到运输船的 LNG 储罐中，以维持储罐系统压力平衡。

根据对蒸发气的处理方式，接收站天然气的外输工艺可分为直接输出工艺和再冷凝工艺。直接输出工艺是将蒸发气直接压缩到外输压力后送至管网。再冷凝工艺是将蒸发气压缩至一定压力后，与从 LNG 储罐低压泵输出的过冷 LNG 混合并进行冷量交换，使蒸发气再冷凝，然后经高压输送泵加压后送至气化器气化后外输。与直接外输工艺相比，再冷凝工艺节省了大量的压缩功。外输工艺的选择主要由接收站的实际操作模式以及市场天然气需求量决定，我国已运行的大型 LNG 接收站采用的工艺主要为再冷凝工艺。

LNG 接收站的工艺系统主要包括 LNG 卸船、LNG 储存、BOG 处理、LNG 气化 / 外输和火炬放空系统。

LNG 专用船抵达接收站专用码头后，通过液相卸船臂和卸船管线，借助船上卸料系统将 LNG 送进接收站的储罐内在卸船期间，由于热量的传入和物理位移，储罐内将会产生蒸发气。这些蒸发气一部分经气相返回臂和返回管线返回 LNG 船的料舱，以平衡料舱内压力；另一部分通过 BOG 压缩机升压进入再冷凝器冷凝后，与外输的 LNG 一起经高压输出泵送入气化器。利用气化器使 LNG 气化成气态天然气，经调压、计量后送进输气管网。LNG 接收站工艺流程如图 5-11 所示。

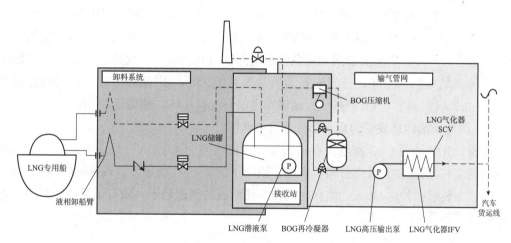

图 5-11 LNG 接收站工艺流程图

目前，我国已形成了包括 LNG 生产、储存、运输、接收、气化及冷量利用等完整的产、运、销 LNG 工业体系。

3. LNG 接收站安全技术

LNG 接收站安全运行过程中的安全薄弱环节主要包括以下三个方面：

（1）LNG 的装卸操作，即原料的频繁进出：反复操作容易使操作人员懈怠和疏忽而引发安全事故。

（2）LNG 的气化操作：LNG 的相变过程伴随着压力增加和温度的急剧升高，稍有不慎，便会造成危害，站内应设置完善的防雷击、防静电措施。

（3）LNG接收站的选址：在进行LNG接收站选址时，保持接收站与周边人口居住区、公共福利设施及企业的最小安全距离是LNG接收站选址的重要条件，安全距离的确定主要依据于国内外正在执行的相关规范。LNG接收站均选址在沿海工业港区，人员活动集中。LNG接收站的主要危险就是火灾爆炸事故，通过控制LNG接收站与周边环境的安全距离，能有效降低事故风险。

5.6.2 LNG储罐分层翻滚案例及防范措施

1. 案例分析

（1）事故1

情况：英国BG公司Pantington LNG调峰站设有2套天然气液化装置，4座$5\times10^4m^3$的LNG储罐，1993年10月储罐充装前有存液17266t。在第1阶段充装新液的过程中，液化装置的原料气和生产工艺基本上没有变化，因此生产出的LNG与储罐内的LNG比较一致，密度差为$3kg/m^3$，新液加入量为1533t。由于北海新的气田投产，原来向调峰站供气的气田关闭。北海新气田的天然气含氮量少，致使生产的LNG密度减小，又由于新原料气中的二氧化碳和重烃含量较高，液化生产工艺中新增的脱碳装置和重烃提取塔同时投产，使生产出的LNG中的乙烷体积分数只有2%，生产出的LNG密度仅为$433kg/m^3$，与存液的密度差高达$13kg/m^3$，LNG加液量为1900t。充装完毕后的最初58天内，只蒸发掉160t LNG，而不是预计的350t。充装完毕后的第68天，突然发生翻滚，储罐压力迅速上升，安全放散阀和紧急放散阀全部打开，整个过程持续2h。由于翻滚排入大气的天然气约为150t，排放的平均质量流量为75t/h。因储罐排放天然气的总能力为123.4t/h，可以满足75t/h的排放，储罐本身没有受到损坏。储罐正常BOG的排放量为0.25t/h，因此翻滚的排放量为正常排放量的300倍。

分析：充装的新LNG密度比存液密度小，密度差为$13kg/m^3$，形成分层。上进液使重量轻的LNG积聚在上层而盖满了表层，阻碍了下层LNG的蒸发。Pantington站是LNG调峰站，充装后在长达68天的储存时间内，使两层的密度趋于一致有了足够的时间，为翻滚创造了条件。

（2）事故2

情况：1971年8月，意大利拉斯佩齐亚市的某LNG接收终端站，S-1储罐充装完毕18h后发生翻滚事故。突然产生的大量LNG蒸发气使储罐内压力迅速上升。在压力达到57.3kPa时，8个安全放散阀打开。此时压力仍然继续上升，最高压力达94.7kPa，然后压力开始下降，压力降至42.1kPa时安全放散阀关闭。蒸发气通过通常的放散途径继续高速排放，直至储罐内压力下降至24.5kPa时恢复正常。整个过程历时2h。事故导致排放损失LNG181.44t。

分析：充装的新LNG密度比存液密度大，密度差为$3.8kg/m^3$，形成分层。充装的新LNG的温度比存液温度高，温差约为4℃，带入了较多热量，促进层间混合。充装

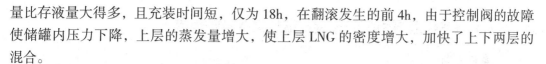

量比存液量大得多，且充装时间短，仅为 18h，在翻滚发生的前 4h，由于控制阀的故障使储罐内压力下降，上层的蒸发量增大，使上层 LNG 的密度增大，加快了上下两层的混合。

2. LNG 储罐分层翻滚事故机理

翻滚现象指两层不同密度的 LNG 在储罐内迅速上下翻动混合，瞬间产生大量蒸发气的现象。翻滚现象发生的根本原因是储罐中的液体密度不同，存在分层。

无论储罐内是均匀混合的 LNG 还是单一来源的 LNG 都会分层，渗入 LNG 的热量推动自然对流，形成自然循环。温度相对较高的 LNG 沿着罐壁往上流动，穿过液面，吸收热量气化，形成蒸气；温度相对较低的 LNG 向下回补，完成循环。如果有不同密度的分层出现，较轻的一层 LNG 可以正常对流，并通过闪蒸，将热量释放到罐的蒸气空间。但是，如果底部密度较大的一层 LNG 的对流无法穿过上面一层 LNG 到达液面，底部的 LNG 就会形成单独的对流格局。吸收了罐壁和罐底渗透热的罐底的 LNG 无法流动到液面通过蒸发释放热量，造成底部 LNG 的热量储存和温度上升。随着外部热量的导入，底部 LNG 的温度增加，而密度下降；顶层 LNG 由于 BOG 的挥发而变重。如果两部分接触面的密度无法达到大致相等，那么就会一直保留这种分层的现象，当底层 LNG 密度低于上层 LNG 密度时，底部 LNG 就会上升，经过传质，下部 LNG 上升到上部，压力减小，成为过饱和液体，积蓄的热量迅速释放产生大量的 BOG，即产生翻滚现象。

翻滚从现象来看分成两类：LNG 储罐在长期储存中，因其中较轻的组分（主要是 N_2 和 CH_4）首先蒸发，而自发形成翻滚现象；LNG 储罐中原有 LNG 在充装密度不同、温度不同的新 LNG 一段时间（几小时甚至几十天）后，突然产生翻滚现象。

3. LNG 储罐分层翻滚防范措施

储罐分层翻滚的破坏性非常强，一旦发生，其事故后果将难以控制，在运行安全管理中必须严格防范并从源头上消除其发生的条件。

（1）选择的 LNG 供应商应相对稳定，防止由于组成差异而产生分层。

（2）检测控制进站的 LNG 中氮的体积分数在 1% 以下，并保证安全放散阀在翻滚时能全部打开，防止储罐超压破坏。

（3）不允许密度差和温度差过大的 LNG 存入同一个储罐中，充装液和罐内液密度差不宜超过 $10kg/m^3$。

（4）若确实不具备条件进行分罐储存，应正确选择上、下进液方式，以应对不同密度的 LNG 进入同一储罐。密度小的 LNG 充装到存液密度大的 LNG 储罐中时，应该采用底部进液；密度大的 LNG 充装到存液密度小的 LNG 储罐中时，应该采用顶部进液。

（5）对 LNG 储罐的压力、液位和日蒸发率进行密切监控。对于安装有密度、温度监测设备的 LNG 储罐，应严密监测储罐内垂直方向的密度和温度。当分层液体之间的温差大于 0.2℃、密度差大于 $0.5kg/m^3$ 时，可采用内部搅拌、倒罐或输出部分液体的方法来消除分层。未安装密度监测设备的储罐不宜长时间储存 LNG，储存期超过一个月时应进行倒罐处理。

5.6.3　LNG 泄漏引起的火灾及爆炸案例及防范措施

1. 案例分析

（1）事故 1

情况：1944 年 10 月 20 日 14：30，美国克利夫兰 LNG 调峰站 4 号 $1 \times 10^4 m^3$ LNG 低温常压储罐仅仅运行几个月就突然破裂，溢出 $4542 m^3$ LNG。20min 后 4 号常压储罐临近的 3 号球罐发生坍塌，LNG 流进街道和下水道，在下水道气化引起爆炸，部分天然气渗透到附近住宅地下室，被热水器点火器引爆，炸毁房屋并起火，火海覆盖了近 14 个街区。约 $2 \times 10^4 m^2$ 范围内的建筑被摧毁，死亡 131 人，225 人受伤，毁坏轿车 200 多辆，损失巨大。

分析：储罐内罐所用不锈钢 Ni 质量分数为 3.5%，耐低温性能差，遇低温易脆裂；储罐在交接检验时已发现罐底产生了一道裂缝，但没有去调查裂缝的成因，只是对该罐进行了简单修补后即投入运行。储罐区外无拦蓄区，致使 LNG 任意流淌并最终引起爆炸。

（2）事故 2

情况：2011 年 2 月 8 日 19 时 7 分，江苏徐州二环西路北道、沈场立交桥西南侧 LNG 加气站储罐底部出现泄漏，遇居民燃放烟花引发大火，火焰高逾 20m，徐州消防支队先后出动 15 辆消防车、80 余名官兵赶往现场处置火情。直到 2 月 9 日 16 时 30 分左右，储罐内 LNG 全部烧尽，火势最终被消防队员成功扑灭，排除了隐患。

分析：LNG 储罐区域可燃气体报警装置安装位置不当，或者是可燃气体报警装置灵敏度不够，在发生 LNG 泄漏的情况下，没有及时报警；进出 LNG 储罐的液相管上无紧急切断阀，因此不具备自动切断功能；LNG 储罐进出管路中有多个法兰连接件，是 LNG 最易泄漏的部位，最终引起爆炸。

2. 泄漏点分析

（1）阀门填料处的泄漏：LNG 接收站的装置温度降低到操作温度时，阀门金属部分会发生收缩，这时就可能在阀门填料处发生泄漏。可以根据在阀门处是否有不正常的积霜，来判断该阀门是否发生了泄漏。

（2）输送软管和管道组成件处的泄漏：输送 LNG 的管子冷却后发生收缩就可能在管子螺纹或法兰连接处发生泄漏。输送软管需要按照国家安全标准进行年度压力检测。输送软管放空时可能同时排放液体和气体，不可对着人或设备，也不可接触到点火源。

（3）取样管道、取样容器和气相管道发生泄漏：LNG 接收站的取样管道和取样容器处发生泄漏的可能性较大，操作人员接触到泄漏的 LNG 的可能性很大。天然气气相管道泄漏的危害性较大，因为这个区域不仅流速快、压力高，而且存在管道材料过渡（从低温管材过渡到常温管材）。如果泄漏的是冷气体，应当注意低于 −107℃ 的蒸气在最初泄漏的阶段会比空气重，容易引起火灾以及造成人体冻伤。

（4）管道间歇泉和水锤现象：如果储罐底部有充满 LNG 的较长竖直管道，该管道受到持续加热或急热时，气泡大量积聚，管道间歇性自发喷出液体，清空 LNG，形成间歇泉现象。另外，长时间带压作业的管口经过泄压，管内会形成类似于水击现象的 LNG 冲击波，这称为水锤现象。上述两种现象的发生都能产生很大的瞬间高压，对管道中的垫圈和阀门造成损坏，应力求避免。

（5）因为操作失误、控制系统失灵或设备损坏，可能造成 LNG 的溢出。溢出可以理解为 LNG 的大量泄漏，而且基本上是处于难以控制的状态，只能靠外部的集液池控制其扩散。溢出可分为溢出到地面和水面两种情况。LNG 溢出到地面主要是指陆地上的 LNG 系统，LNG 流淌到地面。LNG 溢出到水面通常是指 LNG 船装卸货过程中产生的溢出。

3. 火灾、爆炸危险性

天然气的主要成分甲烷属一级可燃气体，甲类火灾危险性，爆炸极限为 5%~15%（体积分数），最小点火能量仅为 0.28mJ，燃烧速度快，燃烧热值高（平均热值为 33440kJ/m^3），对空气的相对密度为 0.55，扩散系数为 0.196，极易燃烧、爆炸，并且扩散能力强，火势蔓延迅速。

LNG 的危害主要是由于其易燃、易爆等特性，一旦发生泄漏，爆炸和火灾将同时发生，且事故难以控制和施救，损失将会非常严重。

LNG 在预处理、液化（或压缩）、储存、运输、接收、外输等环节中，火灾事故的预防是关键。LNG 易于挥发，遇到明火容易发生火灾，天然气与空气混合后，只要温度达到 650℃左右，即使没有火源也会自行着火。天然气的主要成分甲烷的爆炸极限为 5%~15%（体积分数），所以在空气中，如果 LNG 泄漏或挥发，浓度达到甲烷的爆炸极限，遇火即发生爆炸，会造成不可估量的损失。

4. 泄漏引起火灾及爆炸防范措施

（1）在 LNG 储罐区设有不燃烧实体防液堤，防液堤内设置集液池，防止储罐泄漏时 LNG 任意外流。

（2）LNG 储罐进出液管必须设有紧急切断阀，与储罐液位控制联锁，并应有远程控制操作和紧急停机功能。

（3）LNG 管道法兰密封面，应采用耐低温的金属缠绕垫片，不宜选用聚四氟乙烯垫片，以免长期冷热交替垫片收缩变形造成泄漏事故。

（4）建立并实施班组日常安全巡查制度，配置低浓度泄漏检测仪定期进行查漏，及时发现和处理天然气泄漏。

（5）定期检测和维护可燃气体报警装置、低温报警装置、超限报警联锁系统、超压自动排放系统以及消防冷却和泡沫灭火系统等安全设施，使其处于完好状态下运行。

（6）加强员工的 LNG 基本知识和安全技能培训，并严格考核，使其熟悉 LNG 的危险特性以及岗位安全管理规章制度和操作规程，掌握本岗位所需的安全操作技能和应急处置措施。

（7）制定切实可行的事故应急预案，定期开展事故应急预案演练。与周边相关方建立应急联动机制。发生事故时，及时通报发布事故警报，迅速组织人员疏散和开展应急处置，降低事故影响。

（8）当 LNG 泄漏后，应利用导液槽将 LNG 收集到集液池中，用高倍数泡沫将其覆盖，控制 LNG 的气化速率。

（9）当 LNG 泄漏起火后，应首先疏散周围居民和车辆，然后开始灭火和采取防爆处置。要用干粉或惰性气体隔离灭火，并用固定式喷淋装置或水枪、水炮对储罐及其他需要保护的设施进行喷淋降温。

（10）要防止 LNG 的泄漏或挥发，更重要的是要让 CNG 和 LNG 尽量远离火源。在操作中存在多种引火源：设备控制系统是对各种设备实施手动或自动控制的系统，潜在着电气火花；天然气在管道中高速流动，易产生静电火源；操作中使用工具不当，或因不慎造成的摩擦、撞击火花等。

5.6.4 LNG 泄漏引起的快速相变案例及防范措施

1. 案例分析

事故 1 情况：1973 年 5 月英国坎维依（Canvey），一艘正规的 LNG 运输船进行卸液作业时，位于直径为 35cm 的出口管线上的一个长为 10cm 的膜片破裂了。LNG 泄漏流进其中一个有 LNG 储罐的码头，由于下雨积存了雨水，LNG 与雨水接触发生快速相变响起了 3 声爆炸声，所幸只损坏了邻近大楼的一扇窗户。

事故 2 情况：1977 年 3 月阿尔及利亚阿尔泽（Arzew）由于铝阀破裂，在长达 10h 的时间里，泄漏了几千立方米 LNG。这次泄漏发生在位于冻土地穴储罐附近的地面上，LNG 流入海里，观察到若干次快速相变现象，冲击波和 / 或者溅起的冰等损坏了几扇窗子。

事故 3 情况：1992 年 12 月印度尼西亚 Badak，正当一套 LNG 液化作用系列装置启动时发生了泄漏，尽管如此，依然做出了继续操作该系列装置的决定。为降低 LNG 蒸发气的影响使用了保护水幕。大约在该装置启动操作 11h 后，在一个覆盖着混凝土石板的排水通道里发生了快速相变。排水通道和混凝土石板均被损坏，邻近管道亦未幸免，一些混凝土断块被抛出近 100m 远。由于该区域采取紧急疏散措施，未造成人员伤亡。

事故 4 情况：1982 年 3 月法国南特市（Nantes），法国煤气公司（GDF）南特测试研究所里通过一项 LNG 储液池灭火试验，来评价一种新型乳化剂产品。该产品并未获得成功，而是形成了泡沫与水的抗乳化剂混合物，将其倾倒到燃烧着的 LNG 上。持续燃烧大约 11min 后，火势并未被有效地扑灭。遂决定停止使用该产品。又过了 6min 后，突然发生了剧烈的快速相变，出现了一高达 40m 的大火球，大约是先前火焰高度的 4 倍。据估计，火球持续了 5~10s。

从上述诸多事件可看出，快速相变可导致严重的局部损坏，造成设备结构整体性的丧失。因此，快速相变现象是 LNG 设施安全生产的组成部分，也是从设计阶段就必须予以考虑的问题。

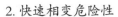

2. 快速相变危险性

LNG 泄漏引起的快速相变可能对人体产生以下危害：局部冻伤，如低温冻伤、霜冻伤；一般冻伤，如体温过低、肺部冻伤；窒息；如果蒸气云被点燃，还存在热辐射的危险。LNG 工业的安全很难用数据来描述，因为一些无重大泄漏事故装置的操作年限还不够作数量上的分析。

泄漏的 LNG 气化时产生的危害性可分为 LNG 泄漏到地面和泄漏到水中两种情况。

当 LNG 倾倒至地面上时（例如事故溢出），最初会猛烈沸腾，如果泄漏持续进行，就会在地面上形成一小池，而沸腾速度下降，最后保持一个相对稳定的沸腾速度。在最初阶段，沸腾速度由地面与 LNG 液体之间的一层气体的对流传热速度决定。当 LNG 温度和地面温度之间的差别逐渐减小时，这一层气体就消失了。这时影响沸腾速度的主要因素是地面向 LNG 的热传递，其他因素还有太阳辐射、LNG 上方的通风对流情况。后来地面被冷冻，并保持持续低温，那么太阳辐射和通风就成了影响 LNG 蒸发的主要因素。

当 LNG 泄漏流进水中时，可导致 LNG 与水相接触，如 LNG 运输工具发生意外交通事故时，可导致 LNG 泄漏流进水中；又如浸没燃烧式气化器的内部泄漏可导致 LNG 与水相接触，此时 LNG 与水之间有非常高的热传递速率，发生快速相变，LNG 将激烈地沸腾并伴随大的响声，喷出水雾，严重时会导致 LNG 蒸气爆炸，由此产生的爆炸威力足以摧毁邻近的工厂或建筑物，导致严重的事故。

3. 泄漏引起快速相变防范措施

在一定条件下，当 LNG 与水接触时会迅速气化，产生快速相变现象。防范快速相变事故的发生，首先考虑的是采取有效的技术手段和运行安全管理措施预防 LNG 泄漏。预防泄漏的安全防范措施前文已阐述，在此仅补充两条快速相变事故的防范措施。

在 LNG 储罐区防护堤内应设置集液池，并配备潜水泵以抽排集液池内积水。在实际应用中潜水泵宜实现与水位联动功能，以及时实现集液池内无积水。

当 LNG 泄漏后，应利用导液槽将 LNG 收集到集液池中，用高倍数泡沫将其覆盖，控制 LNG 的气化速率，不可用水进行稀释，避免产生快速相变现象。

5.6.5　LNG 泄漏带来的低温危害及防范措施

1. 低温危害

（1）低温表面的危害

低温表面包括 LNG 液体表面、LNG 低温管线及设备等。如果与这些低温表面接触的皮肤区域没有得到充分的保护，就会导致低温冻伤。冻伤的程度由接触时间的长短以及皮肤与冷源之间的热传导率决定。皮肤与液体及低温金属物之间的热传导率较高。如果皮肤的表面潮湿，与低温物体接触后，皮肤就会粘在低温物体的表面。这时候如硬将皮肤从低温表面挪开，就会将这部分皮肤撕裂。因此，可通过加热的方式将粘结的皮肤从低温表面挪开。

油气储运安全工程

（2）低温气体的危害

人员与低温气体接触后，其接触面比与低温液体的接触面大。低温气体大量释放，其导热率相应较高，会大面积地冻伤人体。呼吸低温蒸气有损健康，在短时间内，将导致呼吸困难，时间一长，就会导致严重的疾病。所有的 LNG 蒸气并没有毒，但它们会降低氧气的含量，导致窒息。如果吸纯 LNG 蒸气，很快就会失去知觉，几分钟后便死亡。当空气中氧含量逐渐降低时，操作工人可能并不会意识到。等最后意识到时，已经太迟。

2. 低温危害的预防及处理

（1）对于接触低温的操作人员，一定要穿上特殊的劳保服，防止皮肤与低温液体直接接触。LNG 接收站操作工人特殊的劳保包括：佩戴防护镜或护目镜、安全帽、隔音耳塞或耳机，以保护暴露在外的眼睛及脸部；必须戴上皮手套，穿长裤、长袖的工装及高筒靴，这些衣物都要求由专门的合成纤维或纤维棉制成，且要尺寸宽大，便于有低温液体溅落到上面时，快速脱下。

（2）对于低温设备，包括低温管线及阀门，设计上都考虑到了操作工的安全，对它们都要求进行保冷、防护，这样就可避免操作工直接与低温金属表面相接触。对于其他表面及结构，例如支撑物或其他组件，由于 LNG 或低温气体的排放，它们就可能变成低温。这时操作工除了可能与低温表面接触造成伤害外，还会面临由于材料自身特点发生变化而造成的意外伤害。因此，接收站操作人员应熟悉与低温接触的这部分构件的性质，避免产生意外伤害。

（3）要预防低温气体对人体产生窒息危害，则需配备可燃气体探测器。在封闭房间内，应安装固定的可燃气体探测器，在室外，应配备便携式可燃气体探测器，随时探测低温气体浓度。一旦低温气体浓度达到报警值，探测器就会发出报警，避免低温气体对人员造成伤害。

（4）LNG 接收站采取了上述预防低温危害的措施后，为了确保安全，还应对低温危害一旦产生的后果制定出相应的措施。无论是低温表面对人员造成的伤害或是低温气体对人员造成的伤害，其结果都会导致低温冻伤。由于皮肤的神经末梢很难辨别极端温度，对于高温烫伤与低温冻伤，尽管其组织的反应不一样，症状反应却都是一样的，且治疗方法也基本相同：恢复到正常温度（37℃），防止受伤的组织出现感染或进一步损坏。与高温烫伤不同的是，由于存在着含水量，冻伤的肌肉部分会产生脆裂。

第六章　油气储运安全管理

6.1　概述

6.1.1　安全管理的基本原则

1. 安全生产方针

我国推行的安全生产方针是：安全第一，预防为主，综合治理。

2. 安全生产工作体制

我国执行的安全体制是：企业负责，国家监察，行业管理，群众监督，劳动者遵章守纪。其中，企业负责的内涵是：

（1）负行政责任。指企业法人代表是安全生产的第一责任人；管理生产的各级领导和职能部门必须负相应管理职能的安全行政责任；企业的安全生产推行"人人有责"的原则等。

（2）负技术责任。企业的生产技术环节相关安全技术要落实到位、达标；推行"三同时"原则等。

（3）负管理责任。在安全人员配备、组织机构设置、经费计划的落实等方面要管理到位；推行管理的"五同时"原则等。

3. 安全生产管理五大原则

（1）生产与安全统一的原则，即在安全生产管理中要落实"管生产必须管理安全"的原则；

（2）三同时原则，即新建、改建、扩建的项目，其安全卫生设施和措施要与生产设施同时设计、同时施工、同时投产。

（3）五同时原则，即企业领导在计划、布置、检查、总结、评比生产的同时，同时计划、布置、检查、总结、评比安全工作。

（4）三同步原则，企业在考虑经济发展、进行机制改革、技术改造时，安全生产方面要与之同时规划、同时组织实施、同时运作投产。

（5）四不放过原则，发生事故后，事故原因未查清不放过；事故责任人未受到处理

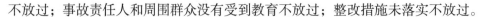

不放过；事故责任人和周围群众没有受到教育不放过；整改措施未落实不放过。

4. 全面安全管理原则

企业安全生产管理执行全面管理原则，纵向到底，横向到边；安全责任制的原则是"安全生产，人人有责""不伤害自己，不伤害别人，不被别人所伤害"。

5. 三负责制原则

企业各级生产领导在安全生产方面"向上级负责，向职工负责，向自己负责"。

6.1.2　安全管理的主要内容

1. 基础管理

基础管理工作包括各项规章制度建设；标准化工作；安全评价；重大危险源及化学危险品的调查与登记；监测和健康监护；职工和干部的系统培训；日常安全卫生措施的编制、审批；安全卫生检查；各种作业票（证）的管理与发放等。此外，企业的新建、改建、扩建工程基础上的设计、施工和验收以及应急救援等工作均属于基础工作的范畴。

2. 现场安全管理

现场的安全管理也叫生产过程中的动态管理。包括生产过程、检修过程、施工过程及设备（包括传动和静止设备、电气、仪表、建筑物、构筑物）的安全管理。

（1）生产安全的管理

生产安全的核心是工艺安全、操作安全，是生产过程中的重中之重，是保证安全生产高效的关键。

（2）检修安全的管理

检修过程的安全比较复杂，包括全厂停车大修，车间系统停车大修，单机（或设备）的大、中、小修，以及意外情况下的抢修等。大量事实表明，在检修和抢修时发生伤亡事故屡见不鲜，因此应加强管理，防止事故发生，特别是计划内的检修，更应充分做好准备，防患于未然。

（3）施工安全管理

施工过程中，特别是企业的扩建、改造工程的施工，往往是在不停止生产的情况下进行的，同检修安全一样，也应列为安全管理的重点内容。

（4）设备安全管理

设备安全包括设备本身的安全可靠性和正确合理的使用，特别是重大危险设备的管理和安全装置、警报系统的管理，更不应忽视。

（5）防火防爆管理

防止火灾、爆炸事故是油气储运安全管理的重要组成部分。油气储运行业各生产部门都存在着火灾、爆炸事故的危险因素。随着石油石化工业的迅速发展，火灾、爆炸事故的概率增加了，故加强预防火灾、爆炸的管理十分必要，也是搞好安全生产的重要环节。

（6）危险化学品安全管理

危险化学品安全管理包括危险化学品的储存、运输、包装和生产过程中的安全管理，危险化学品的种类繁多，同时新的化学物质、新的化工产品又不断出现，所以在危险化学品登记的基础上，研究制定其安全管理办法和规范十分必要。许多事故案例表明，重大火灾、爆炸、中毒等事故，常由危险化学品管理不当或根本缺乏管理制度而造成，严格地管理好危险化学品，对企业的安全生产尤为重要。

（7）重大危险源的管理

重大危险源是指长期或临时生产、加工、搬运、使用、处理或储存超过临界数量的一种或多种危险物质或物质类别的设置。当前，石化企业对重大危险源管理还缺乏系统的经验。首先应在界定重大危险源的基础上，进行普查登记，制定防范事故的对策，然后再形成一套行之有效，符合企业实际情况的管理制度。

（8）厂区内的其他管理

如进入厂区内的人员管理、电气管理、厂区内交通管理等。

6.2　HSE 管理体系

HSE 管理体系是指实施健康（Health）、安全（Safety）与环境（Environment）管理的组织机构、职责、资源、程序和过程等构成的动态管理系统。HSE 管理体系由多个要素构成，相互关联、相互作用，通过实施风险管理，从而采取有效的预防、控制和应急措施，以减少可能引起的人员伤害、财产损失和环境污染。HSE 管理体系体现了当今石油石化企业在大市场环境下的规范运作，突出了以人为本、预防为主、全员参与、持续改进的科学管理思想，具有高度自我约束、自我完善、自我激励的机制，是石油石化企业实现现代化管理、走向国际市场的通行证。

目前，世界各国石油石化公司对 HSE 管理的重视程度普遍提高，HSE 管理已成为世界性的潮流与主题，建立和持续改进 HSE 管理体系将成为国际石油石化公司 HSE 管理的大趋势。1997 年 HSE 标准正式进入我国，为了有效地推动我国石油石化企业的健康、安全和环境管理工作，使健康、安全和环境管理模式符合国际通行惯例，提高企业的健康、安全和环境管理水平，增强石油石化企业在国际上的竞争能力，国内三大石油公司——中国石油（CNPC）、中国海油（CNOOC）和中国石化（SINOPEC），相继在所属企业开始了 HSE 管理体系试点和推广工作。

6.2.1　HSE 管理体系基础

1. HSE 管理体系的产生和发展

20 世纪 80 年代后期，国际上发生了几次重大事故，如 1987 年的瑞士 SANDEZ 大火，1988 年英国北海油田的帕玻尔·阿尔法平台事故，以及 1989 年的 Exxon 公司 VALDEZ 泄油等，这些重大事故引起了国际工业界的普遍关注，大家都深深认识到，石油石化作业是高风险的作业，必须采取有效、完善的 HSE 管理系统才能避免重大事故的发生。1991 年，在荷兰海牙召开了第一届油气勘探开发的健康、安全、环保国际会议，HSE 作为一个完整概念逐步为大家所接受。

国内外大石油公司非常关注 HSE 管理体系的建立。1985 年，壳牌公司首次在石油勘探开发领域提出了强化安全管理（Enhance safety management）的构想和方法。1986 年，在强化安全管理的基础上，形成安全管理手册，HSE 管理体系初现端倪。1990 年制定了自己的安全管理体系（SMS）；1991 年，颁布了健康、安全与环境（HSE）方针指南；1992 年，正式出版安全管理体系标准 EP92–01100；1994 年，正式颁布健康、安全与环境管理体系导则。1994 年油气开发的安全、环保国际会议在印度尼西亚的雅加达召开，由于这次会议由 SPE（美国石油工程师协会 Society of petroleum engineers）发起，并得到 IPICA（国际石油工业保护协会）和 AAPG（美国石油地质学家协会）的支持，影响面很大，全球各大石油公司和服务厂商积极参与，HSE 的活动在全球范围内迅速展开。

1996 年 1 月，ISO/TC 67 的 SC6 分委会发布 ISO/CD 14690《石油和天然气工业健康、安全与环境管理体系》，成为 HSE 管理体系在国际石油业普遍推行的里程碑，HSE 管理体系在全球范围内进入了一个蓬勃发展时期。

1997 年 6 月，原中国石油天然气总公司参照 ISO/CD 14690 制定了 3 个行业标准：SY/T 6276—1997《石油天然气工业健康、安全与环境管理体系》、SY/T 6280—1997《石油地震队健康、安全与环境管理规范》、SY/T 6283—1997《石油天然气钻井健康、安全与环境管理指南》。

2001 年 2 月，中国石油化工集团公司发布了 10 个 HSE 文件（即 1 个体系、4 个规范、5 个指南），形成了完整的 HSE 管理体系标准。

近年来，HSE 管理体系的发展呈现以下趋势：

（1）HSE 管理日益成为国际贸易中通往世界市场的通行证。世界各国石油石化公司 HSE 管理的重视程度普遍提高，HSE 管理成为国际企业安全管理世界性的潮流与主题，建立和持续改进 HSE 管理体系从石油业企业向其他类型企业推广。

（2）作为管理核心的以人为本、持续改进的思想得到充分的体现和贯彻。企业日益注重保护员工健康，并将其贯穿于各项工作的始终。

（3）HSE 管理体系的建立和审核向标准化迈进。随着企业 HSE 的深入开展，带来了体系的不断完善，对体系的统一化和标准化的需求日益强烈。世界各国的环境立法更加系统，环境标准更加严格。

（4）HSE 管理体系使企业管理趋于一体化。在企业管理标准化的同时，逐步将质量、环境、健康及其相关的管理内容整合，节约了管理和运行成本，减少了烦琐的程序和层次，提高了企业管理科学化水平的社会和经济效益。

2. HSE 管理体系的特点和优势

HSE 管理体系要求组织风险分析，确定其自身活动可能发生的危害和后果，从而采取有效的防范手段和控制措施防止其发生，以便减少可能引起的人员伤害、财产损失和环境污染。它强调预防和持续改进，具有高度自我约束、自我完善、自我激励机制，因此是一种现代化的管理模式，是现代企业制度之一。

（1）HSE管理体系与传统管理有许多不同

①先进性。HSE系统所宣传和贯彻始终的理念是先进的，如从员工的角度出发，注重以人为本，注重全员参与等。目前，这一体系在职业安全卫生领域是走在世界前列的，易于企业结合实际应用和创新。

②系统性。HSE本身就是一个系统，HSE管理体系强调各要素有机组合，以一系列层次分明、相互联系的体系文件实施管理。

③预防性。危害辨识、风险分析与评价是HSE管理体系的精髓，实现了事故的超前预防和生产作业的全过程控制。

④可持续改进和长效性。HSE管理体系运用戴明管理原则，周而复始地推行"策划、实施、监测、评审"活动，形成PDCA［Plan（计划）、Do（执行）、Check（检查）和Action（处理）］循环，使企业健康、安全、环境的表现不断改进，呈现螺旋上升的状态。

⑤自愿性。HSE的相关标准都是推荐执行的、非强制性的标准，是企业在国内外市场的驱动下自觉自愿的行为，建立HSE管理体系也是企业管理自身生存、发展的内在要求。

（2）推行HSE管理体系将给企业发展带来明显的益处

①建立HSE管理体系符合可持续发展的要求。建立和实施符合我国法律、法规和有关安全、劳动卫生、环保标准要求的HSE管理体系，将有效地规范生产活动。从原材料加工、设计、施工、运输、使用到最终废弃物的处理进行全过程的健康、安全与环境控制，满足安全生产、人员健康和环境保护的要求，实现企业的可持续发展。

②可促进企业进入国际市场。目前国际上一些大的企业已采用HSE标准，对企业提出了HSE管理方面的要求，将未制定和执行该标准的企业限制在国际市场之外。因此，制定和执行HSE管理体系标准就能促进石油企业的健康、安全与环境管理与国际接轨，树立我国企业的良好形象，并使作业队伍能顺利进入国际市场，创造可观的经济效益。

③可减少企业的成本，节约能源和资源。HSE管理体系摒弃了传统的事后管理与处理作法，采取积极的预防措施，将健康、安全与环境管理体系纳入企业总的管理体系之中，减少废物治理和防止职业病发生的开支，从而降低成本，提高企业经济效益。

④可以帮助企业规范管理体系，提高企业健康、安全与环境管理水平。

⑤可改善企业的形象，改善企业与当地政府和居民的关系。

⑥可吸引投资者。

⑦可使企业将经济效益、社会效益和环境效益有机地结合在一起。

6.2.2　HSE管理体系的构建

1. 领导决策和准备

首先需要最高管理者做出承诺，即遵守有关法律、法规和其他要求的承诺和实现持续改进的承诺。在体系建立和实施期间最高管理者必须为此提供必要的资源保障。

建立和实施 HSE 管理体系是一个十分复杂的系统工程，最高管理者应任命 HSE 管理者代表，来具体负责 HSE 管理体系的日常工作。

最高管理者还应授权管理者代表成立一个专门的工作小组，来完成企业的初始状态评审以及建立 HSE 管理体系的各项任务。

2. 教育培训

HSE 管理体系标准的教育培训，是开始建立 HSE 管理体系十分重要的工作。培训工作要分层次、分阶段、循序渐进地进行，并且必须是全员培训。

3. 拟订工作计划

通常情况下，建立 HSE 管理体系需要一年以上的时间，因此需要拟订详细的工作计划。在拟订工作计划时要注意：目标明确、控制进程、突出重点。总计划批准后，就可制定每项具体工作的分计划。与此同时，还要注意制定计划的另一项重要内容是提出资源的需求，报最高管理层批准。

4. 初始状态评审

初始状态评审是建立 HSE 管理体系的基础，其主要目的是了解企业的 HSE 管理现状，为企业建立 HSE 管理体系搜集信息并提供依据。

5. 危险辨识和风险评价

危险辨识是整个 HSE 管理体系建立的基础。主要分为：危害识别、风险评价和隐患治理。

6. 体系的策划和设计

主要任务是依据初始评审的结论，制定 HSE 方针、目标、指标和管理方案，并补充、完善、明确或重新划分组织机构和职责。

7. 编写体系文件

HSE 管理体系是一套文件化的管理制度和方法，因此，编写体系文件是企业建立 HSE 管理体系不可缺少的内容，是建立并保持 HSE 管理体系重要的基础工作，也是企业达到预定的 HSE 方针、评价和改进 HSE 管理体系、实现持续改进和事故预防必不可少的依据。

8. 体系的试运行和正式运行

体系文件编制完成以后，HSE 管理体系将进入试运行阶段。试运行的目的就是要在实践中检验体系的充分性、适用性和有效性。试运行阶段，企业应加大运作力度，特别是要加强体系文件的宣贯力度，使全体员工了解如何按照体系文件的要求去做，并且通过体系文件的实施，及时发现问题，找出问题的根源，采取措施予以纠正，及时对体系文件进行修改。

体系文件在试运行阶段得到进一步完善后，可以进入正式运行阶段。在正式运行阶段发现的体系文件不适宜之处，需要按照规定的程序要求进行补充、完善，以实现持续改进的目的。

9. 内部审核

内部审核是企业对其自身的 HSE 管理体系所进行的审核，是对体系是否正常运行以及是否达到预定的目标等所做的系统性的验证过程，是 HSE 管理体系的一种自我保证手段。内部审核一般是对体系全部要素进行的全面审核，可采用集中式和滚动式两种方式。应有与被审核对象无直接责任的人员来实施，以保证审核的客观、公正和独立性。

10. 管理评审

管理评审是由企业的最高管理者定期对 HSE 管理体系进行的系统评价，一般每年进行一次，通常发生在内部审核之后和第三方审核之前，目的在于确保管理体系的持续适用性、充分性和有效性，并提出新的要求和方向，以实现 HSE 管理体系的持续改进。

6.2.3 岗位作业指导书的编制

1. HSE 管理与岗位作业指导书

在实施 HSE 管理体系过程中，文件和实施程序内容较多，不便于岗位人员学习，因此，每一个具体的工作岗位都需要一份比较系统的指导文件。岗位作业指导书就是结合传统安全管理方法和 HSE 管理方法发展而来的此类文件，囊括了员工在一个岗位上应当掌握和了解的知识和操作规范。

编制岗位作业指导书，要从员工和岗位的角度出发，使员工对有关该岗位的相关知识和工作能有全面的了解，知道在该岗位上工作可能遇到的危害、风险和隐患以及应当采取的防范措施。岗位作业指导书可以提高班组的管理水平，也提高了企业的管理水平。

岗位作业指导书是员工工作的依据，也是企业管理的基础和依据。岗位作业指导书应下发到岗位每个员工手中，以便于员工随时学习和查阅。

2. 岗位作业指导书的内容

针对不同岗位编制的岗位作业指导书，内容自然也会有所不同。通常，岗位作业指导书包括十二个项目，即：岗位描述；岗位工作目标和要求；安全职责；岗位职责；巡回检查路线和检查标准；工作规范（内容）；隐患分析及削减措施；系统内设备操作规程和参数；系统内工艺流程图；管理制度；应急预案；常用法律法规、标准目录。有些岗位作业指导书还配一些附录。这些内容可以根据岗位的实际增加或减少相关的项目和内容，便于增强可操作性，对基层的岗位工作有更好的指导性。

（1）岗位描述

是对一个岗位的基本情况进行描述，其作用是使员工全面了解该岗位的工作内容。这一项包括岗位名称、工作概述、岗位关系、特殊要求、工作权限、职业资格和工作考核七项内容。

（2）岗位工作目标和要求

描述岗位各方面的工作目标、要求和标准，使岗位员工清楚认识该岗位的工作要求。

（3）安全职责

使员工清楚该岗位在安全方面应当遵守的职责和责任。

（4）岗位职责

介绍该岗位的岗位职责，岗位职责应当从实际出发，与时俱进，对其内容不断修订，增强可操作性和实效性，内容尽可能量化，避免内容空洞、界定不清、难以考核。

（5）巡回检查路线和检查标准

针对需定时巡回检查的岗位，明确规定巡回检查的路线、检查点和检查的标准，便于岗位员工能够正确检查，掌握正常与异常的差别，能够及时处理。

（6）工作规范

应使员工明确遵守什么规范，执行什么程序。此项规定越细，越易于员工在工作中执行。

（7）隐患分析及削减措施

在危害（隐患）辨识分析的基础上，列出该岗位员工参与的工作，按照标准危害（隐患）辨识分析卡的模式逐一编制，使员工在工作实施前清楚这项工作的危害和预防措施、所需的准备工作和工作步骤、达到的具体标准等。

（8）设备操作规程和参数

对于与设备运行管理相关的岗位，为了使员工掌握这些设备的操作规程和基本参数，保证设备的正确操作和维护，要将该岗位所有设备的操作规程和基本参数一一列出。

（9）工艺流程图

对于负责工艺流程的岗位，员工要明晰工艺流程，否则，出现异常情况就会不知所措，不会处理。因此，要把该岗位的工艺流程图附上，流程的操作标准、操作步骤和方法一一列出。

（10）管理制度

每个岗位员工都应当遵守法律法规和企业的管理制度。企业应当在员工上岗工作前，告知其应当遵守的管理制度。因此，应列出在岗位上应当遵守的制度及内容。有的企业制度比较多，可在此只列制度目录，具体内容查阅相关的制度汇编。

（11）应急预案

员工在出现突发意外或紧急情况时，应能够及时、正确处置。针对岗位的实际情况，可以从企业应急预案中摘录或单独编制应对紧急情况的具体措施，并将其写入岗位作业指导书。

（12）常用法律法规、标准目录及附录

列出该岗位员工应当遵守的法律、法规和标准目录，供查阅的地点或来源，以便员工学习、领会和贯彻。

3. 岗位作业指导书编制和应用步骤

岗位作业指导书一般由上级主要技术人员、班组长和部分技术骨干在调查分析的基础上编制。应先收集相关的资料，进行危害（隐患）辨识分析，按作业指导书的项目内容进行筛选整理，最后形成一个系统的岗位作业指导书。

编制完成后，应组织学习培训，使岗位人员全面掌握其中的内容，为今后在工作中顺利执行打下基础。新上岗的员工培训并考核合格后，才可上岗。

培训完成后，岗位作业指导书发到员工手中，并放置在现场或岗位。岗位工作人员对岗位作业指导书内容都应了解，并在工作中切实贯彻落实，做到遵章守纪，减少事故的发生和对自己的伤害。

在实施过程中，对出现的问题或需要补充的地方，要及时补充完善。做到持续改进，保证岗位作业指导书的实效性。

6.2.4 HSE 管理体系示例

1. 中国石化 HSE 管理体系

中国石化行业种类繁杂，面临的 HSE 问题非常突出。油田面广，对地层和地表植被破坏很大；海滩和海上作业易受风暴袭击；长距离的管输极易发生油气泄漏事故；炼化企业具有高温高压、易燃易爆、有毒有害、易发生重大事故的特点；销售企业点多面广，遍布城乡，管理上存在一定难度。因此在集团公司内推广 HSE 管理体系不但能有效地控制重大灾害事故的发生率，降低企业成本，节约能源和资源，而且还能树立企业的健康、安全和环境形象，改善企业和所在地政府、居民的关系，吸引投资者，实现社会效益、环境效益和经济效益的协调提高。

此外，走到国际市场上去一直都是集团公司的发展战略，而国际石油石化市场对 HSE 有着严格的要求，因此只有在集团公司内推行 HSE 管理体系，树立起 HSE 国际形象，才能拿到进入国际市场竞争的通行证。

中国石化为在安全、环境和健康管理体系方面既符合中国石化的特色，又逐步实现与国际的接轨，做了大量的调研、宣贯、起草试行标准及试点等工作。经过数年的努力，中国石化集团公司于 2001 年 2 月 8 日正式发布了集团公司 HSE 管理体系标准，共 10 个标准，包括 1 个体系、4 个规范和 5 个指南。

（1）1 个体系

1 个体系是指《中国石化集团公司安全、环境与健康（HSE）管理体系》。HSE 管理体系标准明确了中国石化集团公司 HSE 管理的十大要素，各要素之间紧密相关，相互渗透，不能随意取舍，以确保体系的系统性、统一性和规范性。

①领导承诺、方针目标和责任

在 HSE 管理上应有明确的承诺和形成文件的方针目标，最高管理者提供强有力的领导和自上而下的承诺，是成功实施 HSE 管理体系的基础。集团公司以实际行动来表达对 HSE 的重视，努力实现不发生事故、不损害人身健康、不破坏环境的目标，这是集团公司承诺的最终目的。

②组织机构、职责、资源和文件控制

公司和企业为了保证体系的有效运行，必须合理配置人力、物力和财力资源，广泛

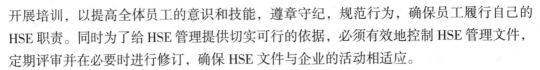

开展培训，以提高全体员工的意识和技能，遵章守纪，规范行为，确保员工履行自己的HSE 职责。同时为了给 HSE 管理提供切实可行的依据，必须有效地控制 HSE 管理文件，定期评审并在必要时进行修订，确保 HSE 文件与企业的活动相适应。

③风险评价和隐患治理

风险评价是一个不间断的过程，是建立和实施 HSE 管理体系的核心。它要求企业经常对危害、影响和隐患进行分析和评价，采取有效或适当的控制、防范措施，把风险降到最低程度。企业领导应直接负责并制定风险评价的管理程序，亲自组织隐患治理工作。

④承包商和供应商管理

要求企业从承包商和供应商的资格预审、选择及开工前的准备、作业过程的监督、承包商和供应商的表现评价等方面对其进行管理，这一工作是当前各企业的薄弱环节，应重点加强。

⑤装置（设施）设计与建设

要求新建、改建和扩建的装置（设施），必须按照"三同时"的原则，按照有关标准规范进行设计、设备采购、安装和试车，以确保装置（设施）保持良好的运行状态。

⑥运行和维修

要求企业对生产装置、设施、设备、危险物料、特殊工艺过程和危险作业环境进行有效控制，提高设施、设备运行的安全性和可靠性，并结合现有的、行之有效的管理制度，对生产的各个环节进行管理。

⑦变更管理和应急管理

变更管理是指对人员、工作过程、工作程序、技术、设施等永久性或暂时性的变化进行有计划的控制，以避免或减轻对安全、环境与健康方面的危害和影响。应急管理是指对生产系统进行全面、系统、细致的分析和研究，确定可能发生的突发性事故，制定防范措施和应急计划。

⑧检查和监督

企业定期对已建立的 HSE 管理体系的运行情况进行检查和监督，建立定期检查、监督制度，保证 HSE 管理方针目标的实现。

⑨事故处理和预防

建立事故处理和预防管理程序，及时调查、确认事故或未遂事件发生的根本原因，制定相应的纠正和预防措施，确保事故不会再次发生。

⑩审核、评审和持续改进

企业只有定期地对 HSE 管理体系进行审核、评审，确保体系的适应性和有效性并使其不断完善，才能达到持续改进的目的。

（2）4 个规范

HSE 管理规范是在管理体系十大要素具体要求的基础上，依据中国石化已颁发的各

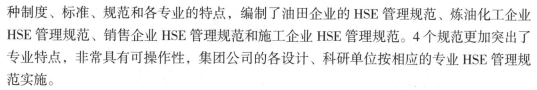

种制度、标准、规范和各专业的特点，编制了油田企业的 HSE 管理规范、炼油化工企业 HSE 管理规范、销售企业 HSE 管理规范和施工企业 HSE 管理规范。4 个规范更加突出了专业特点，非常具有可操作性，集团公司的各设计、科研单位按相应的专业 HSE 管理规范实施。

（3）5 个指南

HSE 管理体系实施的最终落脚点是作业实体（如生产装置、基层队等），因此实施 HSE 的重点是要抓好作业实体 HSE 管理的实施。为此，集团公司分专业编制了 HSE 实施程序编制指南，即：《油田企业基层队 HSE 实施程序编制指南》《炼油化工企业生产车间（装置）HSE 实施程序编制指南》《销售企业油库、加油站 HSE 实施程序编制指南》《施工企业工程项目 HSE 实施程序编制指南》和《职能部门 HSE 职责实施计划编制指南》。

2. 壳牌公司的 HSE 管理方法

壳牌公司是世界四大石油跨国公司之一，1984 年前尽管也重视 HSE 管理，但效果不佳，后来该公司学习了美国杜邦公司先进的 HSE 管理经验，分析了以前 HSE 管理效果较差的原因，吸取教训，取得了非常明显的成效。目前，该公司的 HSE 管理水平堪称世界一流。他们先进的管理方法主要表现在以下几个方面：

（1）全面实施 EP95-55000 勘探与生产安全手册

该手册是为其下属子公司及所雇请的承包商而制定的，体现公司的 HSE 管理的政策、方针、原则和做法。

（2）壳牌公司 HSE 管理的原则

HSE 管理的具体保证体现在 HSE 管理的政策；HSE 部门经理的责任；有效的 HSE 培训；能胜任的 HSE 顾问；通俗易懂的 HSE 标准；监测 HSE 实施情况的技术；HSE 标准和实践的检验；现实可行的 HSE 目标管理；人员伤害和事故的彻底调查和跟踪；有效的 HSE 激励和交流。

（3）壳牌公司的 HSE 方针

壳牌公司认为 HSE 方针是 HSE 规划中必不可少的组成部分，要求其政策简明易懂，适合每个人。并强调必须有下列的方针：任何事故都是可以预防的；HSE 是业务经理的责任；HSE 目标同其他经营目标一样具有重要的意义；创造一个安全和健康的工作环境；保证有效的安全、健康训练；培养每个人对 HSE 的兴趣和热情；每个职工对 HSE 都要负有责任；承诺为可持续发展做出贡献。

（4）壳牌公司 HSE 培训

壳牌公司认为对于一个能正确执行 HSE 政策的人来说，不仅懂得实际的危险情况而且要知道如何发现和消除它。还必须具有完成 HSE 任务的能力和技巧。最重要的 HSE 培训应该是对新的雇员和承包商进行诱导式培训，不培训就不能进入施工区，实践证明培训职工进行急救能使工伤事故率降低。对职工进行急救培训所产生的效果比任何一种培训都大得多，急救培训也可以提高每个人采取措施的主动性。应该把具体的安全培训纳

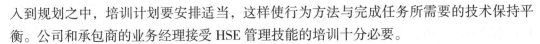

入到规划之中，培训计划要安排适当，这样使行为方法与完成任务所需要的技术保持平衡。公司和承包商的业务经理接受 HSE 管理技能的培训十分必要。

（5）壳牌公司 HSE 规划和目标

壳牌公司认为 HSE 规划和目标必须是合理的，可以达到的和适当的。一个好的 HSE 管理部门的目标是实现和保持事故频率、严重程度和费用应是降低的趋势，尽量减少对环境的影响，尽量减少职业病对健康的危害。公司制定安全规划时应对生产事故、财产损失和停工损失要有明确的目标，实现这些目标的方法应尽可能用数字表示。制定落实 HSE 规划的详细方法是，每个部门都应编写一份书面的时间表，并且各部门的 HSE 规划与公司的 HSE 总体规划相一致。

（6）建立 HSE 规划的内部审查制度

壳牌公司认为要提高 HSE 规划的效果，就必须配备检测设备和人员，而且应制定一套审查程序，以便能够及时监督 HSE 建议的执行情况，指定一个行动小组来协调和贯彻执行这些建议。管理人员在检查施工作业时应注意检查员工的不安全行为和原因，检查施工人员在做什么和如何去做，检查防护用品的穿戴和工具使用情况，检查设备和一般的施工现场等。

（7）壳牌公司的 HSE 管理组织

壳牌公司考虑到技术、商业风险和法律责任等三个主要因素而采取 HSE 措施，提出必须要舍得花费人力和财力来预防事故的发生。为了做到行之有效的 HSE 管理，必须制定一个明确的计划和建立一个必不可少的管理机构，应把其看成是承担法律责任，也是技术上不可缺少的条件。这个组织机构的管理任务包括：通过工作现场察看来发现风险；医疗和职业保健评价；环境评价和审查；事故和事故报告；HSE 检查报告；安全会议报告；地方病类型统计报告等等。通过 HSE 委员会制定管理层的正确措施和政策，这个委员会应包括壳牌公司和承包商的高级管理人员，指定一个协调员来执行委员会的决议和建议。通过协调员与有关部门共同执行的行动计划，这些计划包括发展或更新工艺过程、供应或更换个人防护品、制定和改进培训计划等。对事故或事件进行审查，根据统计数字分析发展趋势，派安全管理小组去进行全面的现场检查。

6.3 火灾、爆炸事故的应急救援

石油及其产品在输送及储存过程中，存在着很大的火灾、泄漏危险性。盛装油品的容器在高温或受日光曝晒时极易发生火灾，当油料泄漏时，油品蒸气在空气中达到爆炸极限时，遇火即能爆炸。火场及其附近的油桶受到火焰辐射热的作用，如不及时冷却，也会因火灾所产生的强热辐射引起其他可燃物燃烧，扩大灾害范围，严重影响火灾、爆炸事故的应急救援活动。由此可知，火灾、爆炸事故的特殊性主要是事故的危害面大，产生的灾害严重，政治及社会负面影响大，而事故初期的控制对事故的后期发展影响也很大。

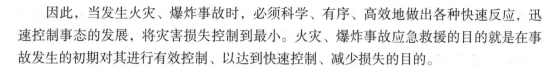

因此，当发生火灾、爆炸事故时，必须科学、有序、高效地做出各种快速反应，迅速控制事态的发展，将灾害损失控制到最小。火灾、爆炸事故应急救援的目的就是在事故发生的初期对其进行有效控制、以达到快速控制、减少损失的目的。

6.3.1　应急救援系统概述

在任何工业活动中都有可能发生事故，尤其是随着现代工业的发展，生产过程中存在的巨大能量和有害物质，一旦发生重大事故，往往造成惨重的生命、财产损失和环境破坏。由于自然或人为、技术等原因，当事故或灾害不可能完全避免的时候，建立完整的事故应急救援体系，组织及时有效的应急救援行动已成为抵御事故或控制灾害蔓延、降低危害后果的关键甚至是唯一手段。

1. 事故应急救援的基本任务及特点

（1）事故应急救援的基本任务

事故应急救援的总目标是通过有效的应急救援行动，尽可能地降低事故的后果，包括人员伤亡、财产损失和环境破坏等。事故应急救援的基本任务包括下述几方面。

①立即组织营救受害人员，组织撤离或者采取其他措施保护危害区域内的其他人员。抢救受害人员是应急救援的首要任务，在应急救援行动中，快速、有序、有效地实施现场急救与安全转送伤员是降低伤亡率、减少事故损失的关键。由于重大事故发生突然、扩散迅速、涉及范围广、危害大，应及时指导和组织群众采取各种措施进行自身防护，必要时迅速撤离危险区或可能受到危害的区域。在撤离过程中，应积极组织群众开展自救和互救工作。

②迅速控制事态，并对事故造成的危害进行检测、监测，测定事故的危害区域、危害性质及危害程度。及时控制住事故的危险源是应急救援工作的重要任务，只有及时地控制住危险源，防止事故的继续扩展，才能及时有效地进行救援。特别对发生在城市或人口稠密地区的化学事故，应尽快组织工程抢险队与事故单位技术人员一起及时控制事故继续扩展。

③消除危害后果，做好现场恢复。针对事故对人体、动植物、土壤、空气等造成的现实危害和可能的危害，迅速采取封闭、隔离、洗消、监测等措施，防止对人的继续危害和对环境的污染。及时清理废墟和恢复基本设施，将事故现场恢复至相对稳定的基本状态。

④查清事故原因，评估危害程度。事故发生后应及时调查事故发生的原因和事故性质，评估出事故的危害范围和危险程度，查明人员伤亡情况，做好事故调查。

（2）事故应急救援的特点

重大事故往往具有发生突然、扩散迅速、危害范围广的特点，因而决定了应急救援行动必须做到迅速、准确和有效。所谓迅速，就是要求建立快速的响应机制，能迅速准确地传递事故信息，迅速召集所需要的应急力量和设备、物资等资源，迅速建立统一指挥与协调系统，开展救援活动。所谓准确，要求有相应的应急决策机制，能基于事故的规模、性质、特点及现场环境等信息，正确地预测事故的发展趋势，准确地对应急救援行动和战术进行决策。所谓有效，主要指应急救援行动的有效性，很大程度上取决于应急准备的充分与否，包括应急队伍的建设与训练，应急设施、物资设备与维护，预案的制定与落实以及有效的外部增援机制等。

2. 事故应急救援的依据

我国政府相继颁发的一系列安全法律法规，如《安全生产法》《危险化学品安全管理条例》《国务院关于特大安全事故行政责任追究的规定》《特种设备安全监察条例》等，都对危险化学品、特大安全事故、重大危险源等的应急救援工作提出了明确的规定或要求。

《安全生产法》第十八条规定："生产经营单位的主要负责人具有组织制定并实施本单位的生产安全事故应急救援预案的职责。"第三十七条规定："生产经营单位对重大危险源应当登记建档，进行定期检测、评估、监控，并制定应急预案，告知从业人员和相关人员在紧急情况下应当采取的应急措施。"

《危险化学品安全管理条例》第六十九条规定："县级以上地方人民政府安监部门应当会同工信、环保、公安、卫生、交通、铁路、质检等部门，根据本地区实际情况，制定危险化学品事故应急预案，报本级人民政府批准。"第七十条规定："危险化学品单位应当制定本单位危险化学品事故应急预案，配备应急救援人员和必要的应急救援器材、设备，并定期组织应急救援演练。危险化学品单位应当将其危险化学品事故应急救援预案报所在地设区的市级人民政府安监部门备案。"

《国务院关于特大安全事故行政责任追究的规定》第七条规定："市（地、州）、县（市、区）人民政府必须制定本地区特大安全事故应急处理预案。本地区特大安全事故应急处理预案经政府主要领导人签署后，报上一级人民政府备案。"

《特种设备安全监察条例》第六十五条规定："特种设备安全监督管理部门应当制定特种设备应急预案。特种设备使用单位应当制定事故应急专项预案，并定期进行事故应急演练。"

3. 事故应急救援体系的构成

（1）事故应急救援预案

①应急救援预案的编制准备

编制应急预案应做好以下准备工作：全面分析本单位的危险危害因素、可能发生的事故类型及事故的危害程度；查清事故隐患的种类、数量和分布情况，并在隐患治理的基础上，预测可能发生的事故类型及其危害程度；确定事故危险源，进行风险评估；针对事故危险源和存在的问题，确定相应的防范措施；客观评价本单位应急能力；充分借鉴国内外同行业事故教训及应急工作经验。

②应急救援预案编制程序

Ⅰ.成立应急预案编制工作组。结合部门职能分工，成立以单位主要负责人为领导的应急预案编制工作组，明确编制任务、职责分工，制定工作计划。

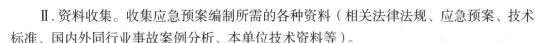

Ⅱ．资料收集。收集应急预案编制所需的各种资料（相关法律法规、应急预案、技术标准、国内外同行业事故案例分析、本单位技术资料等）。

Ⅲ．危险源与风险分析。在危险因素分析及事故隐患排查、治理的基础上，确定本单位的危险源、可能发生事故的类型和后果，进行事故风险分析，并指出事故可能产生的次生、衍生事故，形成分析报告，分析结果作为应急预案的编制依据。

Ⅳ．应急能力评估。对本单位应急装备、应急队伍等应急能力进行评估，并结合本单位实际，加强应急能力建设。

Ⅴ．应急预案编制。针对可能发生的事故，按照有关规定和要求编制应急预案。应急预案编制过程中，应注重全体人员的参与和培训，使所有与事故有关人员均掌握危险源的危险性、应急处置方案和技能。应急预案应充分利用社会应急资源，与地方政府预案、上级主管单位以及相关部门的预案相衔接。

Ⅵ．应急预案评审与发布。应急预案编制完成后，应进行评审。评审由本单位主要负责人组织有关部门和人员进行。外部评审由上级主管部门或地方政府负责安全管理的部门组织审查。评审后，按规定报有关部门备案，并经生产经营单位主要负责人签署发布。

（2）事故应急救援体系响应机制

事故应急救援体系应根据事故的性质、严重程度、事态发展趋势实行分级响应机制，对不同的响应级别，相应地明确事故的通报范围、应急中心的启动程度、应急力量的出动和设备、物资的调集规模、疏散的范围、应急总指挥的职位等，典型的响应级别通常可划分为以下三级。

①一级紧急情况：能被一个部门正常可利用的资源处理的紧急情况。正常可利用的资源是指在该部门权利范围内通常可以利用的应急资源，包括人力和物力等。必要时，该部门可以建立一个现场指挥部，所需的后勤支持人员或其他资源增援由本部门负责解决。

②二级紧急情况：需要两个或更多的政府部门响应的紧急情况。该事故的救援需要有关部门的协作，并且提供人员设备或者其他资源。该响应需要成立现场指挥部来统一指挥现场的应急救援行动。

③三级紧急情况：必须利用城市所有部门及一切资源的紧急情况，或者需要城市的各个部门同城市以外的机构联合起来处理各种紧急情况，通常由政府宣布进入紧急状态。在该级别中，做出主要决定的职责通常是紧急事故管理部门。现场指挥部可在现场做出保护生命和财产以及控制事态所需的各种决定。解决整个紧急事件的决定，应该由紧急事务管理部门负责。

（3）事故应急救援体系的响应程序

事故应急救援系统的应急响应程序按过程可分为接警、响应级别确定、应急启动、救援行动、应急恢复和应急结束等几个过程。

4. 应急救援预案的演习

（1）演习目的

为了加强全体员工对应急救援预案的熟悉程度，进一步增强应急反应能力、应急处理能力和协调作战能力，提高应急救援水平，切实保障人民生命和公司财产的安全，应组织应急救援演习。

（2）参演人员

按照应急演习过程中扮演的角色和承担的任务，将应急演习参与人员分为演习人员、控制人员、模拟人员、评价人员和观摩人员，这5类人员在演习过程中都有着重要的作用，并且在演练过程中都应佩戴能表明其身份的标识符，其任务分别如下：

①演习人员：根据模拟场景和紧急情况做出反应，执行具体应急任务并尽可能地按真实事件决策或响应，演习开始前演习人员应熟悉应急响应体系和所承担的任务及行动程序。

②控制组：必须确保演习任务得到充分完成，保证演习活动既具有一定的工作量，又富有一定的挑战性，控制演习的进度，解答演习人员的疑问，解决演习过程中出现的问题，保障演习过程的安全。

③模拟人员：在演习过程中模拟事故的发生过程，如模拟泄漏、模拟伤员、被撤离和疏散的人员以及模拟被安置的群众等等。

④评价组：应当观察重点演习要素并收集资料，记录事件、时间、地点及详细演习经过，观察行动人员的表现并记录，在不干扰参演人员工作的情况下，协助控制人员确保演练按计划进行，根据观察，总结演习结果并出具演习报告。

⑤观摩人员：在进行全面演习的时候应当邀请有关部门（市、区安监局、环保局、医院等等）及外部机构进行旁观，并且组织附近的居民进行观摩，在观摩的时候向他们进行相关知识宣传，如警报发布、宣传等。

（3）演习的准备工作

①演习前1~2d，用广播通知职工及周边群众，以免引起不必要的恐慌，最好是向周边群众发放紧急疏散指南；

②演习策划组对评价人员进行培训，让其熟悉应急预案、演练方案和评价标准；

③培训所有参演人员，熟悉并遵守演练现场规则；

④采供部准备好模拟演习响应效果的物品和器材；

⑤演习前，策划人员将通讯录发放给控制人员和评价人员；

⑥评价组准备好摄像器材，以便进行图片拍摄及摄像，做好资料搜集和整理。

（4）预案的演习目标

应急救援预案的演习目标示例见表6-1。

表 6-1 应急救援预案演习目标表

序号	目标	展示内容	目标要求
1	应急动员	展示通知应急组织，动员应急响应人员的能力	责任方采取系列措施，向应急响应人员发出警报，通知或动员有关应急响应人员各就各位；及时启动应急指挥中心和其他应急支持设施，使相关应急设施从正常运转状态进入紧急运转状态
2	指挥和控制	展示指挥、协调和控制应急响应活动的能力	责任方具备应急过程中控制所有响应行动的能力。事故现场指挥人员和应急组织、行动小组负责人都应按应急预案的要求，建立事故指挥体系，展示指挥和控制应急响应行动的能力
3	事态评估	展示获取事故信息，识别事故原因和致害物，判断事故影响范围及其潜在危险的能力	要求应急组织应具备通过各种方式和渠道，积极收集、获取事故信息，评估、调查油品泄漏等有关情况的能力；具备根据所获信息，判断事故影响范围，以及对公众和环境的中长期危害的能力；具备确定进一步调查所需资源的能力；具备及时通知场外应急组织的能力
4	资源管理	展示动员和管理应急响应行动所需资源的能力	要求应急组织具备根据事故评估结果，识别应急资源需求的组织的能力，以及动员和整合内外部应急资源的能力
5	通信	展示所有应急响应地点、应急组织和应急响应人员有效通信交流的能力	要求应急组织建立可靠的通信系统，以便与有关岗位的关键人员保持联系
6	应急设施	展示应急设施，装备及其他应急支持资料的准备情况	要求应急组织具备充足的应急设施，且应急设施内装备和应急支持资料的准备与管理状况能满足支持应急响应活动的需要
7	警报与紧急公告	展示向公众发出警报和宣传保护措施的能力	要求应急组织具备按照应急预案中的规定，迅速完成向一定区域内公众发布应急防护措施命令和信息的能力
8	应急响应人员安全	展示监测、控制应急响应人员面临的危险的能力	要求应急组织具备应急响应人员安全和健康的能力，主要强调应急区域划分、个体保护装备配备、事态评估机制与通讯活动的管理
9	警戒与治安	展示维护警戒区域秩序，控制交通流量，控制疏散，安置区交通出入口的组织能力和资源	要求责任方具备维护治安、管制疏散区域交通道口的能力，强调交通控制点设置、执法人员配备和路障清理等活动的管理
10	紧急医疗服务	展示有关现场急救处置、转运伤员的工作程序，交通工具、设施和服务人员的情况，以及医护人员、医疗设施的准备情况	要求应急组织具备将伤病人员运往医疗机构的能力和为伤病人员提供医疗服务的能力
11	泄漏物控制	展示采取有效措施控制危险品溢漏，避免事态进一步恶化的能力	要求应急组织具备采取针对性措施对泄漏物进行围堵、收容、清洗的能力
12	消防与抢险	展示采取有效措施控制事故发展	要求应急组织具备采取针对性措施，及时组织扑救火源，有效控制事故的能力
13	撤离与疏散	展示撤离、疏散程序以及服务人员的准备情况	要求应急组织具备安排疏散路线、交通工具、目的地的能力以及对疏散人员交通控制、自身防护措施、治安、避免恐慌情绪的能力并对人群疏散进行跟踪、记录

（5）应急演习总结与追踪

在演习结束 2 周内，策划组根据评价人员演练过程中收集和整理的资料，以及演习人员和总结会中获得的信息编写演习总结报告。策划组应对演习中发现的问题进行充分研究，确定导致这些问题的根本原因、纠正方法、纠正措施及完成时间，并指定专人负责对演练中的步骤项和整改项的纠正过程实施追踪，监督检查纠正措施的进展情况。

6.3.2 火灾、爆炸事故应急救援预案

1. 编制目的、依据

（1）编制目的

火灾、爆炸事故是石油石化行业各类事故中后果最严重的，因此编制行之有效的火灾、爆炸应急救援预案，可以有效减少人员伤亡和财产损失。

（2）编制依据

依据《中华人民共和国安全生产法》《中华人民共和国消防法》《中华人民共和国环境保护法》《国家突发公共事件总体应急预案》等法律法规编制此预案。

2. 适用范围及工作原则

（1）适用范围

火灾、爆炸事故应急救援预案，适用于油气储运过程中发生的火灾、爆炸事故。

（2）应急工作原则

①以人为本原则。牢固树立"珍爱生命，安全第一，责任重于泰山"的意识，把保障职工、周围群众的生命和财产安全，最大限度地预防和减少人员伤亡作为首要任务。

②预防为主原则。坚持预防与应急处置相结合，立足于防范，常抓不懈，防患于未然。建立健全安全隐患排查、整改机制，力争早发现，早报告，早控制，早解决。

③及时处置原则。一旦突发火灾、爆炸事故，应立即启动火灾、爆炸事故应急救援预案，立即开展应急救援工作，及时控制局面。

④依法处置原则。坚持从保护职工生命和财产安全出发，按照国家相关法律、行政法规和政策，对事故责任人严格处理。

3. 机构与职责

根据《中华人民共和国安全生产法》《中华人民共和国环境保护法》《国家突发公共事件总体应急预案》《中华人民共和国消防法》等的相关规定，一旦发生火灾、爆炸事故，应立即成立应急领导小组、现场指挥小组、其火场指挥由单位在场的行政职能最高的领导担任。

（1）应急领导小组的设置及有关职责

火灾、爆炸事故发生后，应急处置工作在应急领导小组的统一领导下，成立由经理任组长，生产副经理任副组长，有关部门主要负责人为成员的火灾爆炸事故应急处置领导小组，负责统一组织、监督和检查事故应急处置工作，研究解决应急处置工作中的有

关问题。

（2）应急管理办公室的设置及有关职责

应急领导小组下设应急管理办公室，主要任务是督促有关部门、单位落实领导小组的各项决策、命令；协调解决工作中遇到的困难和问题，做好上情下达和下情上传工作。

（3）应急救援小组的设置与有关职责

当火灾、爆炸事故发生后，立即成立以下 5 个专业小组。

①现场指挥小组。主要职责是负责组织应急处理的现场指挥工作，组织对现场应急处理的全过程、全方位的总体指挥、运作、收尾、总结等工作。

②状态控制小组。主要职责是负责事故或险情的前期状态控制工作，在第一时间对应急现场采取行之有效的控制及预防措施，每 10min 向应急协调小组汇报现场状况；负责对影响灭火战斗和抢救人员的建筑物、构筑物或其他设施，采取相应的堵截、疏通和破拆措施；联系协调相关单位，负责现场警戒区域的设置、警戒、交通疏导、治安、秩序的维护、人员和重要物资的安全转移，劝说围观群众离开事故现场，必要时可请求当地公安部门协助现场维护；负责现场抢险救援，扑、灭火，控制易燃、易爆、有毒物质泄漏及设备容器的冷却以及现场伤员的搜救工作；负责通知不停泵连续补水给消防罐，消防泵房启动消防水泵向消防管网内加压供水。

③应急协调小组。主要职责是调动单位内外资源实施应急过程的总体协调工作。具体负责落实应急处理中的通信、信息畅通，迅速与就近单位的消防大队和消防器材厂家取得联系，及时供给灭火剂和灭火器材；负责调派大型水罐车，并利用周边的拉水站、水池、水井进行拉运供水；负责拉设临时电路，架高探照灯进行照明。若断电，负责调集各单位便携式小型发电机，保证事故现场照明，负责事故现场参加灭火人员的就餐食宿工作，并收集原始资料等工作。

④医疗救护小组。主要职责是联系医疗救护队伍、车辆赶赴现场，设立现场临时抢救中心，及时抢救、转移受伤人员，调动医疗人员、器械、药品参加伤员抢救工作。负责组织应急现场及周围区域有毒有害物质的检测，保证应急救援人员的安全；对受伤、中毒人员进行救护，保证参战消防人员有充足的精力和体力。

⑤事故调查小组。主要职责是勘查现场，调查取证，并会同有关政府部门调查事故，排除险情，恢复正常生产，负责组织应急现场及周围区域有毒有害物质的检测、环境污染调查和处理。

4. 应急响应程序

（1）接警与通知

应急协调小组负责单位应急状态下的接警与通知工作。火灾、爆炸事故发生时，发现事故第一人应报告单位应急管理办公室，由应急管理办公室确定事故级别，报告上一级领导，启动相应的应急救援预案。

报告内容要求：

①真实：报送信息应尽可能客观实际、真实准确。

②全面：力求多侧面，多角度地提供信息，喜忧兼报。要防止片面性，避免断章取义，更不能对上报信息层层截留、级级过滤。

报告内容：

①事件发生的时间、地点、扩散范围、污染面积、原油泄漏量、天气等情况。

②事件的简要经过、伤亡人数和财产损失情况的估计。

③事件原因简要分析。

④事件发生后采取的措施。

⑤其他需要报告的事项。

火灾、爆炸事故发生后，首先疏散人群，告知上一级领导部门，请求消防大队、医疗救护单位援助，告知周边单位及附近居民，进入事故应急状态。

（2）指挥与控制

应急领导小组、现场指挥小组负责应急状态下的指挥与控制。

火灾、爆炸事故发生后，应急领导小组负责应急状态下的指挥与控制，应急领导小组组长具有最高指挥权，一切应急指令由组长发布，组长不在时，由副组长发布；应急管理办公室负责应急领导小组指令的传达。

火灾、爆炸事故发生时，在现场指挥小组未赶到之前，临时指挥负责事故现场人员撤离及集合，进入事故应急状态，根据险情情况通知相关单位协助、通告附近居民撤离危险区域。

进入事故现场危险区域的工作人员必须按要求穿戴好个体防护用具，对危险区域进行警戒和交通管制，防止车辆和非救助人员进入危险区域。关闭相应工艺流程，启用相应的消防流程，防止事故进一步扩大。

现场指挥小组赶赴现场后，由事故现场临时指挥向现场指挥小组组长汇报现场情况。

现场指挥小组组长明确情况后，负责现场指挥和控制，指挥应急协调小组、状态控制小组、医疗救护小组、善后处理小组、事故调查小组的应急工作。

（3）警报与紧急公告

警报和紧急公告的内容包括事故的性质、对健康造成的影响及自我保护措施以及紧急疏散的时间、路线、目的地，做好现场警戒等工作。

（4）事态监测与评估

事故调查小组负责火灾、爆炸事故发生后的事态监测与评估。

火灾、爆炸发生时，事故调查小组派遣监测人员必须穿戴防护服，用监测仪及时将监测数据报事故调查小组，同时，监测人员还应将事故管道及周围设备、设施情况、事故发生大概规模、事故可能影响的边界、可能发生的二次事故等信息及时向事故调查小组报告，由事故调查小组对事故做出评估并展开营救工作。

监测人员根据事故调查小组规定的监测点设置原则进行现场监测点的选择，若事故发展情况发生变化，应及时调整监测点的位置，并用无线通信设备将监测数据和气象参数及时报应急管理办公室。监测人员应做好自我防护措施，在接到现场指挥小组撤离命

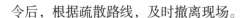

令后，根据疏散路线，及时撤离现场。

接到应急结束的指令后，事故调查小组应对事故现场继续进行监测，监测现场泄漏的有毒物质、易燃易爆物质的浓度是否达到标准的要求；事故现场是否有可能再次发生事故的隐患等。根据现场指挥小组的要求，协助完成事故现场的其他监测与评估工作。

（5）警戒与治安

状态控制小组负责应急状态下的警戒与治安。

火灾、爆炸事故发生后，状态控制小组应急人员在穿戴好个体防护用具后，根据监测数据和天气数据设定危险区域、疏散区域、隔离区域，对现场进行警戒和维持现场秩序及治安，禁止非抢险人员进入现场。

（6）人群疏散与安置

火灾、爆炸事故发生后，状态控制小组负责现场非抢险人员的撤离和疏散；医疗救护小组负责应急状态下事故现场撤离和疏散人群的安置问题。

火灾、爆炸事故发生后，状态控制小组疏散人群时应当注意：应根据风向确定人员的疏散路线，使人群往上风向或者侧风向，人群不拥挤的地方疏散；人员逃出危险区域后及时清点人数，由医疗救护小组安置疏散人群，及时转移受伤人员，现场应急人员和非抢险人员必须听从现场指挥的命令，随时撤离危险区域。

（7）医疗与救护

医疗救护小组负责应急状态下的医疗与救护。

火灾、爆炸事故发生后，医疗救护小组接到报警后，立即协助医疗救助队伍准备好相应的应急药品和医疗设施后，迅速赶往现场，佩戴好个体防护用具进行伤员抢救，伤员在现场经过对症处理后，应迅速护送至就近医院进行救治。几种常见伤害的应急救治简略说明如下。

①中毒人员的现场救助。将中毒者迅速撤离火灾、爆炸现场，转移到通风较好，上风或者侧上风方向空气无污染区域。呼吸、心跳停止者，立即进行人工呼吸和心脏按压，采取心肺复苏措施，并给予吸氧。上述现场救治后，严重者组织送医院进行观察治疗。

②灼伤人员的现场救助。将灼伤者迅速撤离现场，转移到避风、空气新鲜的场所，以防感染。若有灼伤药物应立即对患者使用，并进行保温。经上述现场救治后，严重者组织送医院进行观察治疗。

③物理伤害人员的现场救助。将患者迅速撤离现场，转移到避风、空气新鲜的场所，以防感染。对受伤部位进行包扎、止血，伤情严重者，立即送往医院救治。在救护车辆未到达现场前，应由应急管理办公室安排救治车辆，及时送往就近医院，保证伤员抢救及时。

（8）消防与抢险

火灾、爆炸事故发生后，消防大队接到火灾、爆炸事故现场具体通知后，准备好相应的消防设施和防毒器具后，立即派队伍赶往事故现场，用消防水掩护抢险队伍救治伤员和灭火，防止火灾进一步扩大。若火灾、爆炸现场规模大，消防大队无法完成灭火任务，应立即请求其他消防队和地方政府支援。应急队伍应当听从应急领导小组的统一调动，及时进行抢险和撤离。

（9）应急人员安全

各小组应急人员在进入火灾、爆炸现场前应当佩戴好个体防护器具，必要时用消防水进行掩护，然后再进行火灾、爆炸现场抢险。

（10）公共关系

综合管理组接到指令后，确定收集信息的途径，及时赶赴现场，及时与现场指挥联络、沟通，通过不同途径获取现场信息，经应急领导小组组长同意后，发布信息，及时解答各种提问和质疑。

外协职能部门负责火灾、爆炸事故发生后事故的处理和理赔等工作。

（11）现场恢复

状态控制小组负责火灾、爆炸事故发生后的现场恢复工作。

现场指挥宣布应急状态解除后，出险单位和综合维修抢险大队要对事故现场进行保护，待调查取证后方可启动现场恢复程序，对现场进行恢复；安全环保部门在应急状态解除后，对受影响区域要连续检测，防止二次事故的发生，各应急小组清点人数，返回单位。

6.4　动火管理制度

动火作业指的是能直接或间接产生明火的施工作业。其通常包括以下方式的作业：各种气焊、电焊等各种焊接作业及气割、切割机、砂轮机等各种金属切割作业；使用喷灯、液化气炉、火炉、电炉等明火作业；烧（烤、煨）管线、熬沥青、喷砂和产生火花的其他作业；生产装置和罐区连接临时电源并使用非防爆电器设备和电动工具。

1. 动火作业火灾爆炸事故成因分析

（1）违章操作多。在动火时，因违章动火引发的事故是最多的。包括不按规定操作，不熟悉动火管理规定，或存在侥幸心理，不办动火手续，不采取措施清除可燃物，在不备灭火器材、无人在现场监护的情况下盲目动火等。

（2）动火票制度执行不力。动火票制度是专门针对动火作业的管理措施和安全规定。在实际动火作业时不办理动火票，或擅自将动火等级降低执行等都属于制度执行不力。作业现场安全管理中，动火票制度执行不力而引发火灾事故的次数，仅次于违章作业。

（3）作业监督不到位。监督和管理是一体的，主要针对领导和技术层。在动火现场，应按照动火等级派人在现场监督和管理。另外，包括应急救援预案在内的一些安全措施等，都需要专业人员在场指挥。一旦发生事故，可以及时启动救援预案，尽最大可能减少事故。反之，指挥不当，或根本没有采取正确的救援措施等，都会导致事故的扩大化，从而造成严重后果。

（4）安全意识差。监督管理做到位，员工技术成熟，做到这些还不能完全保证动火作业的顺利完成。其中，操作人员和管理人员的安全意识也很重要，这主要体现在一个企业的教育宣传和企业文化上。做事严格、一丝不苟、不放过任何差错、严谨的态度才能确保生产安全进行。如果上至管理层，下至员工都态度散漫，做事马马虎虎，不把安全二字时刻放在心中的话，就算监督再严格也总会有漏洞，终有一天会造成无法挽回的事故。

2. 动火级别与作业审批

（1）海上动火作业级别划分与作业审批

根据 SY 6303—2016《海洋石油设施热工（动火）作业安全规程》，动火作业级别由企业按照下列危险区域划分并结合工况和环境条件分为一级、二级、三级，一级为最高级别。

①0 类危险区：在正常操作条件下，连续地出现达到引燃或爆炸浓度的可燃性气体或蒸气的区域。

②Ⅰ类危险区：在正常操作条件下，断续地或周期性地出现达到引燃或爆炸浓度的可燃性气体或蒸气的区域。

③Ⅱ类危险区：在正常操作条件下，不大可能出现达到引燃或爆炸浓度的可燃性气体或蒸气，但在不正常操作条件下，有可能出现达到引燃或爆炸浓度的可燃性气体或蒸气的区域。

④安全区：危险区以外的区域。

海洋石油设施热工（动火）作业应按以下原则审批：

①一级热工（动火）方案应由设施所属单位审批，必要时安排专人对现场进行落实。

②二级热工（动火）方案应由设施管理单位审批并报设施所属单位安全部门备案，必要时安排专人对现场进行落实。

③三级热工（动火）方案由设施主要负责人审批。

④热工（动火）作业方案实施有效期不得超过 12h。

⑤同一设施上多处同时进行热工（动火）作业或交叉作业时，其方案应一并审批。

（2）陆地动火作业级别划分与作业审批

根据中国石化用火作业安全规定，动火作业级别分为特级、一级、二级，其中特级为最高等级。

①特级动火作业：在生产运行状态下易燃易爆的生产设施、输送管道等部位上及其他特殊危险场所进行的用火作业（如油库、联合站、LNG 接收站等油气站库罐区防火堤内油气管线及容器本体动火；长输管线、输油（气）干线（站际之间）在涵洞等受限空间内用火）；带压不置换用火作业按特级用火作业管理。

②一级用火作业：在易燃易爆场所进行的除特级用火作业以外的用火作业（如天然气管道的管件和仪表处动火；油库、联合站、压气站、LNG 接收站、油气集输站（场）

的计量标定间、阀组间、仪表间内动火）。厂区管廊上的用火作业按一级用火作业管理。

③二级用火作业：除特级用火作业和一级用火作业以外的用火作业。

④除特级、一级、二级用火作业范围外，在没有火灾危险性区域可划出固定用火作业区。

动火作业应按以下原则审批：

①用火作业申请。按照"谁的业务谁申请"的原则，由基层单位提出申请，按用火级别报相关单位审批。固定用火作业区的设定应由用火单位提出申请，经消防部门审查批准，报安全监督管理部门备案。

②许可证审批。特级用火由二级单位业务主管领导审批签发；一级用火由基层单位领导审批签发；二级用火由基层单位业务管理人员审批签发。各级用火审批人应亲临现场检查，督促用火单位和施工单位落实防火措施后，方可审签许可证。

③一张用火作业许可证只限一处用火，实行一处（一个用火地点）、一证（用火作业许可证）、一人（用火监护人），不能用一张许可证进行多处用火。

④特级、一级许可证有效时间不超过8h，二级许可证不超过48h。固定用火作业区，每半年检查认定一次。

3. 动火前、后的检查

所有准备工作完成后，应进行动火前的最后全面检查，确认各种安全措施到位后方能动火。准备动火时，施工管理人员应认真检查易燃物的清理情况，主要从以下两方面进行：

（1）通过管线扫线排出口的排出物判断清理程度。

（2）用可燃气体检测仪器检查动火点周围和管线内可燃气体的浓度。

动火结束后，也应全面检查后方能离开。

4. 用火作业的原则

油罐、管道或其他火灾危险较大部位的用火，必须从严掌握。如有条件拆卸的构件如管道、法兰等，应卸下来移至安全场所，检修后再安装上去，尽量采用不用火的方法，如用螺栓连接代替焊接施工，用轧箍加垫法代替焊补渗漏油罐，用手锯方法代替气割作业等。必须就地检修的，应经过批准，尽可能把用火的时间和范围压缩到最低限度，并做好充分的灭火准备。油罐和输油管道检修是最易造成火灾危险的作业，事先应对情况详细了解，定出施工方案，施工前，将用火场所周围杂草和可燃物质，油脚污泥等清除干净。施工时，应由熟练技工操作，指派专人检查监护，除配置轻便灭火工具外，罐区内消防设备和灭火装置均要保证可靠，以防万一。

动火应严格遵守安全用火管理制度，做到"三不用火"，即没有审批的不用火；防火措施不落实不用火；没有防火监护人或防火监护人不在场不动火。凡是在非明火作业区动用明火时，必须坚持三级审批的原则，填写动火作业许可证（见表6-2），在持有动火作业许可证时方能动火。

表 6-2　动火作业许可证（级）

第　联

记录编号		申请单位				申请人	
用火装置、设施部位及内容							
用火人			特殊工种类别及编号				
监火人			监火人员工种				
采样检测时间		采样点		分析结果		分析人	
用火时间		年　月　日　时　分至　年　月　日　时　分					

序号	用火主要安全措施	确认人签字
1	用火设备内部构件清理干净，蒸汽吹扫或水洗合格，达到用火条件	
2	断开与用火设备相连接的所有管线，加盲板（　）块	
3	用火点周围（最小半径 15m）的下水井、地漏、地沟、电缆沟等已清除易燃物，并已采取覆盖、铺沙、水封等手段进行隔离	
4	罐区内用火点同一围堰内和防火间距内的油罐不得进行脱水作业	
5	高处作业应采取防火花飞溅措施	
6	清除用火点周围易燃物	
7	电焊回路线应接在焊件上，把线不得穿过下水井或与其他设备搭接	
8	乙炔气瓶（禁止卧放）、氧气瓶与火源间的距离不得小于 10m	
9	现场配备消防蒸汽带（　）根，灭火器（　）台，铁锹（　）把，石棉布（　）块	
10	其他安全措施：	
	危害识别：	

申请用火基层单位意见	生产、消防等相关单位意见	安全监督管理部门意见	领导审批意见
年　月　日	年　月　日	年　月　日	年　月　日
完工验收	年　月　日　时　分		签名：

6.5　油气集输安全管理

油田油气集输主要承担油田原油储运、天然气开发、收集与外输和轻烃生产的任务，站库数量多、分布散，每个油气站库都是全局或局部生产的咽喉和枢纽。因而，对油气集输系统进行全面、系统的安全管理，并对事故隐患问题进行预防及有效解决对于保证油田油气集输生产具有非常重要的意义。

6.5.1　建立健全安全管理责任制

建立健全油气集输安全生产管理规章制度，没有规矩，不成方圆。为了保证油气集输系统的安全，必须建立安全生产责任制。规范岗位员工的安全责任，提高责任心，各个生产环节均受到安全管理规章制度制约。

建立安全奖惩制度，处罚违规操作以及发生安全生产事故直接责任者，引起全体岗位员工的重视，警示大家引以为戒，避免重复发生类似的安全生产事故，从而导致给油气集输生产企业带来经济损失；而对安全生产做出突出贡献的员工应给予适当的奖励。

建立安全风险管理责任制，对安全隐患排查情况予以考核，及时解决安全隐患问题，这也是保证油气集输企业安全生产的法宝。

6.5.2 严格执行油气集输岗位操作规程

油气集输岗位员工必须熟悉本岗位的各项操作规程，如对离心泵机组的操作，会判断离心泵出现的故障，并能够及时处理，不断提高离心泵的泵效，达到油气集输的生产目标。掌握安全操作手册的基本要求，熟练操作各种设备、仪器、仪表。能够进行日常的生产管理，保证油气集输场所的安全。

对油气集输岗位工艺流程明晰，会进行流程的切换，避免造成憋压和跑油事故。依据油田生产过程中油气水压力和流量的变化，及时调整生产参数，保证油气的顺利集输，避免发生跑、冒、滴、漏的现象，提高设备的运行效率，延长设备的使用寿命，满足油田生产节能降耗的技术要求。

按维护保养周期的要求，及时维护保养设备，并达到保养的技术要求。保证设备安全平稳的运行，发现设备运行出现异常，及时停止运行进行判断和处理，避免造成更大的经济损失，甚至造成严重的后果。

杜绝违规操作和违规指挥的行为，避免由于人为因素而引发安全生产事故。提高油气集输生产现场安全管理人员的责任心，实时进行安全检查和监督，发生违章行为立即制止，及时纠正错误的操作，提高全员的安全意识，保证油气集输生产全过程的安全。

6.5.3 提高岗位员工的安全素质

油气集输岗位员工自觉接受岗位安全生产知识的培训，提高安全操作技能，会使用防火设备和设施，熟练使用气体检测仪表、防火器材、呼吸器，达到自救和救人的要求。对员工进行定期的培训，包括新工艺、新技术的出现，使全体员工明确安全操作规程，并掌握油气集输工艺技术，会对设备进行维护保养及常见故障的判断与处理，避免发生重大的安全生产事故。

通过培训学习，提高油气集输员工的专业素质，使其掌握油气集输生产设备的操作规程，避免由于违规操作而引发的安全事故，有效地抑制了设备的损坏，也减少了对人身的伤害，保证人身安全和设备的安全。

采取岗位员工持证上岗的制度，获取油气集输专业安全生产操作合格证书的人员，才能够定岗工作，从另一角度有效地控制了违规操作行为的出现，保证员工严格执行安全操作规程，密切注意油气生产动态，减少了油气的泄漏，提高生产场所的安全系数，提高油气集输系统的生产效率。高空作业必须系上安全带，防止发生高空坠落事故。禁止不具备执业资格的人员，从事相关的操作项目，如电气焊的操作，必须由具有电气焊操作合格证书的人员进行。避免违反安全操作规程进行压力容器、锅炉等的操作，动火作业必须经过审批，并结合严密的应急处理措施，避免发生火灾、爆炸事故，影响到油气集输的正常进行。

增强岗位员工的责任心，采取激励的机制，激发员工爱岗敬业的积极性。提高员工的工作质量，经常进行岗位练兵，提高技能操作水平。能够自行解决生产中遇到的问题，排查安全隐患，进行巡回检查。

不断完善油气集输站场的安全管理措施，建立各项考核机制，提高员工的安全素质。提高员工具有安全管理的意识，重视安全生产管理，从自我做起，从细节做起。在日常的工作中，提高警惕，及时排查安全隐患问题，防止发生各级各类的安全事故。

6.5.4　实施安全生产管理系统

在油气集输生产的各个环节，实行 HSE 管理体系，达到健康、安全、环保的技术要求。严格执行管理体系的目标，实行领导承诺的制度，提倡全员参与的意识，时时处处将安全放到第一位，安全为了生产，生产必须安全。

合理控制岗位生产的经济标准，不断深入开展节能降耗的技术竞赛，提高全员的安全意识。严格按照 HSE 管理体系的要求，进行操作和管理油气集输系统，实时监测油气集输场所的生产情况，发现安全隐患，及时进行处理，避免事态扩大，而造成更严重的经济损失。

通过 HSE 管理体系的实施，在细节上保证了安全第一，预防为主的原则。通过 HSE 管理资料的填写，提高全员的安全生产意识，杜绝违规操作，避免由于人为的因素而引发安全生产事故。

油气集输生产中的安全隐患的排查和治理是非常必要的，由于油气集输工艺流程设计的缺陷，存在技术上的安全隐患问题。如果管线的承压能力不能满足流体的需要，极易导致管线泄漏事故的发生，给油气集输系统带来损失。从事油气集输工作的员工的专业素质如果不能满足生产的需要，无法自行解决影响到油气集输安全的问题，对设备的故障判断不到位，引发严重的故障，导致设备停运，影响到油气集输流程的顺畅，就会给油田的油气集输生产带来危害。

对油气集输设备的安全隐患检查不够，如输送泵机组存在严重的漏失问题，严重影响到泵效，引起输送的油品排量和压力不能满足下一站的要求，影响到油气集输处理的效率。由于供液能力不足，导致下站的泵抽空，引起泵的汽蚀，严重的情况甚至导致离心泵报废，增加了油气集输生产的成本。

6.5.5　提高对事故的应急处理能力

对于石油与天然气生产场所，属于高危的生产环境，需要对安全风险进行评估，并制定安全生产应急预案，并进行应急演练，提高全员的安全意识，做到预防为主，安全第一。

对油气集输场所的员工进行消防演练，通过火灾预警信息，提高岗位员工的随机应变能力，促进安全生产制度的执行力度，进行必要的岗位练兵，使油气集输岗位员工达到更高的标准，满足油田油气集输生产现场的需求。

6.6　油气管道安全管理

根据长距离输油气管道系统点多、线长、分散、连续和单一的特点，所输送的油品与天然气危险性大，泄漏后会污染环境，要保障管道安全运行，搞好安全管理非常重要。

总结国内油气长输管道的运行管理经验，分析多发事故的发生原因，吸取事故教训，遵循安全科学的一般原理，应着重从以下4个方面做好油气长输管道的安全管理工作。

1. 建立应急预案体系

油气长输管道从设计之初就应该避开地壳活动较为剧烈的地区，从而避免在日后的运营过程中可能遭受地震等自然灾害的破坏。但自然灾害具有不可预见性，这就要求管输企业要预先制定科学完备的应急预案体系。建立应急预案体系要遵循科学实用、快速高效、操作性强的原则，在事故发生的第一时间上报情况并迅速启动应急预案。

2. 加强施工质量管理

施工现场的安装和设备操作不当最容易导致管道发生泄漏。在管道施工建设过程中，普遍存在有管道质量不过关、违章施工、违章指挥等安全隐患问题。施工方、工程监理方和管输企业方应按照管道施工作业技术规程和标准，严把施工作业过程质量关，明确各级管理者的责任，对施工现场作业人员严格进行技术培训，保证具备相应的操作技能，做到持证上岗；做到"五个从严"，即从严审核施工技术方案策划的确认、从严把好施工作业过程的运行监视控制（尤其要特别关注焊接过程中每道工序的检测质量关）、从严进行施工作业结束后的检测和测量程序、从严纠正和整改施工过程中不符合工程质量要求的问题，坚持对管道施工质量实行终身责任追究制。

3. 强化运行安全管理，严控第三方破坏

近些年，以"打孔盗油"为主的由第三方破坏所造成的管道泄漏事故居高不下，企业遭受了巨大的经济损失，同时周边环境也被污染。

石油化工企业的生产作业队大多处于偏僻的野外乡村，油气长输管道铺设途经的地段往往是经济欠发达地区，当地居民收入普遍偏低，法律及公共财产保护意识薄弱，再加上个别地方执法不严，造成了偷窃油气、破坏管道问题屡禁不止。

为此，管输企业应首先加强针对输油管线周边群众的普法教育，与地方政府建立长效的合作和协商沟通机制，通过实施帮贫解困项目等措施，解决地方经济发展问题；其次应提高油气管道的泄漏检测技术，通过强化管道巡线，在管道集输系统安装检测和报警装置等措施，实现对管道的全时段实时动态监控；再次对于管道警示标识不清晰的地

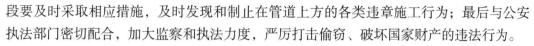

段要及时采取相应措施，及时发现和制止在管道上方的各类违章施工行为；最后与公安执法部门密切配合，加大监察和执法力度，严厉打击偷窃、破坏国家财产的违法行为。

4. 落实动火作业管理制度

国内的输油管道部分已到设计寿命的后期，管道维修作业和管道泄漏后的抢修作业不可避免。需要从管道泄漏抢修及管道动火管理等方面落实安全管理措施，防止二次事故的发生及事故扩大化。

6.6.1 油气长输管道的运营管理

国家石油天然气管网集团有限公司（简称国家管网公司）2019 年 12 月 9 日在北京正式成立，标志着深化油气体制改革迈出关键一步。国家石油天然气管网集团有限公司由国务院国有资产监督管理委员会代表国务院履行出资人职责，列入国务院国有资产监督管理委员会履行出资人职责的企业名单。

国家管网公司的成立意义巨大，一是将实现管输和生产、销售分开，以及向第三方市场主体的公平开放，有利于促进市场竞争，提高资源配置效率，更好地体现能源商品属性，发挥市场在资源配置中的决定性作用，进一步推进市场化的油气价格机制改革，激发市场活力，从而更好地为经济社会发展服务。二是将促进管网的互联互通，构建"全国一张网"，有利于更好地在全国范围内进行油气资源调配，提高油气资源的配置效率，保障油气能源安全稳定供应。三是将统筹规划建设运营全国油气干线管网，有利于减少重复投资和管道资源浪费，加快管网建设，提升油气运输能力。

国家管网公司的主要职责是负责全国油气干线管道、部分储气调峰设施的投资建设，负责干线管道互联互通及与社会管道联通，形成"全国一张网"，负责原油、成品油、天然气的管道输送，并统一负责全国油气干线管网运行调度，定期向社会公开剩余管输和储存能力，实现基础设施向所有符合条件的用户公平开放等。

6.6.2 线路维护

管道及附属设施的保护"应当贯彻预防为主的方针，实行专业管理与维护相结合的原则"。管道建设企业和管道运营企业除了在设计、运行时严格按有关规范及操作规程、规章制度执行外，对管线的保护工作主要有：

1. 自然地貌保护

自然地貌保护主要是对管道地面设施及地面一定范围内的水土状况进行检查维护，使处于一定埋地深度的管道能保持一定的均压状态和稳定的温度场，从而达到保护管道的目的。为了确保管道安全，在管道两侧应规定一定宽度的防护带。

2. 线路标志、标识

根据《中华人民共和国石油天然气管道保护法》第十八条规定，管道企业应当按照国家技术规范的强制性要求在管道沿线设置管道标志。管道标志毁损或者安全警示不清的，管道企业应当及时修复或者更新。

为便于发现和寻找埋地管道的准确位置，满足维护管理、阴极保护性能测试的需要及防止其他施工对管道的破坏、紧急情况下的事故处理等，在管道沿线设置永久性的地面标志。特别是管线经过居民点，穿越公路、铁路、河流和转弯处或其他特殊位置，应设置明显的警示标志，以引起社会的重视与保护，避免因情况不明造成意外事故。标志的内容应写明位置、用途、注意事项及危险警示等。

3. 一般地段的保护

根据《中华人民共和国石油天然气管道保护法》第三十条规定，在管道线路中心线两侧各五米地域范围内，禁止下列危害管道安全的行为。

（1）种植乔木、灌木、藤类、芦苇、竹子或者其他根系深达管道埋设部位可能损坏管道防腐层的深根植物；

（2）取土、采石、用火、堆放重物、排放腐蚀性物质、使用机械工具进行挖掘施工；

（3）挖塘、修渠、修晒场、修建水产养殖场、建温室、建家畜棚圈、建房以及修建其他建筑物、构筑物。

根据《中华人民共和国石油天然气管道保护法》第三十二条规定，在穿越河流的管道线路中心线两侧各五百米地域范围内，禁止抛锚、拖锚、挖砂、挖泥、采石、水下爆破。但是，在保障管道安全的条件下，为防洪和航道通畅而进行的养护疏浚作业除外。

4. 穿、跨越管段的保护

长输管道的穿、跨越部分是线路的薄弱环节，应加强保护。热油管道的河流跨越段，管外壁一般都设有防腐保温层。为了防止保温层和防腐层受到破坏，应禁止行人沿管道行走。如果保温层外侧的防护层受到破坏，保温材料很容易进水受潮。这不仅降低保温效果，而且还会腐蚀管道。河流穿越部分的管道需要采用加强级绝缘，增强管道的防腐能力。对于河流穿越部分，特别要注意管道的埋设和河床的冲刷情况。如果河水流速高，河床冲刷严重，应在管道外侧使用套管内灌混凝土的方法或用石笼加重，增加管道的稳定性，防止管道在水流作用下而悬空。

5. 特殊地区的线路保护

在水文、地质情况恶劣地区铺设的管道更需加强维护。我国西北部分地区气候干旱，生态环境十分脆弱。对于这种特殊地区除了设计、施工中采取有效的防护方案外，运行中要加强检查和维护，特别在汛期更要加大巡线力度。

6.6.3　线路巡查

加强巡线检查工作，做到及时检查，及时加固薄弱环节。一般每 10km 左右设巡线员 1 名。企业负责人一般每月进行 1 次查线。企业应组织人员每半年用检漏仪和管道监测车进行防腐层质量和泄漏情况检查。对防腐层质量和管道热应力变形情况，也可以用挖坑的方法进行检查。

（1）巡线检查时发现薄弱环节及隐患，应及时进行维护。

（2）在巡线作业时，应对线路标志、标识进行检查。出现破损或油漆脱落的，应进

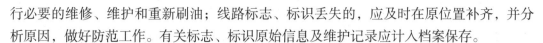

行必要的维修、维护和重新刷油；线路标志、标识丢失的，应及时在原位置补齐，并分析原因，做好防范工作。有关标志、标识原始信息及维护记录应计入档案保存。

（3）积极配合当地政府向管道沿线群众进行有关管道安全保护的宣传教育。

6.6.4 管道系统设备的安全

各种设备的安全运行与管道系统的安全关系密切。各种设备都有其操作运行规程，必须严格执行。

1. 输油泵机组

（1）严格按照操作规程开启、关闭输油泵。

（2）切换输油泵时，应采用先启动后停运的操作方式。启泵前先降低运行泵的排量。

（3）应保证输油泵机组的监测，报警等保护系统正常运行。及时检测并记录泵机组主要运行数据。

（4）设备检修后重新投入使用时必须按规定进行验收，合格后才能投运。

2. 加热炉

（1）严格按照操作规程启动、关闭及运行加热炉。特别在点火前，应充分进行吹扫，排除炉膛内的可燃油气。启动和关闭时要按加热炉设计的升、降温曲线进行，以防止炉衬变形、脱落、损坏炉体。

（2）为防止原油结焦甚至烧穿炉管，造成事故，直接加热的加热炉在运行中要注意炉管中油流的流速，防止过低或出现偏流现象。

（3）运行中按时对炉体、炉体附件和辅助系统进行检查。

（4）定期对加热炉的炉管进行检测和维修。

（5）定期清灰，并注意在清灰过程中所造成的环境污染问题。

（6）加强对备用加热炉的管理。为防止炉管腐蚀，应控制炉膛温度不低于水露点温度，停运的加热炉应关闭全部孔门，并采用几台加热炉轮流间歇运行，不要一台长期停运。

3. 压缩机组

（1）机组操作人员必须熟悉压缩机组工艺流程，了解机组结构、性能，严格遵守各项操作规程和有关安全规定。

（2）机组运行、启动前的检查应细致全面，准备工作充分。

（3）机组启动方式选择正确，操作无误。

（4）机组运行中，对控制室、机房、站场的工艺流程及设备等的检查，必须做到勤、细、准、全，输入、输出各显示参数值符合要求。

（5）机组停机步骤正确，停机工作完善。

（6）维护保养及时，在用设备完好率达到100%。

4. 其他重要设备

（1）管线、站场设置的关键设备，如在用线路截断阀、快开盲板，应坚持定期活动

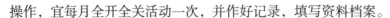

操作，宜每月全开全关活动一次，并作好记录，填写资料档案。

（2）对衔接高低压系统的重要阀门，必须密切监视阀前、阀后压力表示值，严防该阀内漏窜通，损坏低压系统的仪器仪表及其他意外事故的发生。

（3）站场受压容器的检测必须按中华人民共和国国家质量监督检验检疫总局颁发的《固定式压力容器安全技术监察规程》和《移动式压力容器安全技术监察规程》的规定进行。

6.6.5　输油管道系统安全运行管理

输油企业必须建立健全各级安全管理机构，建立健全各生产岗位和生产管理机构的安全操作规程和安全生产责任制，并确保贯彻执行。为保证输油输气管道安全、平稳地运行，在管道的安全生产过程中，须注意以下几点：

1. 输油管道的生产调度管理

输油管道的调度是长输管道生产运行的指挥，管道运行中的流程切换、调整设定参数、紧急情况处理等。运行中应注意以下问题：

（1）严格执行管道设备的各种操作规程及安全规定。

（2）根据管道实际条件，鉴定与修正管道设备运行参数的临界值，以保证其安全运行。

（3）定期分析管道运行参数，对存在的问题提出相应整改措施。

（4）根据所输油品的基本理化特性，确定经济合理的运行参数、运行方案，以保证管道安全并使输油成本最低。

（5）对设备、工艺的改造需重新进行危险辨识，科学论证并报有关部门批准后实施。

2. 输油管道运行安全管理

在长距离输油管道的安全生产管理过程中，为了防止火灾爆炸事故，在严格执行各项安全生产的规章制度时，在提高员工安全意识方面须注意以下几点：

（1）各岗位、各生产调度系统的工作人员必须经过专门的培训，取得相应岗位作业合格证书方可上岗。

（2）对于进入生产区的外来人员，必须经安全教育培训方可进入生产区。

（3）建立、健全各项安全管理制度、操作规程，并赋予实施。

（4）泵站站内生产区的检修、施工用火，生活用火等均应填写用火申请票，上报主管单位审批，在符合动火条件下，方可动火。

（5）各输油生产单位都要建立、健全群众性义务消防组织。

3. 输气管道试运投产的安全措施

投产前，管道的天然气置换作业是最危险的作业，由于管道在施工中有可能遗留下石块、焊渣、铁屑等物，在气流冲击下与管壁相撞可能产生火花。此时管内充满了天然气与空气的混合物，若在爆炸极限范围内，就会引起爆炸。

置换过程及清扫管道放空时，大量天然气排出管外，弥漫在放空口附近，容易着火爆炸。管道升压及憋压过程中，可能出现爆管而引发的泄漏，造成天然气外泄事故。

天然气置换过程中升压要缓慢，操作要平稳，一般应保证天然气的进气速度或清管球的运行速度不超过 5m/s，站内管线置换时，起点压力应控制在 0.1MPa 左右。

置换放空时，根据情况适当控制放气量，先由站内低点排污，同时利用气体报警器测试排污点气体浓度，若天然气浓度超标时，改为高点放空点放空。在放空口附近设置检测点，直至天然气中含氧量小于 2% 时，才能结束置换。

输气管道投产时常将天然气置换与通球清管作业结合进行，以减少混合气体段。没有清管设施的管道和站内管网常常采用放喷吹扫。用天然气放喷吹扫时，应首先进行天然气置换，置换管内空气后，先关闭放空阀，待放空区域的天然气扩散后再点火放喷。

4. 输气管道运行的安全措施

输气管道运行时，要严格控制管道输送天然气质量。天然气中有害杂质主要包括机械杂质、有害气体组分、液态烃等。应定期进行清管作业排除管内的积水和杂物。定期检查管道的安全保护设施是否正常，定期进行管道检测，检测管道腐蚀程度。要严格管道、设备压力保护设施的管理，防止因承压能力超限引起的事故。

5. 输气站场的安全管理

（1）工艺流程的启运应符合技术规定，应确保切换工艺操作准确。越站流程应用于特殊工艺需要：气体流经站场装置压力损失过大和发生管网故障。反输流程应用于管道事故处理和输气方向变化情况。

（2）执行计划及调度指令调节输供气流量时，应做到准确，操作平稳。

（3）录取压力、温度要准确、及时，流量计算程序应符合规定，各参数取值应符合要求，正确计算气量并复核，报出气量无差错。

（4）在线气体质量监测（微水及硫化氢）全面，监测数据应准确、可靠。

（5）阴极保护送电率应不小于 98%，录取通电点电位准确、及时，输出功率波动范围应符合要求。

（6）发清管器站应操作无误，并确保发器及时。收清管器站必须坚持职守，引器措施恰当。污物排放应符合环保及安全有关规定。

（7）站内设备维护保养应及时，确保开关灵活，无向外泄漏现象。

（8）各项记录资料、生产报表齐全，并妥善保管。

6.6.6　管道的清管

投入正常运行的输油输气管道需要定期进行清管作业，以保证其安全经济运行。输油管道的清管作业不仅是清除遗留在管内的机械杂质等堆积物，还要清除管内壁上的石蜡、油砂等凝集物以及盐类的沉积物等。输气管道的清管作业主要是为了避免管道低洼处积水、清除管内积液和杂物（粉尘），减少摩阻损失，提高管道的输气效率以及扫除管壁的沉积物、腐蚀产物。

1.清管作业的主要内容

（1）准备工作。制定清管方案，作为指导清管工作的依据。包括制定清管操作步骤、安全注意事项、事故预测及处理方法。

（2）选择清管器。确定清管器类型。

（3）清管前对系统的检查。包括清管器的收发系统、排污系统等。

（4）执行清管作业流程。包括操作流程、清管器跟踪、污物处理等。

（5）根据清管作业管理规程，操作人员和抢修人员在指定位置待命，准备执行应急抢修预案。

2.清管作业的安全

清管作业时应结合清管方案认真作好准备工作，按照操作规程实施清管作业。

（1）首次清管作业时清管器应携带跟踪系统。

（2）清管作业前截断阀门应处于全开状态。

（3）清管作业中要保持运行参数稳定，及时分析清管器运行情况。

（4）若清管器在中途卡阻，应及时判定卡阻位置及原因。

（5）若管道有支线，应在预计清管器通过分支接点前后的一段时间内安排支线暂时停止作业。这可防止清管器扫下的污物进入支线，影响支线的正常运行。

6.7　油库安全管理

油库具有易燃易爆等危险性，一旦发生事故，就有可能扩展成为更大的灾害，因此需要周密的安全管理组织、健全的安全管理制度，以实施切实的管理措施，对生产活动进行有效的安全管理。油库安全管理是油库安全管理工作的根本依据，具有法规性的作用，对各级人员都有约束力。健全和落实各项安全管理制度是提高油库安全程度的根本保证。

6.7.1　安全生产责任制

油库安全生产责任制是油库岗位责任制的一个组成部分。它根据"管生产必须管安全"的原则，综合各种安全生产管理制度、安全操作制度，对油库各级领导、各职能部门、有关工程技术人员和生产工人在生产中的安全责任做出明确的规定。安全生产责任制也是油库中最基本的一项安全制度，是其他各项安全生产规章制度得以实施的基本保证。有了这项规定，就能把安全与生产从组织领导上统一起来，把"管生产必须管安全"的原则从制度上固定下来。这样，劳动保护工作才能做到事事有人管，层层有专责，使领导职工分工协作，共同努力，认真负责地做好劳动保护工作，保证安全生产。

1.油库主任岗位职责

（1）油库主任是油库的安全生产、经营管理第一责任人，对油库的运行管理全面负责。

（2）组织贯彻落实国家和上级的有关的方针、政策、计划、制度和规定。

（3）组织审定油库以岗位责任制为中心的现场运行管理制度并监督实施。

（4）组织划分油库各部门的职责范围，协调各部门之间工作。

（5）定期主持召开安委会会议，研究、部署和解决安全方面的重大问题，制定年度安全工作目标。

（6）每日对油库进行一次现场巡视，每周组织召开生产例会，每月组织一次油库安全检查，对发现的问题及时采取措施，整改和消除事故隐患。并及时向油库管理部门上报油库自身无力解决的安全隐患和其他运行中的重大事项。

（7）组织审定上报油库月度及年度工作计划，经上级主管部门批准后落实执行。

（8）负责向上级机关报告的各类申请及业务报表的审核。

（9）组织协调处理发生的各类质量、计量纠纷、安全事故调查，协调周边关系。

（10）总结经验教训，改善经营管理，不断提高油库管理水平。

2. 设备员岗位职责

（1）负责油库设备台账建立，负责设备运行相关记录报表整理归档。

（2）制定油库设备日常检修计划，并按规程实施维护。

（3）每天对运行设备进行全面巡视维护，发现问题及时处理，不能处理的要向油库主任及时汇报。

（4）按规程对备用设备定期试运行、监测，确保完好。

（5）负责设备运行管理，制定设备大修理计划并参与落实。

（6）参加有关设备事故调查、分析，查明原因，分清责任，提出预防措施，并及时向领导或主管部门报告。

3. 安全员岗位职责

（1）负责油库的安全工作，协调油库主任贯彻好上级安全工作的指示和规定，并监督执行。

（2）负责油库安全管理资料的整理和存档，对油库安全管理制度及操作规程进行修订和完善。

（3）负责组织实施员工三级安全教育、日常安全培训、消防演练及各类事故的应急处理培训。

（4）负责油库用火等特种作业票的申请。检查落实防范措施，确保作业安全。

（5）负责油库作业现场安全监督检查，对违章操作及时纠正和处理。组织有关人员对消防器材和消防设施进行定期维护和保养，保证设备安全运行。

（6）负责组织油库的周边安全检查工作及上级 HSE 指令落实。

（7）负责组织油库防雷、防静电设施的定期检测工作。

（8）负责与地方消防、环保、派出所等相关部门的工作协调及证照办理。

（9）负责事故的现场保卫和参加事故调查处理，做好事故统计分析上报工作和防范措施的落实。

4. 收发油岗位职责

（1）严格执行油库各项规章制度和操作规程，做好装卸油过程中的安全检查及巡检工作，并做好记录。

（2）熟悉岗位生产设备性能、操作规程、工艺流程；按照规定时间、路线和内容进行巡检，巡检中如发现紧急情况，应立即采取有效措施进行处理。

（3）坚守工作岗位，热情为客户服务，不做与工作无关的事。

（4）切实做好防火、防爆、防静电、防跑冒、防中暑，确保安全作业。

（5）对违反油库规章制度的车（船）和人员有权制止、纠正。

（6）按规定保养好收发油的各种设备，并负责工作场地周围整洁、卫生。

（7）按规定填写收发油记录，核对当班发油量。

（8）按规定做好交接班，并填写交接班记录。

5. 司泵巡线岗位职责

（1）负责油品的接卸和转输，严格遵守操作规程，确保设备正常运行。

（2）熟悉离心泵、齿轮泵、管道泵等设备的性能和工作原理，熟悉相关工艺流程。

（3）负责保养和维护泵房内的设备，使各种设备处于良好状态。

（4）配合有关人员做好管线放空过程中油品的回收工作，防止混油、溢油事故的发生。

（5）坚守岗位，泵运转时注意观察油泵运行情况，并做好运行记录。

（6）及时制止、纠正巡检时发现的违章操作行为，并及时上报有关领导。

（7）保持泵房内外整洁。

（8）认真填写巡检记录，并做好交接班。

6. 计量员岗位职责

（1）认真贯彻执行国家及上级机关计量管理的法规、条例、办法。严格执行计量操作规程。

（2）按规定及时、准确做好日常油品收、发、存的计量管理工作。

（3）按时向油库统计岗提供油品收、发、存数据。

（4）对当日油品收、发、存数据进行分析，在发生超溢耗时及时向油库主任汇报，并协助查找原因。

（5）及时向油库主任汇报计量器具的使用情况。

（6）配合上级做好月、季、年度油库盘点工作。

（7）参与油库收、发计量纠纷的处理。

（8）负责所使用计量器具的维护与保管。

（9）完成领导交办的其他工作。

7. 化验员岗位职责

（1）认真执行上级部门有关质量管理的规章制度，严格按照国家或行业标准规定的检验标准进行操作。

（2）负责对收发存油品的质量管理及品质检验，并出具检验报告。

（3）负责化验室每月物料消耗品的计划上报及领取、使用、保管。

（4）做好化验室的安全管理工作，并定期进行检查，发现隐患及时排除。

（5）负责化验室设备器具的建档、维护保养、定期检定工作，使其处于完好状态。

（6）负责化验油样的保管及处理。

（7）负责符合油库生产实际的实验方法研究与改进。

（8）及时向主管部门上报油品质量检验信息，协助处理油品质量纠纷。

（9）完成领导交办的其他工作。

8.统计员岗位职责

（1）执行公司的统计制度，积极为油库生产运营服务。

（2）每日准确、及时地做好进销存台账和各类报表的统计上报工作。

（3）负责与收发油班长、计量员以及财务等部门核对数据和报表，保证业务数据的准确性。

（4）每天登记、核对提油单。

（5）按有关规定对过期未提的油单进行处理。负责单据的作废、记录和封存，并保证所有单据的完整、安全。

（6）负责与上级公司相关部门进行对帐、结算。

9.维修工岗位职责

（1）严格执行各种设备的检修操作规程，落实安全措施。

（2）掌握油库设备设施性能，并定期进行检查、维护保养。

（3）负责对油库防雷、防静电接地装置的日常检查、维护，做好定期测试工作。

（4）负责绘制油库电气区域等级分布图，并负责检查各区域的电器设备安装是否符合规定要求。

（5）每天要对储油、输油设备进行巡视和检查，发现问题及时处理。

（6）检修中应严格执行用火和临时用电管理制度，落实安全措施。

（7）作业后认真填写有关检修记录，做到工完、料尽、场地清。

10.警消门卫岗位职责

（1）遵守国家、当地政府有关法律法规及本单位的消防安全管理规定。

（2）熟悉本单位的平面布置、建筑结构、作业流程、交通道路、水源设施、消防器材装备和设施（物品）性能及岗位的危险性，熟练掌握灭火方法，并定期进行演练，一年不得少于两次。

（3）严格执行油库出入库管理制度。

（4）对进出油库人员及提油车辆做好入库安全检查及登记工作。

（5）负责油库门卫区域正常秩序的维护，以保证提油车辆进出顺畅。

（6）负责门卫周边环境卫生。

（7）负责出库车辆提油单据收集。

（8）负责油库的治安保卫工作。

6.7.2 安全教育制度

安全教育制度也称安全生产教育制度，是指油库对全员进行教育的要求、范围、内容、形式及考核等制定的一系列规定。安全教育亦是油库为提高员工安全技术水平和防范事故能力而进行的教育培训工作，是搞好油库安全生产和安全思想建设的一项重要工作。安全教育必须贯彻全员、全面、全过程的原则，坚持多样化，制度化和经常化、讲究针对性和科学性。

安全教育的内容有安全思想和安全意识教育、守法教育、安全技术和安全知识教育、安全技能和专业工种技术训练。通过安全教育，首先能提高油库领导和广大员工做好劳动保护工作的责任感和自觉性。此外，安全技术知识的普及和提高，能使广大职工了解生产过程中存在的职业危害因素及其作用规律，提高安全技术操作水平，掌握检测技术，控制技术的有关知识，了解预防工伤事故和职业病的基本要求，增强自我保护意识，有利于安全生产的开展，劳动生产率的提高和劳动条件的改善。

1. 油库职工的三级安全教育

凡新职工（包括徒工、外单位调入职工、合同工、代培人员和大专院校实习学生等）必须经公司、库、班（组）三级教育并考试合格，方可进入生产岗位。

（1）一级（公司级）安全教育。新职工报到后，由人事或安全部门负责组织。进行安全、消防教育，时间不少于8h，其内容为国家和上级部门有关安全生产法律、法规和规定；本单位的性质、特点；油品的危险特性知识；安全生产基本知识和消防知识；典型事故分析及其教训。经一级安全教育考试合格，方可分配工作，否则油库不得接受。

（2）二级（库级）安全教育。油库安全员或指定专人负责教育，时间不少于40h，其教育内容为本库概况、生产或工作特点；本单位安全管理制度及安全技术操作规程；安全设施、工具及个人防护用品，急救器材，消防器材的性能、使用方法等；以往的事故教训。

（3）三级（班组）安全教育。由班组长或班组安全员负责教育，可采用讲解和实际操作相结合的方式，其教育时间不少于8h。教育内容为本岗位的操作工艺流程、工作特点和注意事项；本岗位（工种）各种设备、工具的性能和安全装置的作用，防护用品的使用、保管方法，消防器材的保管及使用；本岗位（工种）操作规程的安全制度；本岗位（工种）事故教训及防范措施。经班组安全教育考试合格后方可指定师傅带领进行工作。

三级安全教育考核情况，应逐级写在安全教育卡上，经储运安全部门审核后，方准许发放劳保用品和本工种享受的劳保待遇。未经三级安全教育或考试不合格者不得分配工作，否则由此发生事故要由分配及接收单位领导负责。新入库职工经过一段时间培训、学习和实际工作后，经有关部门对其操作技术和安全技术进行全面考核，合格后方可独立工作。特殊工作，应持证上岗。

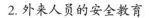

2. 外来人员的安全教育

凡属临时工、外包工、办事和参观人员，进库前必须接受油库的安全教育，对临时工（包括来库施工人员）的安全教育由招工和任用单位负责。其具体的教育内容包括本单位特点、入库须知，担任工作的性质，注意事项和事故教训以及安全、消防制度。并在工作中指定专人负责安全管理和安全检查。对外包工和外来人员的安全教育分别由基建部门（或委托单位）和外借人员主管部门负责教育，教育内容为本单位特点、入库须知，担任工作的性质，注意事项和事故教训以及安全、消防制度。对进入要害部位办事、参观、学习人员的安全教育由接待部门负责，教育内容为本单位有关安全规定及安全注意事项，并要有专人陪同。

3. 日常安全教育

日常安全教育是指对全体员工开展多种形式的安全教育。油库必须开展以班（组）为单位的每周一次的安全活动，每次不得少于1h。安全活动不得被占用。要做到有领导、有计划、有内容、有记录，防止走过场。员工必须参加安全活动。油库领导必须经常参加基层班（组）的安全活动日，以了解和解决安全中存在的问题。

日常安全教育内容为学习安全文件、通报安全规程及安全技术知识，消防设备操作使用技术等；讨论分析典型事故，总结吸取事故教训。开展事故预防和岗位练兵，组织各类安全技术表演。安全检查制度、操作规程贯彻执行情况和事故隐患整改情况；开展安全技术讲座、攻关和其他安全活动；利用各种会议、广播、简报、图片、安全报告会、故事讲演等形式开展经常性的安全教育。

4. 特殊工种安全教育

对特殊工种（锅炉工、电工、气电焊工、泵工、计量、化验、消防等）必须由各主管部门组织专业性安全技术教育和培训，并经考试合格取得资格后，方可从事操作（作业）。

6.7.3　安全检查制度

开展安全检查是达到消除事故隐患的重要手段，是深入推动安全管理工作的有力措施。通过安全检查，才能了解安全状况，及时发现存在的问题，掌握安全动态，做到对症下药，因此，油库的安全检查是必不可少的。安全检查制度保证安全检查能正常有效地进行，为治理整顿建立良好的安全环境和生产秩序，做好安全工作提供约束力。油库应切实执行安全检查制度，不能为了应付检查而检查，要坚持领导与群众相结合，普通检查与专业检查相结合，检查与整改相结合的原则，做到制度化和经常化。安全检查的对象主要是导致事故的人、物、环境和管理四个因素。

1. 安全检查的内容

安全检查主要查安全管理制度，岗位职责的执行情况；查安全教育和活动的开展情况；查安全台账记录情况；查现场动火作业、有限空间作业、动土作业、起重吊装作业、高处作业、用电作业、入罐作业等危险作业活动的实施情况；查机械设备、电器设备、消防器材的使用保养情况；查灭火作战预案以及隐患整改情况；安全目标、安全工作计划的实施情况等。

2. 安全检查种类

油库安全检查采取日常、定期、专业、不定期四种类型。各种检查可单独进行，也可以相结合进行。

（1）日常检查

日常检查是以员工为主体的检查形式，不仅是进行安全检查，而且是职工结合生产实际接受安全教育的好机会。日常检查是由各基层班组长或安全检查员督促做好班前准备工作和检查离班前的交接收整工作。督促本班组成员认真执行安全制度和岗位责任制度，遵守操作规程。各级主管人员应在各自业务范围内，经常深入现场，进行安全检查，发现不安全问题，及时督促有关部门解决。

（2）定期检查

定期检查一般包括周检查、月检查、季度大检查和节日前检查。

周检查由各部门负责人深入班组，对设备保养、器材放置、设备运行和交换班记录的记载等进行检查，并了解是否存在不安全因素、隐患。

月检查是由油库安全管理委员会负责组织，主要目的是对油库安全工作进行全面检查以便能发现问题，研究解决安全管理上存在的问题，把整改具体措施落实到部门，具体人和时限，召开班（组）长会议，总结讲评安全管理工作，进行安全教育。

季度检查是依本季度的气候、环境情况特点，有重点性地检查生产。春季检查以防雷、防静电、防解冻跑漏、防建筑物倒塌为重点；夏季检查以防暑降温、防台风、防汛为重点；秋季检查以防火、防冻、保温为重点；冬季检查以防火防爆、防毒为重点。季度检查还可以同节日检查相结合进行，如与元旦、"五一"、"十一"、春节等重大节日的安全保卫工作结合起来，在节日前进行。除检查目的和要求与月检查相同外，要着重落实油库在节假日的防火、值班、巡逻护库的组织安排工作。年度大检查是一年一度的自上而下的安全评比大检查。年度大检查的基本分工为：各分公司所属油库由各分公司负责检查；直辖市所属油库、加油站和市属县油库由市公司负责检查；二级站，地、市级以上油库由省、自治区公司负责检查。

节日检查是节日前对安全、保卫、消防、生产准备、备用设备等进行检查，以保证节日期间的安全。

（3）专业性检查

专业性安全检查一般分为专业安全检查和专题安全调查两种。它是对一项危险性大的安全专业和某一个安全生产薄弱环节进行专门检查和专题单项调查。调查比检查工作进行的要细、内容要详、时间要长，并且作出分析报告，其目的都是为了及时查清隐患和问题的现状、原因和危险性，提出预防和整改的建议，督促消除和解决，保证安全生产。

专业性安全检查或专题安全调查是不定期的，它的提出是根据上级部门的要求，安

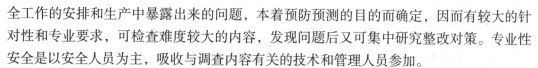

全工作的安排和生产中暴露出来的问题，本着预防预测的目的而确定，因而有较大的针对性和专业要求，可检查难度较大的内容，发现问题后又可集中研究整改对策。专业性安全是以安全人员为主，吸收与调查内容有关的技术和管理人员参加。

（4）不定期检查

不定期检查是在规定时间内，检查前不通知受检单位或部门而进行的检查。不定期检查一般由上级部门组织进行，带有突击性，可以发现受检查单位或部门安全生产的持续性程度，以弥补定期检查的不足，不定期检查主要为主管部门对下属单位或部门进行抽查。

3. 安全检查方法

安全检查的具体方法很多，现场检查常用的有以下几种。

（1）实地观察

深入现场靠直感，凭经验进行实地观察。如看、听、嗅、摸、查的方法：看一看外观的变化；听一听设备运转是否异常；嗅一嗅有无泄漏和有毒气体放出；摸一摸设备温度有无升高；查一查危险因素。

（2）汇报会

上级检查下级，往往检查前先听取下级自检等情况汇报，提出问题当场解决；或者对一个单位检查完再开一个汇报会，检查组把检查出的问题向这个单位领导通报，提出整改意见限期解决，并给予评价。

（3）座谈会

在进行内容单一的小型检查时，往往以开座谈会的方法，同有关人员座谈讨论某项工作或某项工程的经验和教训，以及如何更好地开展和完成。

（4）调查会

在进行安全动态调查和事故调查时，可通过召开调查会的方法，把有关工作人员和知情者召集在一起，逐项调查分析，得出结论和评价，采取预防对策加以控制。

（5）个别访问

在调查或检查某个系统的隐患时，为了便于技术分析和找出规律，了解以往的生产运作情况，就需要访问有经验的实际操作人员，有的即使调离了本岗位，也要去进行走访，使调查和检查工作得到真实情况，以得出正确结论。

（6）查阅资料

为了使检查监督工作做深做细，便于对比、考查、统计、分析，在检查中必须查阅有关资料，从历史和现实看这个单位的管理水平和执行法规贯彻安全生产方针及上级指示做得是好还是差，好的表扬，差的批评，实施检查监督职能。

（7）抽查考试和提问

为了检查某个单位的安全工作、职工素质、管理水平，可对这个单位的职工进行个别提问，部分抽查和全面考试，检验其真实情况和水平，便于单位之间的比较和评比。

6.7.4 事故及事故隐患管理制度

事故是危险因素与管理缺陷相结合的产物，油品的危险性是导致发生各种事故的重要原因，为此，必须严格遵守安全技术操作规程，执行有关规章制度，采取积极有效的措施，最大限度地消除发生事故的一切潜在危险因素。

1. 油库事故的分类和等级划分

（1）事故分类

按事故类型分为：爆炸事故、火灾事故、设备事故、生产作业事故、交通事故、人身伤亡、放射事故；按事故性质分为：责任事故、非责任事故或破坏事故。

（2）事故分级

油库事故等级可分为六级，划分标准具体如下：

①特大事故：凡符合下列条件之一，为特大事故。

一次事故造成死亡 10 人及以上。

一次事故直接经济损失达 500 万元及以上。

②重大事故：凡符合下列条件之一，为重大事故。

一次事故造成死亡 3~9 人。

一次事故造成重伤 10 人及以上。

一次事故造成直接经济损失达 100 万元及以上，500 万元以下。

③一级事故：凡符合下列条件之一，为一级事故。

一次事故造成重伤 1~9 人。

一次事故造成死亡 1~2 人。

一次事故直接经济损失 10 万元及以上，100 万元以下。

一次事故跑、冒、漏油及油品变质达 10t 及以上。

一次混油混入量 100t 及以上。

④二级事故：凡符合下列条件之一，为二级事故。

凡发生火灾或爆炸事故者。

一次事故直接经济损失达 1 万元及以上，10 万元以下。

一次事故跑、冒、漏油及油品变质达 5t 及以上。

一次混油混入量 20t 及以上。

⑤三级事故：凡符合下列条件之一，为三级事故。

一次事故直接经济损失达 0.6 万元及以上，1 万元以下。

一次事故跑、冒、漏油及油品变质达 1t 及以上。

一次混油混入量 2t 及以上。

⑥四级事故：凡符合下列条件之一，为四级事故。

一次事故直接经济损失达 0.1 万元及以上，0.6 万元以下。

一次事故跑、冒、漏油及油品变质在 0.5t 及以上。

一次混油混入量 1t 及以上。

2. 事故报告

（1）发生事故后，事故当事人或发现人应立即报告主任和主管公司的有关领导，紧急情况要报警；伤亡、中毒事故，应保护现场并迅速组织抢救人员及财产；重大火灾、爆炸、跑油事故，应组成现场指挥部，防止事故蔓延扩大。

（2）凡属二级以上事故，油库要立即报告主管公司，主管公司应在事故发生后 4h 内将事故发生的时间、地点、起因、经过、造成的后果、初步分析、已采取哪些措施等情况报省（区、市）公司；省（区、市）公司应在事故发生后 20h 内，以电话、电报或传真方式，按《事故快报》的要求报上级有关部门。涉及人员伤亡及重大事故要立即按事故性质，相应报告企业所在地的消防、安全管理部门。

（3）由于油品质量、跑油、火灾、爆炸等原因造成较大社会影响的事故，应迅速报上级公司。

（4）发生涉及死亡的特大、重大和一级事故，由省（区、市）公司的主要领导、主管部门负责人、安全处长及事故单位的主要负责人，在对事故原因基本调查清楚的基础上，提出处理意见，在事故发生 3d 内向上级公司汇报。

（5）凡发生一级以上事故，在事故发生后 25d 内，按事故报告的要求写出正式报告报上级公司。

3. 事故调查

（1）发生二至四级事故，由主管公司会同地方职能部门组织调查；发生一级事故，由省（区、市）公司会同主管公司、地方职能部门组织调查；发生重特大事故，由总公司会同当地有关部门调查。

（2）外包工程乙方发生的事故，由乙方负责组织调查、处理。

（3）油库应配合事故调查部门进行调查，提供有关资料，任何部门和个人不得拒绝接受调查。

4. 事故处理

（1）事故调查和处理要坚持"四不放过"的原则。

（2）因忽视安全生产、违章指挥、违章作业、违反劳动纪律造成事故的，由企业主管部门或企业按照国家有关规定，对企业负责人和事故责任者给予行政处分和经济处罚，构成犯罪的，由司法部门依法追究刑事责任。

（3）事故发生后隐瞒不报、谎报、故意拖延不报、故意破坏事故现场，或无正当理由，拒绝接受调查以及拒绝提供有关情况和资料的，由主管公司按规定给予有关责任人行政处分。

6.7.5 安全监督制度

油库安全监督制度是为油库各级人员认真执行各项安全制度和规定，保证全面安全监督工作的顺利进行，超前进行预测预防工作，保障员工作业过程的安全和健康，保护国家财产不受损失，提供约束力。油库安全监督制度包括巡回监督检查制度、岗位联系制度、作业动态调查制度，安全监察员组织管理及建设工程项目监督制度。油库应根据各自特点，健全各项监督制度，并设立安全监察员和安全巡检员。油库领导机构可设立安全监察员，以监督油库领导的各项安全工作，保证组织和决策的科学性和正确性。油库基层应配备安全监督巡检员，以督促检查基层部门的每一个职工认真执行安全制度、技术操作规范、岗位责任制的情况，对违反者有权予以制止，纠正和向领导报告，并提出处理建议。同时要对作业场所进行定时巡检，填写巡检记录，发现问题，及时处理。

6.8　地下储气库的安全管理

1. 地下储气库在建设过程中的安全管理

在地下储气库的建设过程中，必须要做好安全管理工作。一般一个地下储气库工程主要包括以下几个分项工程：老井封堵工程、新钻注采井工程、注采场站工程及工艺管线工程等。分析可见，上述工程有的属于地下工程，有的属于地面工程，总体来说安全管理范围较广、内容较复杂、难度较大。所以，当前提高地下储气库在建设过程中的安全管理效果的关键就在于提高管理人员的专业素质。具体来说，首先企业要加强对人员的培训和教育，提高其专业知识、专业技能及安全意识，打造一支能够满足安全管理要求的安全管理人才队伍，以切实保障在地下储气库建设过程中的安全管理工作成效；同时，还应当要制定科学完善的人才管理机制，通过绩效评价、奖罚分明等措施来激发安全管理人员的工作积极性和责任心。再者，由于地下储气库施工现场状况多变，存在的不可控、不可预知的情况较多，所以不但要提高人员素质水平，还应当重科学进行建设规划，尽量对施工中可能出现的安全问题提前考虑充足，制定有效的预警机制。

2. 地下储气库在生产运行中的安全管理

我国的地下储气库自建设发展以来，经过十余年的实践摸索，目前已经建设出了比较系统的行业体系，同时在生产运行中的安全管理也逐渐形成了一系列特点。

（1）实践性。储气库安全管理的根本目的是发现储气库生产过程中的安全问题并使之得以解决，这赋予了储气库安全管理的实践性特点，需要在工作中具体落实这一特点；

（2）经常性。由于储气库生产活动过程的特殊性，使整个生产过程中无时无刻不存在着不安全因素，所以安全管理贯穿于储气库生产过程的始终，具有经常性的特点；

（3）群众性。储气库安全管理不是某一部门或某几个人的工作，而是一项广泛群众性的工作，需要所有工作者都参与其中；

（4）法制性。考虑到天然气的战略能源地位及储气库泄漏的危害，储气库的安全管理要依法执行；

（5）科学性。储气库安全生产有自身的规律，在安全管理工作实施过程中，首先要遵循这些规律，掌握有关储气库安全生产的科学知识，以便取得安全管理的主动权；

（6）综合性。在储气库安全管理中坚持综合运用原则，使各种手段有机整合起来，

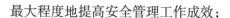

最大程度地提高安全管理工作成效；

（7）动态性。在储气库生产的整个过程中，天然气是不断变化的，应适应储气库变化的具体情况，采用相应的应对措施，为储气库生产安全奠定基础。

3.地下储气库安全管理的发展方向

近年来，随着社会发展对天然气需求量的不断增多，推动了我国地下储气库的建设与发展。而无论是新的地下储气库的建设，还是旧的地下储气库的改建与扩张，都对安全管理提出了极高要求。企业要加大对人员的培训和教育，以给地下储气库安全管理工作打好人才基础；其次加强设备管理，包括压缩机、脱硫装置、露点装置、加热装置、通风设备、输气管线及消防设备等，做好对这些设备的日常化管理，定期对设备进行保养维护，及时发现故障及时修理；再者运用先进的多维计算机模拟技术来评估预测突发事件，从而为应急行动提供有效的信息支持；另外地下储气库系统中的各子系统之间要进一步加强有机联系，既从整体上考虑问题，又针对各子系统的特点单独进行研究，从而整分结合，优化安全管控。

6.9 LNG 加气站安全管理

LNG 因其具有的特性和潜在的危险性，要求必须对 LNG 加气站进行合理的工艺、安全设计及设备制造，这将为搞好 LNG 站的安全技术管理打下良好的基础。

1.LNG 加气站的安全技术管理

（1）LNG 加气站的机构与人员配置

应有专门的机构负责 LNG 加气站的安全技术管理；应配备专业技术管理人员；岗位操作人员均应经专业技术培训，经考核合格后方可上岗。

（2）技术管理

建立健全 LNG 加气站的技术档案。加气站的技术档案包括前期的科研文件、初步设计文件、施工图、整套施工资料、相关部门的审批手续及文件等。制定各岗位的操作规程，包括 LNG 罐车操作规程、LNG 加气机操作规程、LNC 储罐增压操作规程、BOG（由于低温储罐与低温槽车内的 LNG 的日蒸发率约为 0.3%，这部分蒸发气体（温度较低）简称 BOG 闪蒸气（Boil off gas）储罐操作规程、消防操作规程、中心调度操作规程、LNG 进（出）站称重计量操作规程等。

（3）做好 LNG 加气站技术改造计划

2.安全管理（生产）

（1）做好岗位人员的安全技术培训，包括 LNG 加气站工艺流程、设备的结构及工作原理、岗位操作规程、设备的日常维护及保养知识、消防器材的使用与保养等，都应进行培训，做到应知应会。

（2）建立各岗位的安全生产责任制度，设备巡回检查制度，这也是规范安全行为的前提。如对长期静放的 LNG 应定期倒罐并形成制度，以防"翻滚"现象的发生。

（3）建立符合工艺要求的各类原始记录。包括车记录、LNG 储罐储存记录、控制系统运行记录、巡查记录等，并切实执行。

（4）建立事故应急抢险救援预案。预案应对抢救的组织、分工、报警、各种事故（如 LNG 少量泄漏、大量泄漏、直至着火等）的处置方法等，应详细明确。并定期进行演练，形成制度。

（5）加强消防设施的管理。重点对消防水池（罐）、消防泵、干粉灭火设施可燃气体报警器、报警设施要定期检修（测），确保其完好有效。

（6）加强日常的安全检查与考核。加强日常的安全检查，通过检查与考核，规范操作行为，杜绝违章操作，克服麻痹思想。

3. 设备管理

（1）建立健全生产设备的台账、卡片、专人管理，做到帐、卡、物相符。LNG 储罐等压力容器应取得《压力容器使用证》；设备的命名用说明书、合格证、质量说明书、工艺结构图、维修记录等，应保存完好并归档。

（2）建立完善的设备管理制度、维修保养制度和完好标准，建立完善的设备管理制度、具体的生产设备应有专人负责，定期维护保养。

（3）强化设备的日常维护与巡回检查。

附录 A 油气储运安全相关法律法规

序号	名称	颁布机构	颁布时间	实施时间
1	中华人民共和国安全生产法	全国人民代表大会常务委员会	2002.06.29	2002.11.01
2	中华人民共和国环境保护法	全国人民代表大会常务委员会	2014.04.24	2015.01.01
3	中华人民共和国职业病防治法	全国人民代表大会常务委员会	2001.10.27	2002.05.01
4	中华人民共和国消防法	全国人民代表大会常务委员会	1998.04.29	2009.05.01
5	中华人民共和国水土保持法	全国人民代表大会常务委员会	1991.06.29	1991.06.29
6	中华人民共和国森林法	全国人民代表大会常务委员会	1984.09.20	1985.01.01
7	中华人民共和国土地管理法	全国人民代表大会常务委员会	1986.06.25	1987.01.01
8	中华人民共和国特种设备安全法	全国人民代表大会常务委员会	2013.06.29	2014.01.01
9	中华人民共和国节约能源法	全国人民代表大会常务委员会	1997.11.01	1998.01.01
10	中华人民共和国石油天然气管道保护法	全国人民代表大会常务委员会	2010.06.25	2010.10.01
11	中华人民共和国防震减灾法	全国人民代表大会常务委员会	1997.12.29	1998.03.01
12	中华人民共和国劳动法	全国人民代表大会常务委员会	1994.07.05	1995.01.01
13	中华人民共和国清洁生产促进法	全国人民代表大会常务委员会	2002.06.29	2003.01.01
14	中华人民共和国防洪法	全国人民代表大会常务委员会	1997.08.29	1998.01.01
15	中华人民共和国突发事件应对法	全国人民代表大会常务委员会	2007.08.30	2007.11.01
16	中华人民共和国文物保护法	全国人民代表大会常务委员会	1982.11.19	1982.11.19
17	中华人民共和国海上交通安全法	全国人民代表大会常务委员会	1983.09.02	1984.01.01
18	中华人民共和国行政许可法	全国人民代表大会常务委员会	2003.08.27	2004.07.01
19	中华人民共和国矿产资源法	全国人民代表大会常务委员会	1986.03.19	1986.10.01
20	中华人民共和国铁路法	全国人民代表大会常务委员会	1990.09.07	1991.05.01
21	危险化学品安全管理条例	中华人民共和国国务院	2002.01.26	2002.03.15
22	易制毒化学品管理条例	中华人民共和国国务院	2005.08.26	2005.11.01
23	建设工程安全生产管理条例	中华人民共和国国务院	2003.11.24	2004.02.01
24	公路安全保护条例	中华人民共和国国务院	2011.03.07	2011.07.01
25	电力设施保护条例	中华人民共和国国务院	1987.09.15	1987.09.15
26	生产安全事故应急条例	中华人民共和国国务院	2019.02.17	2019.04.01
27	安全生产许可证条例	中华人民共和国国务院	2004.01.07	2004.01.07
28	防雷减灾管理办法	中国气象局	2013.05.30	2013.06.01

附录 B 油气储运安全相关标准和规范

序号	中文名	代号
1	石油与石油设施雷电安全规范	GB 15599—2009
2	液体石油产品静电安全规程	GB 13348—2009
3	轻质油品安全静止电导率	GB 6950—2001
4	石油天然气工业 管道输送系统 基于可靠性的极限状态方法	GB/T 29167—2012
5	钢制管道带压封堵技术规范	GB/T 28055—2011
6	钢质管道内检测技术规范	GB/T 27699—2011
7	溢油分散剂 技术条件	GB 18188.1—2000
8	输油管道工程设计规范	GB 50253—2014
9	油气输送管道穿越工程设计规范	GB 50423—2013
10	油气输送管道完整性管理规范	GB 32167—2015
11	油气输送管道线路工程抗震技术规范	GB/T 50470—2017
12	石油天然气工业管线输送系统用钢管	GB/T 9711—2017
13	钢质管道焊接及验收	GB/T 31032—2014
14	危险化学品重大危险源辨识	GB 18218—2018
15	钢质管道外腐蚀控制规范	GB/T 21447—2018
16	钢质管道内腐蚀控制规范	GB/T 23258—2009
17	建筑物防雷设计规范	GB 50057—2010
18	火灾自动报警系统设计规范	GB 50116—2013
19	泡沫灭火系统设计规范	GB 50151—2010
20	石油化工企业设计防火标准（2018 年版）	GB 50160—2008
21	油田油气集输设计规范	GB50350—2015
22	油田采出水处理设计规范	GB 50428—2015
23	钢制储罐地基基础设计规范	GB 50473—2008
24	石油化工可燃气体和有毒气体检测报警设计规范	GB 50493—2009
25	石油化工钢制设备抗震设计标准	GB/T 50761—2018
26	油气田及管道工程计算机控制系统设计规范	GB/T 50823—2013
27	油气田及管道工程仪表控制系统设计规范	GB/T 50892—2013

续表

序号	中文名	代号
28	消防给水及消火栓系统技术规范	GB 50974—2014
29	建筑工程抗震设防分类标准	GB 50223—2008
30	立式圆筒形钢制焊接油罐设计规范	GB 50341—2014
31	电力工程电缆设计规范	GB 50217—2007
32	储罐区防火堤设计规范	GB 50351—2014
33	液化天然气装置和设备·液化天然气灭火用灭火粉和高和中膨胀泡沫浓缩的试验	NF EN 12065—1997
34	液化天然气装置和设备·液化天然气的一般特性	NF EN 1160—1996
35	石油化工紧急停车及安全联锁系统设计导则	SHB Z 06—1999
36	危险化学品储罐区作业安全通则	AQ3018—2008
37	石油行业安全生产标准化 工程建设施工实施规范	AQ 2046—2012
38	石油行业安全生产标准化 管道储运实施规范	AQ 2045—2012
39	石油行业安全生产标准化 海上油气生产实施规范	AQ 204—2012
40	危险化学品重大危险源安全监控通用技术规范	AQ 3035—2010
41	石油行业安全生产标准化 导则	AQ 2037—2012
42	石油化工企业安全管理体系实施导则	AQ/T 3012—2008
43	含硫化氢天然气井公众危害防护距离	AQ 2018—2008
44	石油天然气安全规程	AQ 2012—2007
45	石油化工建设管理方安全管理实施导则	AQ/T 3005—2006
46	立式圆筒形钢制焊接储罐安全技术规程	AQ 3053—2015
47	安全评价通则	AQ 8001—2007
48	安全预评价导则	AQ 8002—2007
49	陆上油气管道建设项目安全设施设计导则	AQ/T 3055—2019
50	硫化氢环境天然气采集与处理安全规范	SY/T 6137—2017
51	石油工业用加热炉安全规程	SY 0031—2012
52	油气管道安全预警系统技术规范	SY/T 6827—2011
53	油气田消防站建设规范	SY/T 6670—2006
54	轻烃回收安全规程	SY/T 6562—2018
55	油气田注天然气安全技术规程	SY/T 6561—2011
56	石油工业带压开孔作业安全规范	SY/T 6554—2011
57	盐穴地下储气库安全技术规程	SY/T 6806—2019
58	石油工程建设施工安全规程	SY/T 6444—2010
59	油气田变配电设计规范	SY/T 0033—2009
60	石油工程建设施工安全规范	SY/T 6444—2018
61	石油行业建设项目安全验收评价报告编写规则	SY/T 6710—2008
62	石油天然气工程项目安全现状评价报告编写规则	SY/T 6778—2010

序号	中文名	代号
63	石油天然气工业 健康、安全与环境管理体系	SY/T 6276—2014
64	石油天然气生产专用安全标志	SY/T 6355—2017
65	成品油管道输送安全规程	SY/T 6652—2013
66	原油管道运行规范	SY/T 5536—2016
67	硫化氢环境人身防护规范	SY/T 6277—2017
68	海洋石油设施热工（动火）作业安全规程	SY 6303—2016
69	石油天然气工程可燃气体检测报警系统安全规范	SY/T 6503—2016
70	陆上油气田油气集输安全规程	SY/T 6320—2016
71	油气田变电站（所）安全管理规程	SY/T 6353—2016
72	稠油注汽热力开采安全技术规程	SY/T 6354—2016
73	油（气）田容器、管道和装卸设施接地装置安全规范	SY/T 5984—2014
74	液化石油气安全规程	SY/T 5985—2014
75	石油天然气钻井、开发、储运防火防爆安全生产技术规程	SY/T 5225—2019
76	油气田地面管线和设备涂色规范	SY/T0043—2006
77	钢质原油储罐运行安全规范	SY/T 6306—2014
78	海洋石油设施热工（动火）作业安全规程	SY 6303—2016
79	液化天然气接收站技术规范	SY/T 6711—2014
80	油气管道内检测技术规范	SY/T 6597—2018
81	在役油气管道对接接头超声相控阵及多探头检测	SY/T 6755—2016
82	油气管道风险评价方法 第1部分：半定量评价法	SY/T 6891.1—2012
83	钢质管道及储罐腐蚀评价标准 埋地钢质管道内腐蚀直接评价	SY/T 0087.2—2012
84	钢质管道管体腐蚀损伤评价方法	SY/T 6151—2009
85	腐蚀管道评估推荐作法	SY/T 10048—2016
86	油气输送管道风险评价导则	SY/T 6859—2012
87	含缺陷油气管道剩余强度评价方法	SY/T 6477—2017
88	输油站场管道和储罐泄漏的风险管理	SY/T 6830—2011
89	油气管道地质灾害风险管理技术规范	SY/T 6828—2017
90	油气管道安全预警系统技术规范	SY/T 6827—2011
91	油气管道内检测技术规范	SY/T 6597—2018
92	钢质管道封堵技术规范 第2部分：挡板－囊式封堵	SY/T 6150.2—2018
93	钢质管道封堵技术规范 第1部分：塞式、筒式封堵	SY/T 6150.1—2017
94	输油管道完整性管理规范	SY 6648—2016
95	油气管道管体缺陷修复技术规范	SY/T 6649—2018
96	输气管道系统完整性管理规范	SY/T 6621—2016
97	输油站场管道和储罐泄漏的风险管理	SY/T 6830—2011

续表

序号	中文名	代号
98	防静电推荐作法	SY/T 6340—2010
99	浅（滩）海石油天然气作业安全应急要求	SY/T 6044—2019
100	石油天然气钻井、开发、储运防火防爆安全生产技术规程	SY/T 5225—2019
101	陆上油气田油气集输安全规程	SY/T 6320—2016
102	轻烃回收安全规程	SY/T 6562—2018
103	石油天然气管道安全规程	SY/T 6186—2007
104	天然气凝液安全规范	SY/T 5719—2017
105	原油管道运行规范	SY/T 5536—2016
106	石油天然气工程总图设计规范	SY/T 0048—2016
107	油气田防静电接地设计规范	SY/T 0060—2017
108	原油稳定设计规范	SY/T 0069—2008
109	石油储罐附件	SY/T 0511—2010
110	油（气）田容器、管道和装卸设施接地装置安全规范	SY/T 5984—2014
111	油气管道线路标识设置技术规范	SY/T 6064—2017
112	石油天然气工程可燃气体检测报警系统安全技术规范	SY/T 6503—2016
113	石油天然气作业场所劳动防护用品配备规范	SY/T 6524—2017
114	石油天然气站场阴极保护技术规范	SY/T 6964—2013
115	石油天然气开发注水安全规范	SY/T 7429—2018
116	管道防腐层化学稳定性试验方法	SY/T 0039—2013
117	油田地面工程建设规划设计规范	SY/T 0049—2006
118	石油天然气钢质管道无损检测	SY/T 4109—2013
119	油气输送管道线路工程水工保护施工规范	SY/T 4126—2013
120	石油管材失效分析导则	SY/T 6945—2013
121	输油管道改为输气管道钢管材料适用性评价方法	Q/CNPC 34—2000
122	石油天然气建设工程交工技术文件编制规范	Q/CNPC 114—2005
123	输油输气管道线路工程施工技术规范	Q/CNPC 59—2001

参考文献

［1］GB/T 35320—2017，危险与可操作性分析（HAZOP 分析）应用指南［S］.

［2］GB 50058—2014，爆炸危险环境电力装置设计规范［S］.

［3］DB37/T 3051—2017，油气集输站（库）雷电防护技术规范［S］.

［4］GB 13348—2009，液体石油产品静电安全规程［S］.

［5］GB/T 32937—2016，爆炸和火灾危险场所防雷装置检测技术规范［S］.

［6］GB 50057—2010，建筑物防雷设计规范［S］.

［7］吕俊霞，裴邦富.电气设备的防火和防爆措施及方法［J］.灯与照明，2009，33（01）：50-53.

［8］许成.防雷接地电阻测量方法研究［J］.电脑知识与技术，2019，15（16）：282+287.

［9］张健，杨乐乐，张栋，许晶禹.管道内含蜡原油停输再启动的流动特征［C］.第二十九届全国水动力学研讨会论文集（下册）2018：185-190.

［10］宋广成.黄岛油库爆炸事故分析及其教训［J］.石油炼制与化工，1991（02）：48-54.

［11］马婷.建筑物防雷接地装置电阻值检测研究［J］.消防界（电子版），2020，6（09）：61-62.

［12］彭尧.浅谈电气设备的防火和防爆措施［J］.山东工业技术，2015（19）：154.

［13］李景辉.浅谈天然气尾气处理技术［C］.2017 年全国天然气学术年会论文集.2017：1972-1981.

［14］黄廷胜.石油石化行业安全事故案例分析［J］.中国石化，2007（02）：14-15.

［15］GB 50183—2004，石油天然气工程设计防火规范［S］.

［16］庞鹤.英国邦斯菲尔德油库爆炸火灾事故［J］.劳动保护，2018（10）：61-63.

［17］郎需庆，刘全桢.英国邦斯菲尔德油库火灾爆炸事故引发的思考［J］.石油化工安全环保技术，2009，25（06）：45-48+15.

［18］吉乐涵，竺振宇，尤逸超，阳洋.油库防雷技术的改进措施探讨［J］.农村经济与科技，2019，30（16）：290-291.

［19］孙瀚.油气集输联合站风险事故的分析及预防措施［J］.化工管理，2019（15）：80-81.

［20］GB 13348—2009，液体石油产品静电安全规程［S］.

［21］张人杰.LASP- 管道泄漏报警系统［J］.石油工程建设，1986（06）：42-44.

［22］Q/SY 1238—2009，工作前安全分析管理规范［S］.

［23］Q/SY 1240—2009，作业许可管理规范［S］.

［24］Q/SY 1241—2009，动火作业安全管理规范［S］.

［25］SH/T 3097—2017，石油化工静电接地设计规范［S］.

［26］SY 6303—2016，海洋石油设施热工（动火）作业安全规程［S］.

［27］丁勇，韩豫锋.储气库的安全管理［J］.工程技术.2016（02）：197-198.

［28］魏瑄，刘洁，陈元，王巍，吴寅虎.管道动火作业用黄油墙配比及封堵技术参数研究［J］.中国石油和化工标准与质量，2019，39（21）：255-256.

［29］房剑萍.国内外油气管道事故案例分析［J］.石油和化工设备，2016，19（09）：90-93.

［30］杨涛，寇子健.国内油气管道腐蚀检测技术研究进展［J］.当代化工研究，2020（14）：158-160.

［31］孟庆久，高淮民.胶囊式封堵器导向板断裂原因浅析［J］.中国设备工程，2002（10）：34-35.

［32］赵鸿.静电在成品油管道输送过程中的产生与防范［J］.石化技术，2019，26（07）：278-279.

［33］王建华，周毅，许瑞，伍建林.埋地输油管道直流排流保护技术应用［J］.后勤工程学院学报，2010，26（06）：22-25+96.

［34］薛凤颖.浅谈长输原油管道的静电防护［J］.中国石油和化工标准与质量，2019，39（13）：128-129.

［35］常雷.浅析地下储气库安全管理［J］.化工管理，2018（07）：127.

［36］胡晓露，齐刚，牛凤科，张巧同.输气管道外腐蚀检测技术及应用［J］.化学工程与装备，2015（11）：79-80+78.

［37］王永利.输油管道动火作业的安全管理［J］.石油和化工设备，2011，14（09）：62-63+66.

［38］马建军.天然气管道泄漏检测要点浅谈［J］.科技资讯，2011（08）：115.

［39］杨志勇.油气管道的杂散电流腐蚀防护措施［J］.全面腐蚀控制，2020，34（04）：98-100.

［40］姚学军，吴凯旋，刘冰，关晓明，税碧垣.油气管道雷击静电防护措施及标准［C］.中国标准化协会.标准化改革与发展之机遇——第十二届中国标准化论坛论文集.中国标准化协会：中国标准化协会，2015：1631-1638.

［41］龙宪春，张鹏，喻建胜，成磊，黄泳硕.油气管道外检测技术现状与发展趋势［J］.管道技术与设备，2012（01）：20-22+26.

［42］庆新霞.油气集输安全管理及对策措施研究［J］.现代商贸工业，2020，41（24）：63-64.

［43］张德祥.油气集输系统安全管理及事故预防研究［J］.化学工程与装备，2018（08）：316-317.

［44］周超，王浩泽，侯光远，李军，杨勇.油气集输站场的安全管理措施［J］.云南化工，2018，45（05）：218.

［45］宋生奎，张勇，陈震威，徐新，王杰辉.油气输送管道动火的作业方法［J］.广州化工，2014，42（19）：240-242.

［46］戴巧红，舒丽娜，潘霞青，姜葱葱.油气长输管道腐蚀与防护研究进展［J］.金属热处理，2019，44（12）：198-204.

［47］李文康，樊书哲.油田集输管线泄漏监测系统选择［J］.云南化工，2020，47（01）：130-131.

［48］章卫文，辛佳兴，陈金忠，李晓龙，马义来.长输油气管道金属损失漏磁内检测技术研究［J］.管道技术与设备，2020（02）：25-28.

［49］赵则祥，王延年，朱强.长输油气管道泄漏检测方法［J］.中原工学院学报，2008（05）：10-14.

［50］佟倡，王卫强，陈博宇.长输油气管道泄漏检测方法概述及实用性分析［J］.辽宁石油化工大学学报，2018，38（03）：57-61+72.

［51］杨筱蘅.油气管道安全工程［M］.北京：中国石化出版社，2005.

［52］王福成，陈宝智.安全工程概论［M］.北京：煤炭工业出版社，2002.

［53］汪跃龙.石油安全工程［M］.西安：西北工业大学出版社，2015.

［54］梁法春，陈婧，寇杰.油气储运安全技术［M］.北京：中国石化出版社，2017.

［55］周宁，刘喧亚.油气储运安全管理概论［M］.北京：中国石化出版社，2012.

［56］陈利琼.油气储运安全技术与管理［M］.北京：石油工业出版社，2012.

［57］蒋国辉，张晓明，闫春晖，杨晓铮，蔡培培，张玉蛟.国内外储罐事故案例及储罐标准修改建议［J］.油气储运，2013，32（06）：633-637.

［58］祝馨.长输管道的腐蚀与防护［J］.石油化工腐蚀与防护，2006，23（1）：51-53.

［59］郭光臣，董文兰，张志廉.油库设计与管理［M］.东营：中国石油大学出版社，2006.

［60］郑社教.石油HSE管理教程［M］.北京：石油工业出版社，2008.

［61］中国石油化工集团公司安全环保局.石油化工安全技术［M］.北京：中国石化出版社，2004.

［62］高顺华，侯大立，周登极，张会生，陈金伟.一种运行维护阶段的FMECA方法及软件实现［J］.油气储运，2014，33（03）：242-246+251.

［63］沈彬.事故树分析法在海洋石油领域的应用研究［J］.科技致富向导，2015（08）：98-99.

［64］王智源，来国伟，王峰，王志明.基于事件树分析法的油库作业安全风险评估研究［J］.石油库与加油站，2010，19（05）：31-35+48.

［65］赵爽，姜虎生，陈广芳，付路路，马文涛.基于事故树分析的油库燃爆事故安全评价研究［J］.当代化工，2014，43（12）：2585-2587.

［66］胡广霞，王永柱，段晓瑞.道化学火灾、爆炸指数评价法在油库中的应用［J］.石油化工安全环保技术，2011，27（04）：38-41+68-69.